中国城市科学研究系列报告
中国城市科学研究会　主编

中国工程院咨询项目

中国建筑节能年度发展研究报告 2017

2017 Annual Report on China Building Energy Efficiency

 清华大学建筑节能研究中心　著

中国建筑工业出版社

图书在版编目（CIP）数据

中国建筑节能年度发展研究报告 2017／清华大学建筑节能研究中心著．—北京：中国建筑工业出版社，2017.3
ISBN 978-7-112-20573-8

Ⅰ.①中… Ⅱ.①清… Ⅲ.①建筑-节能-研究报告-中国-2017 Ⅳ.①TU111.4

中国版本图书馆 CIP 数据核字（2017）第 046209 号

责任编辑：齐庆梅
责任校对：姜小莲 关 健

中国城市科学研究系列报告
中国城市科学研究会 主编
中国建筑节能年度发展研究报告 2017
2017 Annual Report on China Building Energy Efficiency
清华大学建筑节能研究中心 著

*

中国建筑工业出版社出版、发行（北京海淀三里河路 9 号）
各地新华书店、建筑书店经销
北京红光制版公司制版
北京市密东印刷有限公司印刷

*

开本：787×1092 毫米 1/16 印张：18½ 字数：311 千字
2017 年 3 月第一版 2017 年 3 月第一次印刷
定价：**50.00** 元
ISBN 978-7-112-20573-8
（30212）

版权所有 翻印必究
如有印装质量问题，可寄本社退换
（邮政编码 100037）

《中国建筑节能年度发展研究报告 2017》顾问委员会

主任：仇保兴

委员：（以拼音排序）

陈宜明　韩爱兴　何建坤　胡静林

赖　明　倪维斗　王庆一　吴德绳

武　涌　徐锭明　寻寰中　赵家荣

周大地

本 书 作 者

清华大学建筑节能研究中心
（按章节顺序排）
胡姗（第1章，第2章，3.1，3.5，3.6）
张洋（第2章，5.5，附录）
郭偲悦（2.5，第6章）
祝泮瑜（3.2，4.2，4.3，5.4）
江亿（3.3）
纪文静（3.3）
杨旭东（3.4）
李晓锋（4.1）
燕达（4.2，4.5，5.3）
安晶晶（4.2）
晋远（4.2）
钱明杨（4.5，5.3）
魏庆芃（4.6）
石文星（5.2）

特邀作者
（按章节顺序排）
东南大学建筑学院　　　　　　周欣（3.5）
住建部科技发展促进中心　　　彭琛（4.4，5.1）
北京工业大学　　　　　　　　谢静超（4.7）
中国标准化研究院　　　　　　陈海红，李鹏程，林翎，夏玉娟（5.2）
国际欧亚科学院中国科学中心　汪光焘（第6章）
统稿：胡姗、张洋、陈昭文

总　　序

　　建设资源节约型社会，是中央根据我国的社会、经济发展状况，在对国内外政治经济和社会发展历史进行深入研究之后做出的战略决策，是为中国今后的社会发展模式提出的科学规划。节约能源是资源节约型社会的重要组成部分，建筑的运行能耗大约为全社会商品用能的三分之一，并且是节能潜力最大的用能领域，因此应将其作为节能工作的重点。

　　不同于"嫦娥探月"或三峡工程这样的单项重大工程，建筑节能是一项涉及全社会方方面面，与工程技术、文化理念、生活方式、社会公平等多方面问题密切相关的全社会行动。其对全社会介入的程度很类似于一场新的人民战争。而这场战争的胜利，首先要"知己知彼"，对我国和国外的建筑能源消耗状况有清晰的了解和认识；要"运筹帷幄"，对建筑节能的各个渠道、各项任务做出科学的规划。在此基础上才能得到合理的政策策略去推动各项具体任务的实现，也才能充分利用全社会当前对建筑节能事业的高度热情，使其转换成为建筑节能工作的真正成果。

　　从上述认识出发，我们发现目前我国建筑节能工作尚处在多少有些"情况不明，任务不清"的状态。这将影响我国建筑节能工作的顺利进行。出于这一认识，我们开展了一些相关研究，并陆续发表了一些研究成果，受到有关部门的重视。随着研究的不断深入，我们逐渐意识到这种建筑节能状况的国情研究不是一个课题通过一项研究工作就可以完成的，而应该是一项长期的不间断的工作，需要时刻研究最新的状况，不断对变化了的情况做出新的分析和判断，进而修订和确定新的战略目标。这真像一场持久的人民战争。基于这一认识，在国家能源局、住房城乡建设部、发改委的有关领导和学术界许多专家的倡议和支持下，我们准备与社会各界合作，持久进行这样的国情研究。作为中国工程院"建筑节能战略研究"咨询项目的部分内容，从2007年起，把每年在建筑节能领域国情研究的最新成果编撰成书，作为《中国建筑节能年度发展研究报告》，以这种形式向社会及时汇报。

清华大学建筑节能研究中心

前　言

当前世界处于极为复杂的国际形势。2015年12月通过了全球缓解气候变化的巴黎协定，经过近一年的努力，至2016年11月4日，由于总量达到全球总排放量55%以上的55个缔约国递交了批准书，巴黎协议正式生效。这意味着减少温室气体排放以控制未来地球平均温升不超过2K已经成为世界各国的共同行动目标。为了低碳的目的，改变能源供给结构和能源消费模式将带来能源生产、转化和终端消费领域的巨大变化。然而，新年伊始，世界上又出现巨大变化，在减少碳排放、缓解气候变化这一关系到人类未来发展的大事上，到底向何处走？似乎又出现迷茫。中国是碳排放大国，中国政府已经明确在气候变化上要担当大国责任，要走在前面。坚持低碳的方向，在消费侧，从实现生态文明的目标出发，节约能源；在供给侧，调整能源结构，大力发展可再生能源，逐步减少燃煤消耗量。通过低碳行动，解决我国社会和经济发展中面临的能源与环境的瓶颈，从而实现可持续发展，同时也通过这样的行动增加中国在国际事务中的影响力。这对中国是难得的机遇和挑战。这里有另一种选择，放弃低碳战略，为了应对雾霾，通过扩大石油与天然气用量替代燃煤。这实质是在迎合石油大鳄们的企盼。特朗普总统上台一个月以来，国际油价的持续上涨是对此的一个清晰证实。缺油少气是中国的基本现实，跳过油气时代，直接进入以可再生能源和核能为主的低碳能源，应该是中国能源供给侧革命的主要内容，也是在目前错综复杂的国际形势面前，通过主导全球气候变化行动，实现中国在国际事务中主导地位的机遇。建筑节能是实现低碳能源战略的重要组成部分，是能源消费领域革命的主要内容。从事建筑节能领域的同仁：我们肩上的担子更重啦！

低碳能源结构的要点就是大幅度提高可再生能源的比例。作为居住建筑，其终端能源需求的主要形式是电力、热量。怎样依靠可再生能源满足终端需求，并实现清洁化？新疆吐鲁番一个新建的80万平方米居住社区的示范案例交出了一个出色的答卷。这个社区通过太阳能光电、光热装置和微电网技术，通过终端的电动水源热泵和电动公交车方式，使太阳能提供了全社区50%以上终端能源的需求（扣除不合理的集中供冷用电之后）。如果认为从外界补充的电力供应来源于周边风力发电的话，整个社区，包括公交系统就成为全部由可再生能源供应的零碳社区。这在我国、在世界上都是一个创举。按照巴黎协定，我国在2050年要把二氧化碳排放总量从目前的每年百亿吨降低到每年30亿~35亿吨。为实现这一目标，零碳的可再生能源与核能必须提供50%以上的终端用能。怎样才能实现这一革命性目标？在能源界还在研究探讨与争论的时候，吐鲁番能源示范社区已经给出了实际的示范和回答，而且所做出的实践结果还优于这一目标。这就是未来中国建筑节能与低碳之路。这一案例表明，我国未来城市的节能与低碳目标一定能够实现。

今年本报告的重点是居住建筑。围绕对目前居住建筑能源与环境的现实与热点问题，本书着重在如下方面进行了深入讨论：

（1）雾霾造成的室内空气的污染与防治途径。这成为千家万户高度关注的大事。本书第3章讨论了居住建筑通风和排除污染原理，并围绕是安装机械新风机向室内送过滤的清洁新风还是坚持开窗通风，同时采用自循环空气净化器方式进行了比较分析。无论是排除污染、节约能源，还是室内洁净，分析结果都倾向于开窗通风。开窗通风换气是自古以来人类总结和传授下来的宝贵经验，也是中国目前居住建筑能耗显著低于发达国家的主要原因之一。决不能由于对应对雾霾现象的曲解，丢掉了这一传世之宝。

（2）被动房技术是否应作为我国居住建筑实现进一步节能的主要发展途径？本书的调查分析研究表明，对于采暖能耗为最主要用能的我国北方地区，通过被动房技术进一步降低对冬季供暖热量的需求，应该大力提倡。然而，我国大部分地区夏热冬冷或夏热冬暖，一年内气候变化幅度大，被动房技术不能改善夏季排热降温，应用不当还会增加夏季空调能耗，必须慎重使用。被动房技术的措施之一是使建筑不透风，通过机械新风系统满足新风要求。这样就违背于我们坚持自然通风的基本原则。因此希望各地千万不可盲目跟风，一定要因地制宜，从实际出发，由效果导向。

（3）住区的太阳能热水器系统则是希望引起大家关注的另一个问题。居住建筑由太阳能提供生活热水，是可再生能源的最成熟、最有效的一种利用方式。经过20多年太阳能热利用行业的持续努力，已使中国的太阳能热水器在技术和推广规模上都处在世界领先水平。然而，近年来太阳能热利用出现明显滑坡，大量新建的集中式太阳能生活热水系统实际消耗的电力或燃气居然高于常规的电热水器或燃气热水器！这里的问题在哪里？本书通过调查分析说明：问题出在相关的扶持政策上！不合理的扶植政策有时候可以产生与意愿完全相反的结果。"市场应该在资源配置中起主导作用",在太阳能热水器发展这件事上,真显出了它的至关重要性。"结果导向"还是"做法导向"将导致完全不同的结果。真希望尽快把政策理顺,让我国的太阳能热利用事业重振雄威。

(4) 再一个持续热议的话题就是长江流域居住建筑的水源地源热泵方式供暖与空调。本书用了较大的篇幅给出对多个典型工程案例的实际测试、调查与分析结果。结果表明,在这一地区的居住建筑,无论供暖还是空调,如果实行某种分户计量方式按照实际用能量收费,使用者就会按照"部分时间、部分空间"的运行模式启停其末端风机盘管。其结果是实际能耗与目前广泛使用的分体空调热泵差不多,室内的冷热状况也十分接近于分体空调热泵。而如果按照面积收费或者终端不可调,实际用能量就会几倍于分体空调热泵。甚至在前述的吐鲁番示范社区,由于夏季采用了水源热泵集中供冷方式,单位建筑面积供冷耗电量也达到 $26kWh/m^2$,是这一地区采用分体空调方式的居住建筑用电量的6倍!这是吐鲁番项目需要进一步改进之处。包括夏季制冷用电,吐鲁番项目的太阳能就只能提供约40%的社区用能,而在夏季如果全部改为分体空调或按照运行时间收费以实现"部分时间、部分空间"的运行模式,太阳能电力就可以为社区提供几乎60%的用能!分散还是集中?这真是建筑能源系统中必须解决的大问题。

本书引用了各界提供的和文献发表的大量工程数据,也给出本书作者们现场实测与调查得到的大量数据。这些来自于现场的真实数据是我们认识问题、理解问题的主要源泉,也是"以结果导向"这一发展建筑节能理念的基本依据。衷心感谢各界为我们提供的这些数据。为了避免引起其他各方面问题,我们尽可能在书中隐去具体的工程名称。这些数据在本书中仅供分析问题,研究规律所用,与对这些工程的各方面评价无关。不应该由于本书对一些数据的引用造成对这些工程的任何影响。

本书得到社会各界的大力支持。尤其是得到住房城乡建设部科技发展促进中心、中国标准化研究院、北京工业大学、北京建筑设计研究院等单位提供大量数据和文字,以及一遍又一遍不辞辛苦不怕麻烦的讨论与修改。这本书是在全社会热衷于建筑节能事业的同仁们共同支持、哺育下产生和持续下来的,没有大家的支持,很难想象能有今天的第十一本报告。感谢大家无私的真诚的支持和爱护。我们一定要持续把这个报告写下去,从这样一个视角记录下中国建筑节能事业的发展历程。

负责本书统稿的是胡姗和张洋两位博士研究生。这是需要持续一年的工作。只有出于对建筑节能事业的热爱和高度责任心才有可能这样不辞辛苦,搭上自己所有的空余时间,完成设计、组织、联络、编辑的全部工作。没有他们这样的付出,很难想象这本书的按时交出。

最后感谢负责这本书出版的齐庆梅编辑。这是她做的第十一本报告啦!让我们一起持续做下去吧!

江亿

2017年2月18日于清华大学节能楼

目　录

第 1 篇　中国建筑能耗现状分析

第 1 章　中国建筑能耗基本现状 ································ 2
1.1　中国建筑领域基本现状 ·· 2
1.2　中国建筑运行能耗现状 ·· 6
1.3　中国建筑能耗的总量与强度双控 ································ 14
参考文献 ·· 25

第 2 篇　城镇居住建筑节能专题

第 2 章　城镇居住建筑用能状况 ································ 28
2.1　城镇住宅相关概念界定 ·· 28
2.2　城镇住宅发展趋势 ·· 29
2.3　城镇住宅能耗总量 ·· 36
2.4　城镇住宅各用能分项 ·· 39
2.5　世界各国住宅能耗对比 ·· 70
参考文献 ·· 79

第 3 章　城镇住宅用能可持续理念和发展模式探究 ············ 81
3.1　城镇住宅用能的基本认识 ·· 81

3.2 围护结构的探讨 ………………………………………………… 87
3.3 新风系统的探讨 ………………………………………………… 102
3.4 主动营造与被动接受服务的探讨 ………………………………… 118
3.5 城镇住宅服务系统的集中与分散 ………………………………… 122
3.6 总量和强度双控体系下的城镇居住建筑节能路径 …………… 137

第4章　城镇居住建筑节能技术专题讨论 ………………… 147

4.1 规划布局对住宅自然通风的影响 ………………………………… 147
4.2 住宅建筑通风方式 ……………………………………………… 156
4.3 被动房技术适宜性讨论 ………………………………………… 162
4.4 居住建筑集中式太阳能生活热水系统 …………………………… 168
4.5 长江流域居住建筑采用地源、水源热泵采暖空调的适宜性 …… 176
4.6 中深层地热源热泵供热系统 …………………………………… 195
4.7 家电能耗情况及问题分析 ……………………………………… 202

第5章　城镇居住建筑相关政策专题讨论 ………………… 213

5.1 我国太阳能热水的发展推广和相关政策的作用 ……………… 213
5.2 城镇住宅照明与电器能效政策的效果与进展讨论 …………… 221
5.3 长江流域居住建筑供热供冷系统方式的政策 ………………… 235
5.4 被动房政策 ……………………………………………………… 243
5.5 居民阶梯电价 …………………………………………………… 248

第6章　新疆吐鲁番新型能源系统示范区案例 …………… 259

6.1 基本情况 ………………………………………………………… 259
6.2 气象参数 ………………………………………………………… 260
6.3 设计理念与关键技术 …………………………………………… 261
6.4 实际运行情况 …………………………………………………… 266
6.5 思考与展望 ……………………………………………………… 268

附录 271

附录1　家庭用能案例 271

附录2　各省市居民阶梯电价实施方案 281

附录3　地理分区概念的讨论与区分 283

第1篇　中国建筑能耗现状分析

第1章 中国建筑能耗基本现状

1.1 中国建筑领域基本现状

近年来,我国城镇化高速发展,大量的人口从农村进入城市。2015年,我国城镇人口达到7.71亿,城镇居民户数从2001年的1.47亿户增长到约2.72亿户;农村人口6.03亿,农村居民户数从2000年的1.92亿户降低到约1.58亿户,城镇化率从2000年的37.7%增长2014年的56%,如图1-1所示。

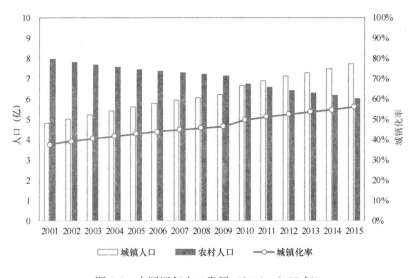

图1-1 中国逐年人口发展(2001~2015年)

快速城镇化带动建筑业持续发展,我国建筑业规模不断扩大。从2001年到2015年,我国建筑营造速度逐年增长,城乡建筑面积大幅增加,每年的竣工面积均超过15亿m^2,2015年新建建筑的竣工面积达到27.9亿m^2。竣工面积中住宅建筑约占64%,公共建筑约占36%,新增公共建筑中办公建筑所占的比例最大,如图1-2所示。

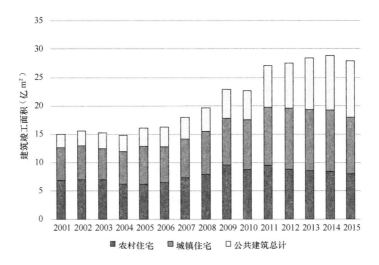

图 1-2　中国各类民用建筑竣工面积（2001～2015 年）

逐年增长的竣工面积使得我国建筑面积的存量不断高速增长，2015 年我国建筑面积总量约 573 亿 m^2，其中：城镇住宅建筑面积达到 219 亿 m^2，农村住宅建筑面积 238 亿 m^2，公共建筑面积 116 亿 m^2，如图 1-3 所示。

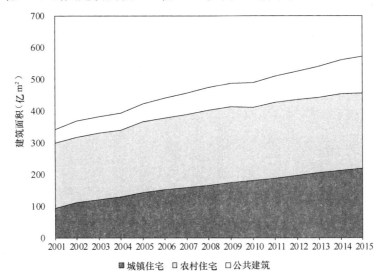

图 1-3　中国建筑面积（2001～2015 年）❶

---

❶　数据来源：清华大学建筑节能研究中心估算结果，详细推算方法详见《中国建筑节能年度发展研究报告 2015》。

建筑规模的持续调整增长主要从两方面驱动了能源消耗和碳排放增长，一方面建设规模的持续增长需要以大量建材和能源的生产和消耗作为代价，我国大量的新建建筑和基础设施所产生的建造能耗是我国能源消耗和碳排放持续增长的一个重要原因；另一方面，不断增长的建筑面积也给未来带来了大量的建筑运行能耗需求，更多的建筑必然需要更多的能源来满足其采暖、通风、空调、照明、炊事、生活热水，以及其他各项服务功能。

新建建筑和基础设施的建造带来的建筑业建造能耗又分为两大部分，一部分是建材生产的能耗，另一部分是施工阶段的能耗。清华大学建筑节能研究中心对建筑业建造能耗和碳排放进行了估算❶，根据初步估算，2004年至2014年十年间，建筑业建造能耗从4亿tce（吨标准煤）翻了一番多，2014年已达11.7亿tce，占全社会一次能源消耗的百分比高达27.5%，如图1-4所示。建筑业建造能耗中93%均为钢材、水泥和铝材等建材的生产能耗，大量建材的生产不仅消耗了大量的能源，同时也会产生大量的二氧化碳排放，根据估算，2014年我国建造相关的碳排放总量已高达38亿$t CO_2$，超过我国碳排放总量的三分之一。

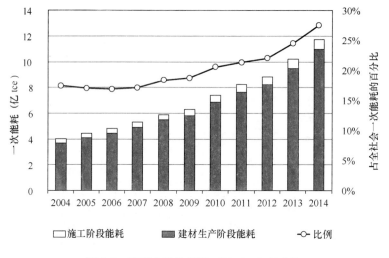

图1-4 建筑业建造能耗（2004～2014年）

建筑业包括建筑建造和基础设施如公路、铁路、大坝等的建设，建筑的建造能

---

❶ 估算方法详见《我国建筑业广义建造能耗及CO_2排放分析》．林立身，江亿，燕达等．中国能源，2015，37（3）：5-10．

耗占建筑业建造能耗总量的65%以上（见图1-5），是最主要的部分，2014年新建建筑的建造能耗为6.7亿tce，约占全社会总一次能源消耗的16%，新建建筑产生的碳排放约为22亿t CO_2。

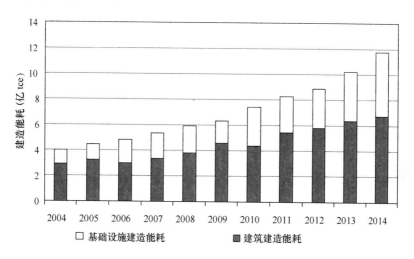

图1-5　建筑建造能耗和基础设施建造能耗（2004～2014年）

大规模的新建建筑一方面驱动建筑材料的生产，消耗了大量能源、水资源，对环境造成影响，同时也会占用大量土地资源，建设用地和耕地高邻接度的空间格局以及城市在空间上的摊饼式发展，对耕地保护形成了巨大冲击，导致耕地日益萎缩。当前新建建筑面积逐年攀升，与依靠房地产拉动GDP的经济增长模式密切相关。地方政府为刺激经济发展，为房屋建设创造了有利条件；而开发商为获取商业利益，更期望扩大房地产市场；投资者将房产作为投资和资产保值手段，也促进了房屋的建设，刺激房价升高。2013年，全国商品房平均售价6237元/m^2，对GDP贡献达12.6万亿，接近我国GDP总量15%；如果按照平均造价和装修价约3000元/m^2估算，共计形成建造业和建材业产值约6.1万亿，地产增值约为6.5万亿。

将住房成为投资渠道，会导致城市中大量房屋资源空置，根据清华大学2015年在全国城镇住户中开展的问卷调查，全国约有20%的城镇住宅空置无人居住（具体见第2章2.2节），这无疑是对社会资源的巨大浪费。除了居住建筑外，一些企业、地产商所建的超面积的办公用房及大量"广场"、"中心"，实质并非从实际使用的角度来进行规模的合理设计和建造，而是能多建则多建，但实际上建筑并未完全使用，大量面积空置，商业运营的"广场"、"中心"在目前的出租率下并不能收益，这也主要是因为这些业主将建筑作为保值和升值的手段。在这样的发展模式下，全国甚至出现了大量的"鬼城"，整片区域的住宅和商业建筑全部空置，无人居住。

从宏观经济社会发展的角度，将投资房产作为收益最大的投资渠道，会扰乱金融秩序，影响经济的健康发展。投资住房2008～2013年的平均收益率高达15%，而2015年投资国债五年年化收益仅为5.32%，投资股市的平均收益仅为7%[3]。高额的房产投资收益率使得资金大量流入房地产建造业，而导致创新企业和中小企业融资困难，发展举步维艰。另一方面，随着经济的发展，居民收入持续增长，但除房屋之外的支出却并没有增长，也就是说增长的收入都被用来凑首付、还房贷，而除房屋外的消费需求受到抑制，严重影响了教育、文化和其他服务业的发展。

1.2 中国建筑运行能耗现状

建筑运行能耗，指的是民用建筑的运行能耗，即在住宅、办公建筑、学校、商场、宾馆、交通枢纽、文体娱乐设施等非工业建筑内，为居住者或使用者提供采暖、通风、空调、照明、炊事、生活热水，以及其他为了实现建筑的各项服务功能所使用的能源。考虑到我国南北地区冬季采暖方式的差别、城乡建筑形式和生活方式的差别，以及居住建筑和公共建筑人员活动及用能设备的差别，将我国的建筑用能分为北方城镇供暖用能、城镇住宅用能（不包括北方地区的供暖）、公共建筑用能（不包括北方地区的供暖），以及农村住宅用能四类。

（1）北方城镇供暖用能

指的是采取集中供暖方式的省、自治区和直辖市的冬季供暖能耗，包括各种形式的集中供暖和分散采暖。地域涵盖北京、天津、河北、山西、内蒙古、辽宁、吉林、黑龙江、山东、河南、陕西、甘肃、青海、宁夏、新疆的全部城镇地区，以及四川的一部分。西藏、川西、贵州部分地区等，冬季寒冷，也需要供暖，但由于当地的能源状况与北方地区完全不同，其问题和特点也很不相同，需要单独论述。将北方城镇供暖部分用能单独考虑的原因是，北方城镇地区的供暖多为集中供暖，包括大量的城市级别热网与小区级别热网。与其他建筑用能以楼栋或者以户为单位不同，这部分供暖用能在很大程度上与供暖系统的结构形式和运行方式有关，并且其实际用能数值也是按照供暖系统来统一统计核算，所以把这部分建筑用能作为单独一类，与其他建筑用能区别对待。目前的供暖系统按热源系统形式及规模分类，可分为大中规模的热电联产、小规模热电联产、区域燃煤锅炉、区域燃气锅炉、小区燃煤锅炉、小区燃气锅炉、热泵集中供暖等集中供暖方式，以及户式燃气炉、户式燃煤炉、空调分散采暖和直接电加热等分散采暖方式。使用的能源种类主要包括燃煤、燃气和电力。本章考察各类供暖系统的一次能耗，包括了热源和热力站损失、管网的热损失和输配能耗，以及最终建筑的得热量。

(2) 城镇住宅用能（不包括北方地区的供暖）

指的是除了北方地区的供暖能耗外，城镇住宅所消耗的能源。在终端用能途径上，包括家用电器、空调、照明、炊事、生活热水，以及夏热冬冷地区的省、自治区和直辖市（具体见附录3）的冬季供暖能耗。城镇住宅使用的主要商品能源种类是电力、燃煤、天然气、液化石油气和城市煤气等。夏热冬冷地区的冬季供暖绝大部分为分散形式，热源方式包括空气源热泵、直接电加热等针对建筑空间的供暖方式，以及炭火盆、电热毯、电手炉等各种形式的局部加热方式，这些能耗都归入此类。

(3) 商业及公共建筑用能（不包括北方地区的供暖）

这里的商业及公共建筑指人们进行各种公共活动的建筑。包含办公建筑、商业建筑、旅游建筑、科教文卫建筑、通信建筑以及交通运输类建筑，既包括城镇地区的公共建筑也包含农村地区的公共建筑。除了北方地区的供暖能耗外，建筑内由于各种活动而产生的能耗，包括空调、照明、插座、电梯、炊事、各种服务设施，以及夏热冬冷地区城镇公共建筑的冬季供暖能耗。公共建筑使用的商品能源种类是电力、燃气、燃油和燃煤等。

(4) 农村住宅用能

指农村家庭生活所消耗的能源。包括炊事、供暖、降温、照明、热水、家电等。农村住宅使用的主要能源种类是电力、燃煤和生物质能（秸秆、薪柴）。其中的生物质能部分能耗不纳入国家能源宏观统计，本书将其单独列出。2014年之前《中国建筑节能年度发展研究报告》在公共建筑分项中仅考虑了城镇地区公共建筑，而未考虑农村地区的公共建筑，农村公共建筑从用能特点、节能理念和技术途径各方面与城镇公共建筑并无太大差异，因此从2015年起将农村公共建筑也统计入公共建筑用能一项，统称为公共建筑用能。

本章的建筑能耗数据来源于清华大学建筑节能研究中心建立的中国建筑能耗模型（China Building Energy Model，简称 CBEM）的研究结果，分析我国建筑能耗现状和从 2001 年到 2015 年的变化情况，从 2001 年到 2015 年，建筑能耗总量及其中电力消耗量均大幅增长（图 1-6）。

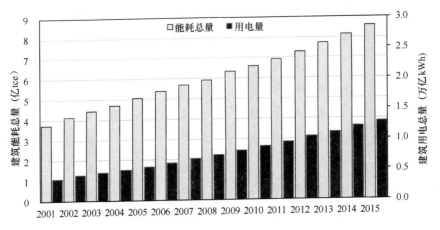

图 1-6 中国建筑运行消耗的一次能耗和电总电量（2000～2015 年）❶

如表 1-1 所示，2015 年建筑运行的总商品能耗为 8.64 亿 tce❶，约占全国能源消费总量的 20%，建筑商品能耗和生物质能共计 9.64 亿 tce（其中生物质能约 1 亿 tce）。2015 年建筑运行的总碳排放为 22.2 亿 t CO_2。

中国建筑能耗（2015 年） 表 1-1

用能分类	宏观参数 （面积，户数）	电 （亿 kWh）	总商品能耗 （亿 tce）	能耗强度
北方城镇供暖	132 亿 m^2	282❷	1.91	14.5kgce/m^2
城镇住宅 （不含北方地区供暖）	2.72 亿户 219 亿 m^2	4300	1.99	732kgce/户
公共建筑 （不含北方地区供暖）	116 亿 m^2	6507	2.60	22.5kgce/m^2

---

❶ 本书中尽可能单独统计核算电力消耗和其他类型的终端能源消耗，当必须把二者合并时，2015 年以前出版的《中国建筑节能年度发展研究报告》中采用发电煤耗法对终端电耗进行换算，从《中国建筑节能年度发展研究报告 2015》起采用供电煤耗法对终端耗电量进行换算，即按照每年的全国平均火力供电煤耗把电力消耗量换算为用标准煤表示的一次能耗，本书第 2 章中在计算城镇住宅能耗总量时对于电力消耗也采用此方法进行折算。因本书定稿时国家统计局尚未公布 2015 年的全国火力供电煤耗值，故选用 2014 年该数值，为 319gce/kWh。

❷ CBEM 模型估算 2014 年及以前的北方城镇供暖电耗时未包含输配电耗，自本书起对 CBEM 模型进行了修正，故 2015 年北方城镇供暖电耗明显高于 2014 年。

续表

用能分类	宏观参数 （面积，户数）	电 （亿 kWh）	总商品能耗 （亿 tce）	能耗强度
农村住宅	1.58 亿户 238 亿 m²	2060	2.13	1346kgce/户
合计	13.7 亿人 573 亿 m²	12969	8.58	623 kgce/人

将四部分建筑能耗的规模、强度和总量表示在图 1-7 中的四个方块中，横向表示建筑面积，纵向表示单位面积建筑能耗强度，四个方块的面积即是建筑能耗的总量。从建筑面积上来看，城镇住宅和农村住宅的面积最大，北方城镇供暖面积约占建筑面积总量的四分之一，公共建筑面积约占建筑面积总量的五分之一，但从能耗强度来看，公共建筑和北方城镇供暖能耗强度又是四个分项中较高的。因此，从用能总量来看，基本呈四分天下的局势，四类用能各占建筑能耗的 1/4 左右。近年来，随着公共建筑规模的增长及平均能耗强度的增长，公共建筑的能耗已经成为中国建筑能耗中比例最大的用能分项。

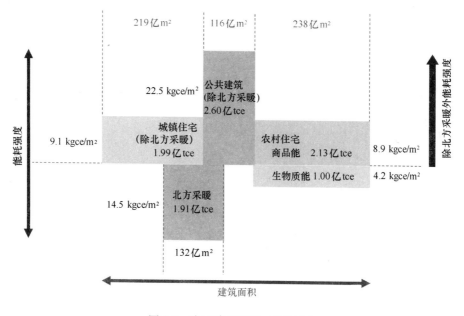

图 1-7 中国建筑能耗（2015 年）

结合四个用能分类从 2001~2015 年的变化，从各类能耗总量上看，除农村用

生物质能持续降低外,各类建筑用能总量都有明显增长,见图1-8。而分析各类建筑能耗强度,进一步发现以下特点:

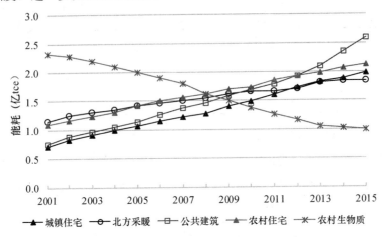

图1-8 2001~2015年各用能分类的能耗总量逐年变化

1)北方城镇供暖能耗强度较大,近年来持续下降,显示了节能工作的成效(图1-9)。

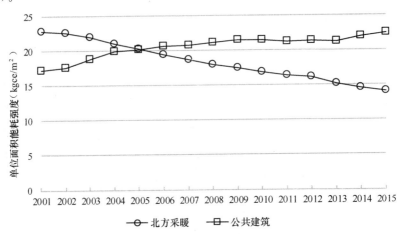

图1-9 2001~2015年北方供暖和公共建筑单位面积能耗强度逐年变化

2)公共建筑单位面积能耗强度持续增长(图1-9),各类公共建筑终端用能需求(如空调、设备、照明等)的增长,是建筑能耗强度增长的主要原因,尤其是近年来许多城市新建的一些大体量并应用大规模集中系统的建筑,能耗强度大大高出同类建筑。

3)城镇住宅户均能耗强度增长,见图1-10,这是由于生活热水、空调、家电等用能需求增加，夏热冬冷地区冬季供暖问题也引起了广泛的讨论；由于节能灯具的推广，住宅中照明能耗没有明显增长，炊事能耗强度也基本维持不变。

4）农村住宅商品能耗增加的同时，生物质能使用量持续减少，在农村人口减少的情况下，农村住宅商品能耗总量大幅增加，全国农村户均商品能耗已经与城镇住宅户均商品能耗水平一致，甚至有超过城镇的趋势，参见图1-10。

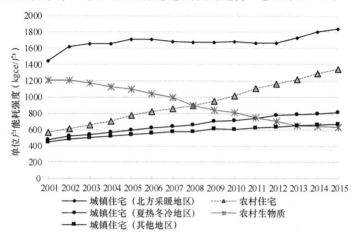

图1-10　2001～2015年住宅单位户能耗强度逐年变化

下面对每一个用能分类的变化进行详细的分析。

(1) 北方城镇供暖

2015年北方城镇供暖能耗为1.91亿tce，占建筑能耗的22%。2001～2015年，北方城镇建筑供暖面积从50亿m^2增长到132亿m^2，而能耗总量增加不到1倍，能耗总量的增长明显低于建筑面积的增长，体现了节能工作取得的显著成绩——单位面积供暖能耗从2001年的22.8kgce/m^2，降低到2015年的14.1kgce/m^2，降低了38%（图1-9）。

具体说来，能耗强度降低的主要原因包括建筑保温水平提高、高效热源方式占比提高和供热系统效率提高。

1）建筑围护结构保温水平的提高。近年来，住房和城乡建设部通过多种途径提高建筑保温水平，包括：建立覆盖不同气候区、不同建筑类型的建筑节能设计标准体系、从2004年底开始的节能专项审查工作，以及"十二五"期间开展的既有居住建筑改造。这三方面工作使得我国建筑的保温水平整体大大提高，起到了降低建筑实际需热量的作用。

2) 高效热源方式占比迅速提高。各种供暖方式的效率不同，总体看来，高效的热电联产集中供暖、区域锅炉方式取代小型燃煤锅炉和户式分散小煤炉，使后者的比例迅速减少；各类热泵飞速发展，以燃气为能源供暖方式比例增加。

3) 供暖系统效率提高。近年来，特别是"十二五"期间开展的供暖系统节能增效改造，使得各种形式的集中供暖系统效率得以整体提高。

关于北方供暖能耗的具体现状、特点及节能理念和方法详见《中国建筑节能年度发展研究报告 2015》中的相关章节。

（2）城镇住宅（不含北方供暖）

2015 年城镇住宅能耗（不含北方供暖）为 1.99 亿 tce，占建筑总商品能耗的 23%，其中电力消耗 4300 亿 kWh。2001 年到 2015 年我国城镇住宅各终端用能途径的能耗总量增长近 2 倍。

2001~2015 年城镇人口增加了 2.9 亿，十五年间城镇住宅面积增加了 1 倍多。从用能的分项来看，炊事、家电和照明是中国城镇住宅除北方集中供暖外耗能比例最大的三个分项，由于我国已经采取了各项提升炊事燃烧效率、家电和照明效率的政策并推广相应的重点工程，所以这三项终端能耗的增长趋势已经得到了有效控制，近年来的能耗总量年增长率均比较低。对于家用电器、照明和炊事能耗，最主要的节能方向是提高用能效率和尽量降低待机能耗，例如：节能灯的普及对于住宅照明节能的成效显著；对于家用电器中，有一些需要注意的：电视机、饮水机的待机会造成能量大量浪费的电器，应该提升生产标准，例如加强电视机机顶盒的可控性、提升饮水机的保温水平，避免待机的能耗大量浪费。对于一些会造成居民生活方式改变的电器，例如衣物烘干机等，不应该从政策层面给予鼓励或补贴，警惕这类高能耗电器的大量普及造成的能耗跃增。而另一方面，夏热冬冷地区冬季采暖、夏季空调以及生活热水能耗虽然目前所占比例不高，户均能耗均处于较低的水平，但增长速度十分快，因此这三项终端用能的节能应该是我国城镇住宅下阶段节能的重点工作，方向应该是避免在住宅内大面积使用集中系统，提高目前分散式系统及各类分散式设备的能效标准，在室内服务水平提高的同时避免能耗的剧增，具体见本报告第 2 章和第 3 章的相关内容。

（3）公共建筑（不含北方供暖）

2015年全国公共建筑面积约为116亿 m², 其中农村公共建筑约占10%。公共建筑总能耗（不含北方供暖）为2.60亿tce, 占建筑总能耗的30%, 其中电力消耗为6507亿kWh。公共建筑总面积的增加、大体量公共建筑占比的增长, 以及用能需求的增长等因素导致了公共建筑能耗总量的大幅增长, 从2001年到2015年公共建筑能耗总量增长3倍以上, 公共建筑单位面积能耗从16.8kgce/m²增长到22.5kgce/m², 能耗强度增长了约34%（图1-9）。

我国城镇化快速发展促使了公共建筑面积大幅增长, 2001年以来, 公共建筑竣工面积接近80亿 m², 约占当前公共建筑保有量的79%, 即四分之三的公共建筑是在2001年后新建的。我国城镇地区公共建筑人均面积从2001年的6.7 m²迅速增加到2015年的13.4 m², 已接近日本、新加坡等亚洲发达国家的水平。这一增长一方面是由于近年来大量商业办公楼、商业综合体等商业建筑的新建, 另一方面是由于我国全面建设小康社会、提升公共服务的推进, 相关基础设施需逐渐完善, 公共服务性质的公共建筑, 如学校、医院、体育场馆等的规模有所增加。比如根据相关规划, 我国每千常住人口医院将为2013年的1.3倍；新建居住区和社区要严格落实按"室内人均建筑面积不低于0.1平方米或室外人均用地不低于0.3平方米"标准配建全民健身设施的要求；将"增加科普基础设施总量", "创新完善现代科技馆体系"❶。在公共建筑面积迅速增长的同时, 大体量公共建筑占比也显著增长, 这一部分建筑由于建筑体量和形式约束导致的空调、通风、照明和电梯等用能强度远高于普通公共建筑, 这也是我国公共建筑能耗强度增长的重要原因。关于我国公共建筑发展、能耗特点及节能理念和技术途径的讨论及详细数据参见《中国建筑节能年度发展研究报告2014》。

（4）农村住宅

2015年农村住宅的商品能耗为2.13亿tce, 占建筑总能耗的25%, 其中电力消耗为2060亿kWh, 此外, 农村生物质能（秸秆、薪柴）的消耗约折合1亿tce。随着城镇化的发展, 2001～2015年农村常住人口从8.0亿减少到6.0亿人, 而农村住房面积从人均26m²/人增加到39m²/人[4], 随着城镇化的逐步推进, 农村住宅

---

❶ 《医疗机构设置规划指导原则（2016—2020年）》、《全民健身计划（2016—2020年）》、《全民科学素质行动计划纲要实施方案（2016—2020年）》

的规模已经基本稳定在230亿~240亿 m²。

随着农村电力普及率的提高、农村收入水平的提高，以及农村家电数量和使用的增加，农村户均电耗呈快速增长趋势。同时，越来越多的生物质能被散煤和其他商品能源替代，这就导致农村生活用能中生物质能源的比例迅速下降。以家庭户为单位来看农村住宅能耗的变化，户均总能耗没有明显的变化，但生物质能占总能耗的比例大幅下降，户均商品能耗从2001年至2015年增长了一倍多。

作为减少碳排放的重要技术措施，生物质以及可再生能源利用将在农村住宅建筑中发挥巨大作用。在《能源技术革命创新行动计划（2016—2030年）》中，提出将在农村开发生态能源农场，发展生物质能、能源作物等。在《生物质能发展"十三五"规划》中，明确了我国农村生物质用能的发展目标，"推进生物质成型燃料在农村炊事采暖中的应用"，并且将生物质能源建设列为农村经济发展的新型产业。同时，我国于2014年提出《关于实施光伏扶贫工程工作方案》，提出在农村发展光伏产业，作为脱贫的重要手段。如何充分利用农村地区各种可再生资源丰富的优势，通过整体的能源解决方案，在实现农村生活水平提高的同时不使商品能源消耗同步增长，加大农村非商品能利用率，既是我国农村住宅节能的关键，也是我国能源系统可持续发展的重要问题。

近年来随着我国东部地区雾霾治理工作的深入展开，北方各省市农村开始了冬季采暖煤改电、煤改气运动。各级政府和相关企业投入巨大资金增加农村供电容量、铺设燃气管网、改原来的小燃煤锅炉供暖为电力驱动的空气源热泵、电热或燃气炉。至2016年底，北京、天津、河北、山东等省市已经相继完成了近50万农户的燃煤炉改造。按照规划，在今后三年内煤改电煤改气的推行力度将更大。这一行动将彻底改变目前农村的能源结构和用能方式。利用好这一机遇，科学规划，实现农村能源供给侧和消费侧的革命，建立以生物质能、可再生能源为主，电力为辅的新的农村生活用能系统，将对实现我国当前的能源革命起重要作用。

关于我国农村住宅建筑用能的现状、特点及节能技术政策发展的详细讨论参见《中国建筑节能年度研究报告2016》。

1.3 中国建筑能耗的总量与强度双控

2012年，党的十八大报告提出"生态文明建设"，将生态文明建设与"经济建设、政治建设、文化建设、社会建设"结合成五位一体的总体布局。在2007年党的十七大会上,"生态文明"首次出现在党代会的报告中,要求"基本形成节约能源资源和保护生态环境的产业结构、增长方式、消费模式",十八大对于生态文明的认识和要求提到了新的高度,明确要求"把生态文明建设放在突出地位,融入经济建设、政治建设、文化建设、社会建设各方面和全过程","推动能源生产和消费革命,控制能源消费总量,加强节能降耗,支持节能低碳产业和新能源、可再生能源发展,确保国家能源安全"。在2013年举行的十八大三中全会上,提出"建设生态文明,必须建立系统完整的生态文明制度体系,实行最严格的源头保护制度、损害赔偿制度、责任追究制度,完善环境治理和生态修复制度,用制度保护生态环境。"2015年,十八届五中全会通过的"十三五"规划建议提出,"全面节约和高效利用资源,坚持节约优先,树立节约集约循环利用的资源观";并专门指出,"强化约束性指标管理,实行能源和水资源消耗、建设用地等总量和强度双控行动"。

2016年,国务院印发"十三五"控制温室气体排放工作方案,进一步提出能源消费和碳排放的总量控制目标:到2020年,单位国内生产总值二氧化碳排放比2015年下降18%,碳排放总量得到有效控制。加强能源碳排放指标控制。实施能源消费总量和强度双控,基本形成以低碳能源满足新增能源需求的能源发展格局。到2020年,能源消费总量控制在50亿吨标准煤以内,单位国内生产总值能源消费比2015年下降15%,非化石能源比重达到15%。大型发电集团单位供电二氧化碳排放控制在550g/kWh以内。优化利用化石能源,控制煤炭消费总量,2020年控制在42亿吨左右。

生态文明是人类社会文明发展的必然选择,而人与自然平等相处、和谐发展是生态文明区别于其他文明的关键点。能源消费总量控制是生态文明发展的必要措施。从我国能源消费现状和趋势来看,能源消费总量控制和能源消费模式创新是破解资源环境瓶颈的重要途径,是实现我国生态文明建设的关键举措。建筑能耗是终端能源消费中重要的组成部分,要实现全社会能耗总量控制目标,也应该对建筑领域的能耗控制。

1.3.1 建筑能耗总量与强度目标

建筑能耗的总量控制目标主要由全社会能耗总量控制目标和碳排放目标来

决定。

从碳排放约束目标的角度来看：中国在 2015 年巴黎气候大会上提出了这样的行动目标：2030 年单位 GDP 的二氧化碳排放量比 2005 年下降 60%～65%；2030 年非化石能源比重提升到 20% 左右；2030 年左右化石能源消费的 CO_2 排放达到峰值；2030 年森林蓄积量比 2005 年增加 45 亿立方米。

从一次能源消耗的角度来看：中国是以煤炭为主要一次能源的国家，煤的碳排放系数是化石燃料中最高的，更应该严格控制能源使用总量。根据中国碳排放控制目标，如果未来中国人口达到 14.7 亿，如何将人均化石能源消耗控制在 2.7tce，那么化石能源消耗总量应控制在 40 亿 tce；除化石能源外，非化石能源还包括核能、太阳能、风能、水能以及生物质等可再生能源资源，如果考虑非化石能源的比例提升到 20% 左右，那么未来我国一次能源消耗总量上限应该是 50 亿 tce。

从全社会可获得的能耗总量来看：根据中国工程院研究，到 2020 年，我国有较大可靠性的能源供应能力为 39.3 亿～40.9 亿 tce，如果考虑对我国温室气体排放和环境制约的因素，我国能源供应能力还将受到很大的影响，多数非化石能源、水电和核电供应能力已经难以再扩大。化石能源、水电、核能及进口能源总量应该在 38 亿 tce 以内，如果可再生能源得到充分发展，达到能源总量的 20%，则我国在 2020 年总的能源供给能力应在 47.5 亿 tce。在国务院印发的《能源发展战略行动（2014—2020 年）》中，也明确了 2020 年我国能源发展的总体目标，提出到 2020 年，合理控制能源消费总量，将一次能源消费总量控制在 48 亿 tce 左右。

综上，受碳排放和可获得的能源量的共同约束，未来我国全社会能源消耗的总量应该在 48 亿 tce 以下。这不是一个暂时的约束，而将是长远发展要求的目标：从全球碳减排目标来看，未来碳排放量要逐年减少，化石能源用量也应逐年减少；我国能源赋存有限，技术短期内难以取得重大突破，经济条件也难以支撑大规模发展可再生能源，因而不能支持不断增长的能源需求。为履行大国义务，保障我国能源安全和可持续发展，控制能源消耗总量势在必行。

在国家能源消耗总量的约束下，建筑能源使用也应该实行总量控制。

从我国社会经济结构来看，工业（特别是制造业）是中国发展的动力（2000 年以来，第二产业占 GDP 的比例在 45%～48%），生产和制造加工对能源的需求量大，工业用能量约占国家总能耗的 65% 以上。2013 年我国工农业生产用能超过

25亿tce，在未来很长一段时间内，制造业还将是支撑我国发展的重要经济部门，工农业用能还将占我国能源消耗量的主要部分，逐年增长的态势短期内不会改变（近年来工业用能增长率持续在5%）。2013年，我国人均工农业能耗为2.14 tce，美国人均工业能耗强度为3.58 tce，而德国人均工业能耗强度为1.06 tce，英国、法国和意大利等国家人均工业能耗均低于1tce，按照人均工农业用能，通过工业结构调整和淘汰落后产能，工业能效进一步提高，我国未来可能维持在人均2 tce，这样，未来14.7亿人口工农业用能应在29.4亿tce左右。我国目前交通用能仅占全社会总能耗的10%左右，人均交通用能不到0.3tce。无论从用能比例还是人均交通用能，都远低于OECD国家水平。随着现代化发展，交通用能比例一定会有所提高。如果未来人均交通用能达到0.5tce，则交通用能为7.4亿tce，这样如果总能源消费量为48亿tce，建筑运行能耗总量就应该控制在11亿tce，约占我国能源消费总量的23%。

考虑工业生产、交通和人民生活发展需要，建筑能耗总量应该在11亿tce以内❶，这一用能总量不包括安装在建筑物本身的可再生能源（如太阳能光热、太阳能光电、风能等）。

在明确建筑用能总量上限后，接着要回答的问题是，能否实现以及怎样实现这个总量控制目标？通过分析北方城镇采暖用能、城镇住宅（不含北方采暖）用能、非住宅类城镇建筑（不含北方采暖）用能和农村住宅用能等各类建筑用能的现状与节能技术措施，结合未来人口和建筑面积总量分析，得到在可实现的技术和措施下，未来我国建筑规模控制在720亿m²时，建筑运行能耗总量可以控制在11亿tce，约占全社会能源消费总量的22%；建筑运行碳排放控制在13亿$tCO_2$❷，这能够符合未来我国全社会能耗总量的控制目标和碳排放总量的控制目标。对比当前建筑用能强度和建筑面积，总结各项用能和建筑面积控制目标如表1-2所示。

为了实现建筑运行能耗的总量和强度目标，一方面要控制建筑的规模总量，合理规划各种类型建筑的人均规模量；另一方面建筑运行能耗的强度因用能类型不同而表现出明显的差异，应全面分析目前四个建筑用能分类的特点，从使用模式与人

---

❶ 对中国建筑能耗用能总量和强度双控的目标及分析过程的详细论述可参见《中国建筑节能路线图》（中国建筑工业出版社，2016）。

❷ 考虑国家宏观能源结构调整至可再生电力占电力供应的40%。

的行为、建筑形式、建筑用能系统设备的可调性和适应性以及设备的效率几个方面，针对不同的用能类型提出具体的节能技术和政策发展路径（图 1-11）。

我国未来建筑商品能耗总量及强度目标　　　　　表 1-2

分项	建筑面积/户数		用能强度		总能耗（亿 tce）	
	2015 年	目标	2015 年	目标	2015 年	目标
城镇住宅	2.72 亿户	3.5 亿户	731 kgce/户	1098kgce/户	1.99	3.84
农村住宅	1.58 亿户	1.34 亿户	1345 kgce/户	988kgce/户	2.12	1.32
公共建筑	116 亿 m²	180 亿 m²	22.5 kgce/m²	24.6kgce/m²	2.60	4.44
北方采暖	132 亿 m²	200 亿 m²	14.1 kgce/m²	7.02kgce/m²	1.99	1.40
总量	573 亿 m² 13.7 亿人	720 亿 m² 14.7 亿人			8.58	11.0

注：上表中仅包含商品能源，不包括可再生能源及生物质能源。对于农村住宅，户均能耗实际为 1669kgce/户，由于利用可再生能源和生物质能源，其中商品能耗仅为 988 kgce/户。

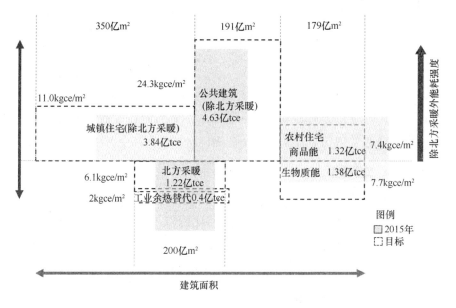

图 1-11　中国建筑运行能耗总量和强度目标

1.3.2　建筑规模的总量控制

通过本章 1.1 节的分析可以看出，近十年来随着我国城镇化的进程，大量新建建筑，一方面满足了人民生活水平提高的需求，但另一方面也存在房屋空置、资源能源浪费、房地产发展过热等各方面的问题,那么中国未来到底应该是怎样的一种城镇化发展模式,我国应达到多大的房屋规模和建造速度呢?通过对比各国住宅和公共建筑面积,从建筑营造历史发展机遇,各国居住建筑营造模式,并结合我国居民对建筑规模的期望调研,分析未来我国合理的建筑规模。

人均住宅面积,一方面能反映一个国家的经济水平,一方面也是该国居住模式的体现。从各国人均住宅面积比较来看(图1-12),美国人均住宅面积超过 $70m^2$,大大高出世界其他国家水平;丹麦、挪威和加拿大属于人均住宅面积第二大的国家群体,人均住宅面积约为 $55m^2$;法国、德国、英国和日本等经济强国,人均住宅面积约为 $40m^2$;中国人均住宅面积约为 $30m^2$,在金砖各国中面积最大。结合我国的居住模式和房屋面积现状,目前城镇居住建筑总量已经能满足居民居住需求,目前的缺房无房户不是因为无房,而是房价太高无法承受。再修建多少,不抑制房价,就无法解决无房户问题。随着城市化率增长,每年 2000 万农民进城,那么未来只需要每年增加住房 6 亿 m^2 即可满足城镇化的需求,这样来看,我国未来城镇居住建筑总量不应超过 350 亿 m^2,人均 $35m^2$。2015 年我国农村住宅人均面积为 $39\ m^2$/人,考虑到目前农村的居住模式与城镇的差异,多为独户式住宅形式,且居住模式逐渐向城镇居住模式转变,因此人均住宅面积不会增加,近年来农村人均住宅面积也基本稳定,因此考虑未来农村住宅人均面积不变,维持在 $39\ m^2$/人。

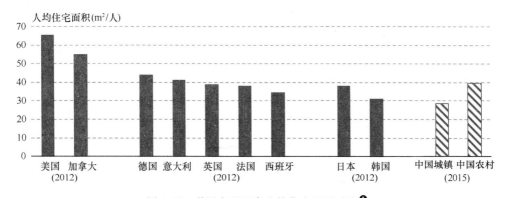

图 1-12 世界主要国家人均住宅面积对比❶

公共建筑主要服务于人们的公共活动,均公共建筑面积的大小,可以反映该国

---

❶ 数据来源:国际能源署等数据库及各国统计年鉴、相关报告,详见本章参考文献。

经济发展水平、公共服务水平或者社会公共活动特点。比较世界主要国家的人均公共建筑面积（图1-13），中国人均公共建筑面积为 8.4 m²/人，低于大多数发达国家，这跟当前我国城乡二元结构相关。公共建筑主要集中在城镇，我国城镇人均公共建筑面积已经达到 13.4 m²/人，略低于法国、日本等发达国家。但目前我国有约一半左右的居民居住在农村，由于农业经济特点和经济发展水平限制，农村公共建筑设施配套较慢，人均公共建筑面积仅为 2.1 m²/人，远小于城镇居民。从现存公共建筑的类型来看，办公建筑比例最大，约为 37 亿 m²，综合商厦面积也已经达到 23 亿 m²，这两类都不应该再增加。需要进一步增长的是文化、医疗、教育和社区服务建筑。未来各类公共、商业建筑的人均面积应在 10~15 m²/人之间，总量应控制在 180 亿 m²。

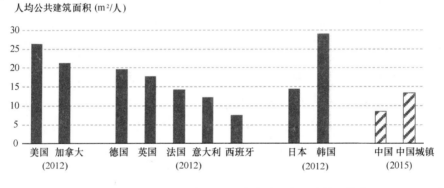

图 1-13　世界主要国家人均公共建筑和商业建筑规模

中国，全国公共建筑面积除以全国人口；中国城镇，城镇公共建筑面积除以城镇人口。

综合上述分析结果，我国未来合理的建筑规模应控制在 720 亿 m²，其中住宅建筑 540 亿 m²，城镇住宅 350 亿 m²，农村住宅 190 亿 m²，公共建筑 180 亿 m²，如表 1-3 所示。这样的建筑规模可以在满足建筑能耗总量目标、碳排放约束目标以及土地资源等各项约束的前提下，实现社会各项资源的最大化，满足城镇化进程中人民日益增长的需求。

中国建筑规模总量控制目标　　　　　　　　　　　表 1-3

	单位	2015 年	目标
住宅建筑总面积	亿 m²	457	540
城镇住宅	亿 m²	219	350

续表

	单位	2015年	目标
农村住宅	亿 m²	238	190
公共建筑总面积	亿 m²	116	180
北方采暖总面积	亿 m²	132	200
总面积	亿 m²	573	720

1.3.3 建筑能耗的强度控制

建筑运行能耗的强度因用能类型不同而表现出明显的差异，对于不同的用能类型，节能技术和用能规划的预期也不同。根据我国建筑能耗特点和实际情况，规划各类建筑用能控制目标的技术措施，提出我国建筑节能技术路线。

1）我国能源消耗总量受全球碳减排目标和我国能源供应能力的共同约束。为保障国家能源安全，承担大国责任，我国未来能源消耗应该控制在 50 亿吨标准煤以内。根据我国以工业能耗为主的能源结构特点，从实际用能现状和可实现的技术或措施出发，自下而上的分析我国建筑用能总量可以达到的目标，我国未来建筑运行能耗应该控制在 11 亿吨标准煤以下，碳排放总量控制在 13 亿 tCO_2 以内。

2）为了实现建筑能耗总量控制目标，首先要实现中国建筑的合理规模控制。大造新城、滥建新区绝不是绿色低碳城镇化道路的选择，要实现中国建筑节能必须严格控制各类建筑的规模总量：对于居住建筑，主要应控制规模总量和合理规划套内面积；而对于公共建筑，应减缓办公、商业、交通枢纽类的建筑而重点发展公共服务类建筑，包括地方中小学、医院、文体设施等。同时减缓建设速度，实现建筑建造的软着陆：城镇建筑的竣工量应从目前的 20 亿～30 亿 m²/年逐渐降低至 10 亿～15 亿 m²/年；调整产业结构，将建造业重点转向建筑维护和既有建筑改造，将钢铁、建材企业的重点转向"一带一路"建设。

3）为了实现建筑能耗强度控制目标，应认识到我国目前绿色的生活模式和建筑使用方式是造成我国与发达国家能耗强度差异巨大的主要原因，应该维持目前的绿色生活模式，并建造和发展与之相适应的建筑形式和系统形式；同时彻底改变北方城镇供热方式，利用工业低品位余热和热电联产低品位余热作为北方城镇建筑冬季供暖的主要热源；进一步推广高能效建筑用电器和机电系统，这需要做到：

① 维持绿色生活方式与使用模式：充分利用自然通风、坚持"部分时间、部分空间"的使用模式是我国建筑能耗强度显著低于发达国家现状的主要原因。通过对空调方式、南方住宅供暖方式、生活热水供应方式和通风方式的大量调查实测发现，由分散方式转为集中方式，使用模式就会由"部分时间、部分空间"变为"全时间、全空间"，运行能耗会增加3~10倍。因此，应该发展与居民生活方式相适应的城市基础设施建设，反对在住宅建筑中推行区域集中供冷，对于长江中下游地区的冬季采暖，也不应该模仿北方的集中供热，而应发展适宜当地气候条件、能源结构和生活方式的独立分散高效采暖设备。

② 发展与绿色使用模式适应的建筑形式：反对那些标榜为"先进"、"节能"、"高技术"、全密闭、不可开窗、采用中央空调的建筑形式，大力发展可以开窗，可以有效的自然通风的建筑形式，尽可能发展各类被动式调节室内环境的技术手段，进一步提升建筑的保温、遮阳、密闭和自然通风性能。

③ 充分利用工业余热和热电联产（CHP）来解决北方供热：要实现总量控制的目标，最大的节能潜力在于通过北方采暖地区的供暖能耗实现热源结构的调整和热源效率的提升，实现供热能耗强度的大幅降低，在供暖建筑规模从120亿 m^2 大幅增长至200亿 m^2 的情况下，北方采暖能耗需要通过能耗强度的大幅下降，实现能耗总量的负增长。节能潜力巨大，同时也任重道远。充分利用现在的集中供热管网的巨大能力，大规模使用热电联产和工业余热承担基础负荷，使得单位面积供热能耗大幅降低。在规划情况下，单位面积的供热能耗可降低到 6.1 $kgce/m^2$，加上北方的夏季空调能耗 4 kWh/m^2，可使得北方城镇地区居住建筑每平方米空调采暖能耗共计不超过 25$kWh_电/m^2$，与夏热冬冷地区空调采暖能耗强度相当（20$kWh_电/m^2$）。

④ 进一步推广高能效建筑用电器和机电系统：发展高效照明、家用电器，提高大型公共建筑机电系统用电效率，推广LED灯，鼓励推广节能家电器具，并通过市场准入制度，限制低能效家电产品进入市场，限制电热洗衣烘干机、电热洗碗烘干机等高能耗家电产品。冰箱、空调等家电已有能效标准，但待机电耗高的（如饮水机）尚未通过产品标准加以注意和控制。

总体看来，"生态文明"、能源消耗"总量与强度双控"应成为我国建筑节能工作的指导思想。我国的建筑节能工作应该基于总量控制与用能公平性，对能耗进行自上而下的规划,以能耗总量与强度为目标开展建筑节能工作。

1.3.4 国家标准《民用建筑能耗标准》

为了实现建筑能耗的强度控制目标,就要建立以建筑能耗数据为核心的建筑节能政策体系和建筑节能技术支撑体系,实现建筑节能工作由"怎么做"向"耗能多少"转变。2016年出台的国家标准《民用建筑能耗标准》(GB/T 51161—2016)就是我国第一次尝试从总量控制出发给出的建筑用能上限参考值。住房城乡建设部及相关研究单位围绕我国建筑节能的总量和强度双控目标,以实际能耗作为约束条件,制订了国家标准《民用建筑能耗标准》,首次对北方供暖、公共建筑用能(不包括北方供暖用能)和城镇住宅(不包括北方供暖用能)等三个方面给出了相应的能耗指标,并对建筑用能领域强度的约束性指标和引导性指标进行了规定。该标准已于2016年12月1日起实施,这一标准的全面推广实施将是我国在建筑节能领域从"怎么做"转为"耗能多少"的重要一步,参见图1-14。

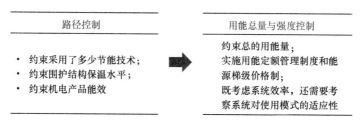

图1-14 实现建筑节能从路径控制到效果控制的转变

《民用建筑能耗标准》(以下简称《标准》)从建筑能耗总量控制的思路出发,以实际能耗作为约束条件。参照建筑用能规划,从北方供暖、公共建筑用能(不包括北方供暖用能)和城镇住宅(不包括北方供暖用能)等三个方面给出了相应的能耗指标。各项指标值根据实际能耗数据提出,结合各类建筑面积规划,验证是否符合各类建筑能耗规划的目标,并作相应调整。《标准》中未提出农村住宅用能的相关指标,原因有以下几点:1)农村建筑当前主要的矛盾是改善农民生活环境,提高农民居住水平;2)农村家庭与城镇家庭用能结构不同,城镇家庭用能以电为主,燃气或液化石油气为辅,而农村家庭用能包括煤、电、生物质等,能耗指标难以约束除电外其他各类用能量;3)根据国家年鉴公布的数据[5],2012年,城镇居民人均用电量500kWh,而农村居民人均用电量约为415kWh,这其中还包括一部分服务于农业生产（灌溉、养殖、食品加工等）的用电，农村居民用电强度大大低于城镇居民用电强度。

考虑到节能工作的阶段性和实际工程的水平差异，《标准》中能耗指标包括约束性指标和引导性指标两类。约束性指标是基准性指标，能耗低于这项指标才算达到节能标准；而引导性指标是先进性指标，能耗低于这项指标，表明节能达到先进水平。随着节能工作的逐步推进，鼓励从约束性指标值向引导性指标值发展。各类能耗指标包括的项目，以及考虑的因素如图1-15所示。下面从各项指标的内容和确定方法以及在各个阶段如何应用等方面进行介绍。

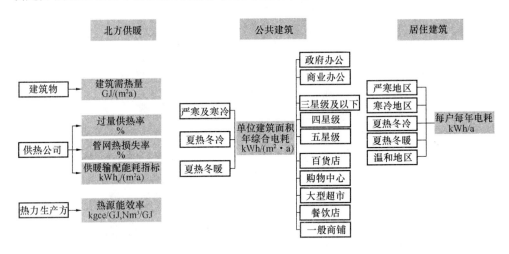

图1-15 《建筑能耗标准》中各项能耗指标示意图

在建筑节能工作体系中，《标准》是一个工具。节能工作体系中的政府主管部门、科研院所、节能服务企业和建筑业主等，都可以运用这个工具开展节能工作。例如，政府相关部门可以根据《标准》中各项能耗指标，在国家能源总量控制的目标下，确定不同阶段的建筑用能整体规划。

《标准》提出的各项指标主要针对建筑运行效果，属于目标层次的标准，并不涉及如何实现节能效果（如图1-16所示）。《标准》提出了具体的能耗指标，而以既有的各类节能标准为技术设计参考，可从技术层面保障实现《标准》规定的能耗指标，二者相互支持，不存在矛盾。《标准》和既有的节能设计、运行及评价环节的标准的作用点不同，共同推动节能工作的开展，从这个角度来看，《标准》相当于完善了现有的标准体系，使得建筑节能标准从技术指导到能耗检验形成一个完整

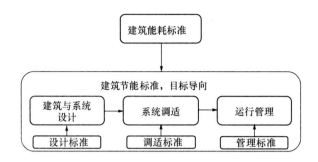

图 1-16 建筑能耗标准与其他建筑节能标准的关系

的考核体系。

总体来看,建筑节能是一个复杂的系统工程,涉及面广,必须在设计、施工和运行等过程中采取有效措施,才能达到《标准》提出的能耗指标的要求。

参考文献

[1] 倪绍祥,谭少华. 江苏省耕地安全问题探讨. 自然资源学报,2002,17(3):307-312.

[2] 谈明洪,李秀彬,吕昌河. 20 世纪 90 年代中国大中城市建设用地扩张及其对耕地的占用. 中国科学:D 辑,2005,34(12):1157-1165.

[3] Fang H,Gu Q,Xiong W,et al. Demystifying the Chinese Housing Boom[R]. National Bureau of Economic Research,2015.

[4] 中国国家统计局. 中国统计年鉴2014. 中国统计出版社.

[5] 中国电力企业联合会. 中国电力行业年度发展报告2013. 中国市场出版社,2013.

[6] COAG (2012). Baseline Energy Consumption and Greenhouse Gas Emissions In Commercial Buildings in Australia. Australia, the Department of Climate Change and Energy Efficiency.

[7] Deshmukh (2015). Building Energy Performance in India.

[8] DEWHA (2008). Energy Use in the Australian Residential Sector 1986—2020. Commonwealth of Australia,Canberra.

[9] DOE (2015). Annual Energy Outlook 2015. Washion DC.

[10] EDMC (2014). Handbook of energy & economic statistics in Japan. the energy conservation center,Japan.

[11] NSSO (2013). Key Indicators of Drinking Water,Sanitation,Hygiene and Housing Condition in India. Government of India,Kolkata.

[12] Odyssee (2015). Statistics database. http://www.indicators.odyssee-mure.eu/energy-ef-

ficiencydata base. html

[13] PNNL (2012). Analysis of the Russian Market for Building Energy Efficiency. PNNL.

[14] Rosstat (2016). Statistics database. http://www.gks.ru/wps/wcm/connect/rosstat_main/rosstat/ru/statistics/

[15] Statistics Korea (2016). Statistics database. http://www.eais.go.kr/

第 2 篇　城镇居住建筑节能专题

第 2 章 城镇居住建筑用能状况

2.1 城镇住宅相关概念界定

在本章的开始,首先对本书所涉及的城镇、城镇住宅、城镇住宅能耗等基本概况进行解释和界定。城镇包括城区和镇区。城区是指在市辖区和不设区的市,区、市政府驻地的实际建设连接到的居民委员会和其他区域。镇区是指在城区以外的县人民政府驻地和其他镇,政府驻地的实际建设连接到的居民委员会和其他区域❶。城镇住宅指的是位于城区和镇区的住宅。本书中所提到的住宅用能包括的是居民在住宅内使用各种设备来满足生活、学习和休息所产生的能源消费,包括空调、采暖(本书不探讨北方城镇的集中采暖,此处的采暖指的是分散形式的采暖)、炊事、生活热水、照明以及家用电器这六个方面所消耗的能源,能源种类主要包括电、燃气等。

对居住空间的需求是人类共同的最基本需求。住房面积是居民赖以生存、生活、学习和休息的面积,它从数量上直接反映人们的基本住房条件和住房水平。与住房面积相关的统计指标主要有三个:住房建筑面积、住房使用面积和居住面积。住房建筑面积是指房屋的外围水平面积,包括阳台、走廊、室外楼梯等的建筑面积。住房使用面积是指住房建筑面积中实际可以使用的那部分面积,即扣除住房外墙、住房中的隔墙、柱等房屋结构占用的面积后所剩余的那部分面积。居住面积是指住房使用面积中专供居住用的房屋面积,不包括客厅、厨房、浴室、卫生间、储藏间以及各室之间走廊等辅助设施的面积,它是按居住用户的内墙线计算的。以往我国统计住房水平只计算卧室面积,这个指标的算法有其历史背景。新中国成立初期城市居民住房紧缺,住宅建设主要靠国家投资,建筑标准普遍偏低,新建住房大

---

❶ 《统计上划分城乡的规定》,国务院于 2008 年 7 月 12 日国函,[2008] 60 号批复。

多没有客厅,进门就是卧室,有些住房走廊、厨房和卫生间也是公用的,因此卧室面积也就成了住房面积。国际上对于住宅多是以套作为基本计量单位,如每百人或每千人拥有多少套住宅,或每套住宅有多少建筑面积来反映居民的住房水平,并已成为国际惯例。目前一般选用人均住房建筑面积作为反映人均住房水平的统计指标,它指的是每个居民拥有的住房建筑面积。本书中所提到的面积也是指住房建筑面积指标。

生活方式是一个外延广阔、层面繁多的综合概念,本书中所探讨的生活方式主要是从个人的层面,研究与住宅内的用能直接相关或间接相关的行为与模式,直接相关的方面包括居民在室时间和上述所提到的六类用能的设备形式及其使用模式,例如对于空调设备的使用方式,如何开、关及设定值,电器的拥有量与使用方式;间接相关的方面包括开关窗户、开关窗帘等会影响空调、照明等用能量的行为。

2.2 城镇住宅发展趋势

2.2.1 城镇家庭与住宅发展

我国正处在快速城市化的过程之中,城镇人口迅速增加,每年城镇约新增人口1600万左右,从2000~2015年,我国城镇人口从4.59亿增加至7.71亿。随着城镇化发展和经济社会的发展,传统的中国家庭规模和家庭结构也在发生变化。中国传统家庭模式一般至少包括夫妻和子女两代人,并普遍存在三世同堂、四世同堂甚至五世同堂的现象。改革开放以来,为适应社会生产方式和生活方式的变化,传统的结构复杂而规模庞大的大家庭,已逐步向结构简单而规模较小的家庭模式转化。家庭规模小型化、家庭结构简单化和家庭模式多样化,成为中国现代家庭的主要特征。根据2012年中国统计年鉴提供的数据,中国城镇居民平均每户家庭人口从1985年的3.89人/户下降到2015年约2.83人/户,见图2-1。

与此同时,城镇大量新建住宅,每年新增住宅面积达到8亿~10亿 m^2,来满足新增城镇人口的居住需求。从2001年至2015年,城镇住宅建筑的总面积从71亿 m^2 增加至219亿 m^2,面积总量增加了2倍,同时,全国城镇人均住宅面积(城镇住宅面积除以城镇总人口)也由2001年的19.8 m^2/人增长为2015年的28.4 m^2/

人，如图 2-2 所示，反映了我国城镇居住水平的大幅提高。

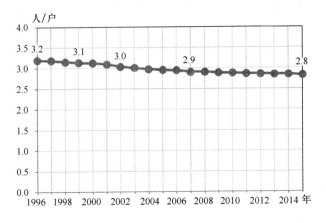

图 2-1　中国城镇家庭平均每户人口

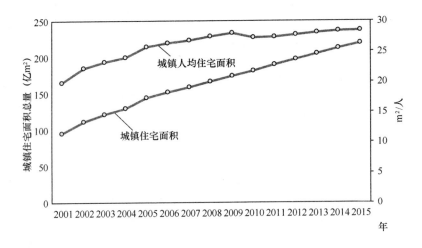

图 2-2　全国城镇住宅规模增长

注：数据来源为 CBEM 模型估算，城镇人均住宅面积＝城镇住宅面积/城镇人口。

《中国统计年鉴》中也提供了城镇人均居住建筑面积这一数据，该数据的来源是对全国城镇家庭户进行大规模抽样调查得到的结果，指的全国城镇家庭户人均住宅面积，该指标从 24.5m²/人增长到 2015 年近 34m²/人，如图 2-3，这一指标不考虑城镇中的学生、军人等无房城镇居民，能够更真实地反映城镇住宅的单元面积和家庭户的居住水平。

为了全面了解全国城镇居民的居住情况，清华大学于 2015 年对全国的城镇居民进行了大范围问卷调查，结果与统计年鉴中对家庭户的调查结果基本一致：2015

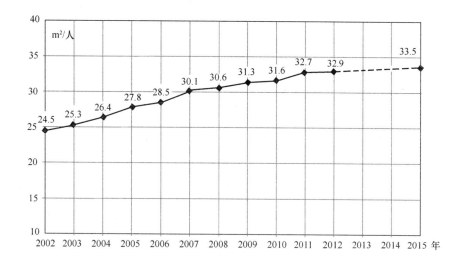

图 2-3　全国城镇家庭户人均住宅面积

注：数据来源为中国统计年鉴中对全国城镇家庭户进行的大规模统计调查，没有考虑城镇中的学生、军人等无房集体户人口，因此该指标数值大于上图的城镇人均住宅面积指标。

年，全国城镇住宅的平均单元面积约为109m²，按照城镇每户3个人，计算得到的城镇家庭户人均住宅面积为 36 m²/人。住宅单元面积的分布如图 2-4 所示，约 62% 的家庭住宅面积在 70~120m² 之间。

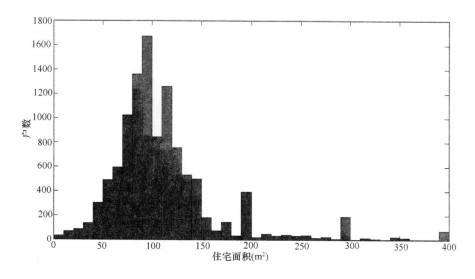

图 2-4　中国城镇家庭住宅单元面积分布（2015 年，样本量：4932）

同时,经济的发展和人民生活水平的提高也导致了新建住宅中,大单元面积住宅的比例不断提升,如图 2-5 所示,2001 年后的新建住宅的面积要显著高于早期的住宅,1985 年之前所建住宅的平均单元面积为 89m^2,而 2001 年之后新建住宅的平均单元面积则高于 115 m^2。

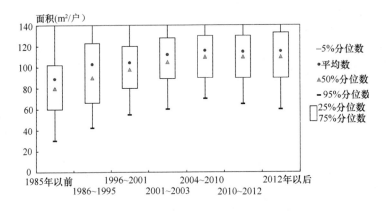

图 2-5 各时期新建城镇住宅单元面积分布(2015,样本量:4932)

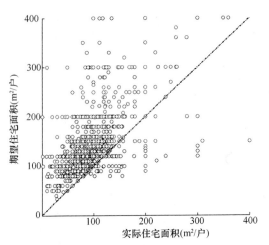

图 2-6 实际住宅面积与期望住宅面积对比
(2015 年,样本量:4932)

近年来大量"别墅"、"townhouse"出现,大多为高档豪华住宅,引领着一种所谓"时尚"、"与国际接轨"的独栋大单元面积的居住模式。但是实际调查结果表明,尽管住宅单元户的面积有不断增长的趋势,城镇居民对于理想住宅单元面积的期待并不是越大越好。在 2015 年的问卷调研中对居民所期望的住宅面积进行了调查,与实际居住面积的对比如图 2-6 所示,实际居住面积小于 80m^2 的家庭所期望的居住面积均大于 80m^2,而实际居住面积 80m^2 以上的住户所期望的居住面积则一般在 80~150m^2 之间,期待理想居民面积大于 200m^2 的居民占总城镇人口的比例非常低。这也说明,从满足城镇居民的真实需求的角度,应该对城镇住宅建筑的单元面积进行合理的控制,将单元面积控制在适宜的 80~150m² 之内。

近年来随着我国城市化的快速发展,一方面城市人口迅速增加;另一方面城市土地日益紧张,土地综合开发费不断增高,开发商为了增加开发效益,大量建设高层、高密度的住宅。在多方力量的推动下,我国城市高层住宅的数量和高度不断提高:20 世纪 50 年代新建住宅多为 4 层以下,70 年代发展到 5、6 层,80 年代大中城市多以 7~10 层住宅为主,目前我国很多城市的住宅建设主要是以高层为主,且容积率和高度不断上升。在 2015 年的调查中得到的城镇住宅建筑形式分布结果如图 2-7 所示:2015 年,有 56% 的家庭居住于 7 层及以下的低层楼房,从不同时期的新建住宅类型分布上看,2000 年后新建住宅中 7 层以上的高层塔楼以及高层板楼的占比上升迅速,如图 2-8 所示。中国城镇住宅层数由低层到高层的变化过程,客观上反映了土地资源、人口数量及生态环境等诸多矛盾的日益激化。随着我国经济的快速发展,一方面,城市化水平快速提高,越来越多的人口向城市聚集;另一方面,人们的生活水平也在不断提高,人们改善居住条件的愿望越来越强烈,因此,城镇住宅需求不论从数量还是质量方面都在不断提高。然而,面对人口、土地资源、生态环境等背景的挑战,大多数城市都存在资源不足的生态危机。必须承认,高人口密度和高建筑密度的城镇人居环境,是中国城镇居民需要长期面对并接受的现实。这也从资源、能源总量

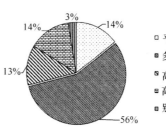

图 2-7　2015 年全国住宅类型分布
(2015 年,样本量:14729)

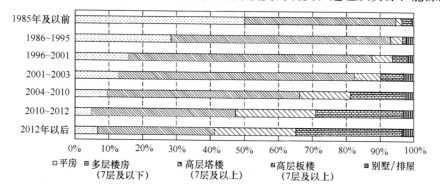

图 2-8　不同时期新建住宅建筑的类型分布(2015 年,样本量:14279)

约束的角度说明，必须通过合理控制住宅单元面积，对城镇住宅建筑的总量进行约束和控制。

近年来新增的大量城镇住宅建筑除了不断改善城镇居民的住房条件外，还存在一部分空置的情况，尤其是部分二三线城市的住房空置现象受到了社会大量关注。空置住宅面积有两类概念：住房城乡建设部统计数据中"空置率"的调查对象，是指当年竣工而没有卖出去的房子，主要考虑的是金融风险，银行信贷资金是否能安全回收。而对于另外一个"空置率"，即已经售出的住房中空置的部分，主要关注的是房屋存量的使用率，我国现在还没有官方的统计数据。西南财经大学中国家庭金融调查与研究中心 2014 年的报告显示，中国城镇地区整体住房空置率为 22.4%，中国城镇地区的空置住房达到了 4898 万套。为了进一步认清中国城镇地区住宅空置的现状，清华大学建筑节能研究中心在 2015 年全国城镇住宅问卷中，针对"共有几套住宅"、"其中几套有人居住（包括出租）"以及"空置几套"等问题，对居民住房的居住和空置情况进行了调研，根据问卷结果所计算得到的空置率，属于已售出住房中未投入使用的部分所占比例，调研结果如图 2-9 所示。

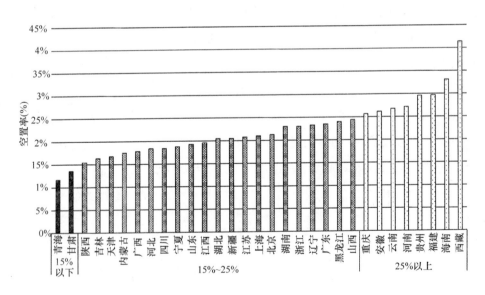

图 2-9　全国 31 省市城镇住宅空置率分布（2015 年，样本量：14729）

整体上来看，计算得到的全国城镇住宅空置率为 21.9%，2015 年城镇住宅建筑面积 219 亿 m^2，根据前述调研结果，给定城镇住宅平均单元面积为 $109m^2$，则

2015年城镇住宅单元总量为2.01亿套，得到空置的单元数为4400万套。分地区来看，全国多数地区的城镇住宅空置率都在15%～25%之间，部分地区，如海南、福建等地空置率达到了25%以上，空置率在15%以上的省市占了全国的绝大多数。

大量空置率住房的存在，导致尽管住宅建筑总量增长很快，但能耗总量增长不大，单位建筑面积能耗甚至有所下降，也就是说我们目前计算得到的城镇住宅的单位建筑面积能耗可能低于实际水平。但当某个时期空置率大幅度减少时，势必会造成总能耗和单位面积能耗的同步增长。

新建住房未售出和售出但未入住这两种情况都导致了我国城市目前的大量的空置住宅面积和较高的空置率，而且不同类型住宅空置率也有较大差别，例如高档住宅空置率较高，而普通住宅空置率较低。房屋的空置，既浪费了建材生产、房屋建造、装饰装修的能耗，又增加了无谓的房屋维护能耗（包括基本的水电和冬季采暖）。目前我国城镇住宅出现了大量空置住房面积，是城市发展和节能工作必须正视的问题。

2.2.2 城镇居民生活方式多样化，用能水平差异巨大

随着城镇化进程和经济发展，不仅住宅建筑的规模有所增长，居民在住宅建筑中的生活水平也有了大幅提升，生活方式呈现多样化的趋势，主要反映在各用能末端的设备形式多样化以及采用同种设备形式的住户的使用模式多样化。例如，夏热冬冷地区住宅建筑中的采暖需求大幅提升，各种类型的采暖设备比例都有所增长，并且出现了一些户式和小区集中的采暖系统形式，而且采用相同采暖设备的家庭户使用采暖设备的方式也有很大差异，详见2.4.1节；夏季空调降温的方式也呈现类似的多样化趋势，户式和小区集中供冷的形式在住宅建筑中开始出现，不同住户之间使用空调的方式差异巨大，详见2.4.2节。城镇居民对生活水平提升的需求也使得家用电器的种类和拥有率有大幅提升，例如近年来由于空气污染和雾霾问题受到社会各界关注，住宅中的通风设备也成为城镇居民的关注重点，各种类型的净化器、户式新风系统形式在城镇家庭中的拥有率都有大幅提升，不同家庭之间的选择也有巨大差异。

大量的调查结果也表明，城镇居民生活方式的多样化直接导致了城镇居民的用能水平户间差异巨大。将调研得到的中国城市个人的居住能耗（除北方集中采暖）

调研的样本按照能耗高低分为十类人群，再将这十类人群平均能耗值，与美、日、等发达国家的人均居住能耗（除采暖）水平进行比较，如图 2-10 所示，可以发现：在中国，能耗最低人群与最高人群的实际能耗，可以有十倍以上的差别；中国各城市的人均居住能耗水平约为日本的一半，远低于美国水平；中国各城市能耗最高的第 10 类人群已经达到日本水平。

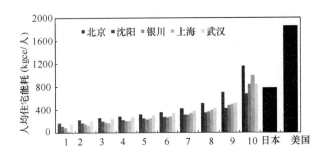

图 2-10　调研城市居住能耗十类人群与发达国家比较（不包括北方城市集中采暖）

注：图中所列的中国城市中，北方城市不包括集中采暖能耗，其他城市包括分散采暖设备的能耗。日本和美国的数值为全国平均值，不包括采暖。

随着经济发展、人民生活水平不断提高，大单元户住宅建筑及高能耗生活方式的家庭在城市社会人口中的比例呈增长的趋势，成为导致我国城镇住宅能耗增长的一个重要因素。需要注意的是，无论是目前的美国、日本模式，还是中国城镇中的高能耗人群的生活模式，如果将来成为中国城镇居民生活模式的主流，将造成能耗的大幅度增长，给能源供应带来沉重压力。

2.3　城镇住宅能耗总量

2015 年城镇住宅除采暖外的能耗占建筑总能耗的 23%，该类总能耗从 2001 年 0.72 亿 tce，到 2015 年 1.99 亿 tce，增加了将近 3 倍，如图 2-11 所示。其中，耗电量从 2001 年的 1231 亿 kWh 增长到 2015 年的 4300 亿 kWh，增加了 3 倍以上。

2001 年至 2015 年间，随着我国经济的发展和居民收入的增加，城镇居民的生活水平也逐渐提高，各类家用电器的种类、拥有率与使用率大幅增长，而调研也显示，建筑设备形式、室内环境的营造方式和用能模式也正在悄然发生巨大变化，这

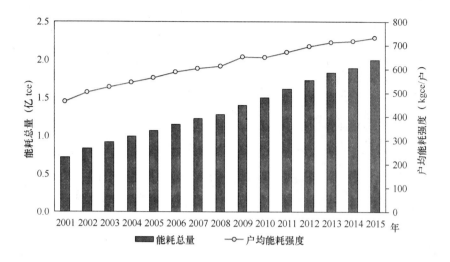

图 2-11 城镇住宅总能耗的总量和强度逐年变化

都导致城镇住宅户均能耗持续稳定上升，如图 2-12 所示。但与此同时由于城镇住宅的户均面积也在不断增长，导致城镇住宅单位面积能耗并未显著增长，城镇住宅的能耗总量随城镇化不断推进和城镇住宅规模增加而不断上涨。

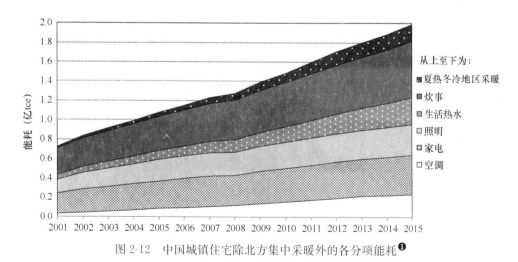

图 2-12 中国城镇住宅除北方集中采暖外的各分项能耗❶

如图 2-13 所示，炊事、家电和照明是中国城镇住宅能耗（除北方集中采暖）

---

❶ 采用供电煤耗法对终端耗电量进行换算，即按照每年的全国平均火力供电煤耗把电力消耗量换算为用标煤表示的一次能耗，因本书定稿时国家统计局尚未公布 2014、2015 年的全国火电石供电煤耗值，故选用 2014 年该数值，为 319 gce/kWh。

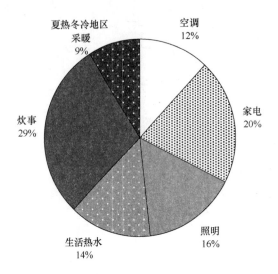

图 2-13　中国城镇住宅除北方集中采暖外的各用能分项的比例

中比例最大的三个分项。随着城镇化进程，城镇住宅的炊事能耗维持着缓慢增长的速度，这是由于城镇住宅中的燃气普及率的提高（从 1995 年的 34.3% 提高到 2015 年的 95.3%[1]）和炊事电气化水平的提高，燃煤炊事灶的大量减少使得炊事用能效率大幅提升，户均能耗下降，所以虽然城镇住宅的总量不断增长，但炊事总能耗上升的趋势并不明显。炊事用能比例从 2001 年的超过 40% 下降到 2015 年的 31%，这也表明其他分项用能的能耗在迅速增长。但总体来看，炊事能耗仍然是城镇住宅除集中采暖外所占比例最大的一项。家电与照明的能耗增幅也十分明显，但占总体的比例基本没有发生明显变化。生活热水能耗在 2001 年所占比例非常小，仅为 7%，但近十几年来随着生活热水普及率的提高，增幅明显，到 2015 年已经占总能耗的 14%。而夏季空调与夏热冬冷地区采暖能耗呈现了从无到有，成倍增长的趋势，占总能耗的比例上涨也非常迅速，尽管目前这两类能耗占总能耗的比例还比较小，夏季空调为 12%，夏热冬冷地区采暖为 9%，但随着经济发展和人民生活水平的不断提高，这一地区普遍呼吁改善室内环境状况，尤其是夏热冬冷地区（长江中下游）的城镇住宅采暖问题到底如何解决，将直接影响此类能耗的发展趋势与能耗数值，若仍然维持目前成倍增长的趋势，或者推行类似北方的集中采暖，可能会使得中国城镇住宅除北方集中采暖外的总能耗出现成倍的增长，如何在有限的能源和资源总量下，改善夏热冬冷地区（长江中下游）住宅冬季室内热环境，提高冬季室内温度，改善舒适度与保证健康，是我国建筑节能领域亟待解决的一个重要问题。

---

[1] 中华人民共和国国家统计局，2016。

2.4 城镇住宅各用能分项

2.4.1 夏热冬冷地区采暖

夏热冬冷地区指包括山东、河南、陕西部分不属于集中供热的地区和上海、安徽、江苏、浙江、江西、湖南、湖北、四川、重庆，以及福建部分需要采暖的地区，标出这一地区的范围和各地冬季最冷月的月平均温度参见《中国建筑节能年度发展研究报告2013》图2-10。下文在提到这一地区的采暖问题有时也会采用"长江中下游地区"的概念，"长江中下游地区"指的是湖北、湖南、江西、安徽、江苏、浙江和上海市。从城镇住宅的规模上来讲，长江中下游地区是夏热冬冷地区最主要的部分，2015年长江中下游地区城镇住宅面积71亿m^2，占夏热冬冷地区城镇住宅总面积95亿m^2的四分之三，余下的四分之一主要为集中供热省份不属于集中供暖区的区域（山东、河南、陕西）和四川、重庆、福建部分需要采暖的地区。

与北方城镇不同的是，夏热冬冷地区的住宅采暖绝大部分为分散采暖，热源方式包括空气源热泵、直接电加热等针对单个房间的采暖方式，以及炭火盆、电热毯、电手炉等各种形式的局部加热方式。近年来，针对户内所有房间的户式中央空调（空气源热泵）和户式燃气壁挂炉的比例也开始增长，部分地区还开始采用地水源热泵作为热源为住宅小区提供集中供热。影响夏热冬冷地区采暖能耗的主要因素包括采暖设备形式、设备运行形式和室温，由于不同家庭间生活方式差别很大，即使在同一地区，实际的采暖能耗的户间差异也很大，这也是该地区采暖与北方集中供热存在巨大差异的地方。

为了全面了解夏热冬冷地区城镇住宅冬季采暖基本现状，清华大学组织了上海建筑科学研究院、深圳建筑科学研究院、浙江大学等多个单位，于2013年起开始，在该地区展开了大规模的综合调研活动。2013年冬与2014年冬，本研究在长江流域地区选取了上海、浙江、江苏、湖南、湖北、安徽、四川、重庆、江西等九个城市进行了大样本的问卷调研，并在部分住户家庭进行了室内热环境的测试。调研内容包括：1）家庭基本信息：如建筑年代、家庭人口、家庭收入等；2）家庭能耗状况：包括家庭全年用电量、用气量，以及逐月的能耗信息等；3）采暖方式调研：

包括采暖设备形式、采暖设备使用方式等；4）开窗行为；5）用户满意度等。2015年秋在全国范围内进行了中国城镇家庭用能基本情况调研，其中就包括长江流域地区城镇住宅冬季采暖的基本现状。2013年冬季的调研共回收问卷834份，其中有效问卷819份；2014年冬季的调研共回收问卷1007份，其中有效问卷910份；2015年共回收有效问卷14729份，其中长江流域地区共回收有效问卷4594份。在大规模问卷调研的同时，为了进一步研究长江流域地区的冬季采暖典型设备、使用方式与能耗的影响因素，清华大学于2013年冬季、2014年冬季在长江流域地区多个城市进行了整个采暖季的入户案例测试。测试对象位于上海、成都、南京、合肥等多地。所有住户除了实际测试之外，都进行了问卷调研及访谈。测试内容包括主要采暖设备用电量、各个房间及室外的温湿度、各个房间的二氧化碳浓度以及住户开窗行为等。下面详述通过大规模问卷和案例测试全面了解到的关于夏热冬冷地区采暖的状况。基于大样本的问卷调研结果和典型案例的实测结果，采用CBEM模型对夏热地区城镇住宅的采暖能耗进行了估算，采用供电煤耗法将电力转化为一次能源与其他能源加和，得到该地区的采暖一次能耗总量。

根据CBEM的计算结果，如图2-14所示，夏热冬冷地区住宅采暖能耗从2001

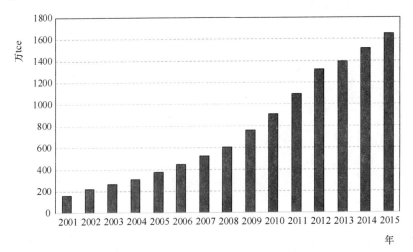

图2-14　夏热冬冷地区城镇住宅采暖一次能耗❶

---

❶ 采用供电煤耗法对终端耗电量进行换算，即按照每年的全国平均火力供电煤耗把电力消耗量换算为用标煤表示的一次能耗，因本书定稿时国家统计局尚未公布2014、2015年的全国火电石供电煤耗值，故选用2014年该数值，为319gce/kWh。

年到 2015 年，从不到 200 万 tce 增长为 1652 万 tce，2015 年该地区平均采暖一次能耗强度约 $1.84 kgce/m^2$。夏热冬冷地区住宅采暖占该地区住宅总能耗的 18%，目前占比虽然不高，但该用能需求是城镇住宅用能领域中增长最快的分项，也是城镇住宅节能工作面临的最大挑战。

(1) 系统/设备形式

夏热冬冷地区的住宅采暖绝大部分为分散采暖，该地区最常见的一种采暖设备为分体式热泵空调，对客厅、卧室等主要房间分房间进行采暖。除了热泵空调这类固定为某一个房间供热的设备，还有许多可移动的局部采暖设备，包括直接电加热等针对空间的采暖方式，以及炭火盆、电热毯、电手炉等各种形式的局部加热方式，仅加热房间内人呆的一个小区域，以达到快速高效地升温供暖的目的。这类设备主要是电加热设备，图 2-15 列出了一些典型的设备和其供热面积及电功率。对上海、南昌、武汉等地区居民的调研发现，该地区的居民并不习惯于使用热泵空调加热整个房间，大多数家庭的习惯是当房间里人较多时，开启热泵空调，而其他大多数的时间是使用各类局部电取暖设备来取暖。这一方面是当地居民节俭的习惯与传统，另一方面也是由于热泵空调使用时会使得房间内空气相对湿度降低，造成不适感，升温也需要一段时间。而与此相比，即使维持开窗，局部电取暖设备也可以使房间的小范围区域迅速升温，因此被广泛应用于这一地区的冬季采暖。在卧室内应用最广的采暖设备是电热毯，它主要用于人们睡眠时提高被窝里的温度来达到取暖的目的，一般在睡前开启，它耗电量少、温度可调节、使用方便、使用广泛。

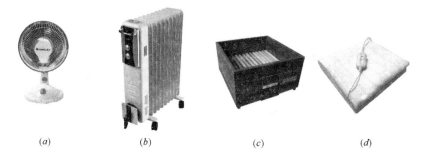

图 2-15 夏热冬冷地区常见局部电取暖设备

(a) 辐射取暖器（"小太阳"）供暖面积：$<10m^2$　功率：200~800W；(b) 电热油汀取暖器供暖面积：$<10m^2$　功率：1500~2000W；(c) 电火箱供暖面积：$0.1~0.2m^2$　功率：100W 左右；(d) 电热毯供暖面积：$1~2.5m^2$　功率：50~100W

空气源热泵空调,是长江流域拥有率最高的采暖设备,60%~70%的居民将热泵空调作为冬季供暖的主要的设备,分体空调结合局部采暖是该地区最常见的采暖设备组合,使用分体空调与局部电采暖设备,占到总样本数的近60%,如图2-16所示。除以上采暖设备外,近年来燃气壁挂炉加地板采暖形式也得到应用,目前采用该种形式采暖的住户已接近4%。另一种采暖方式是小区范围的集中供热,包括小区内的集中供热锅炉房、地水源热泵供热系统等,此种系统目前覆盖的小区还较少。

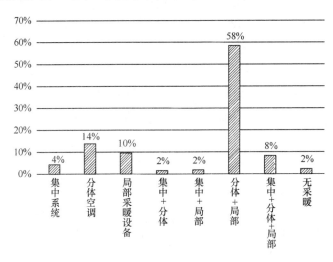

图2-16　问卷调研中住户采暖方式分布(2013年,样本量:1006)

(2) 使用方式

与我国北方地区相比,这一地区的冬季室内外温差较小,寒冷时间较短,2012~2013年冬季对该地区居民冬季采暖方式的调研表明,该地超过60%的居民使用采暖设备的时间为2~3个月,如图2-17所示。采暖期主要集中在12月上旬至2月下旬,有的居民11月就开始供暖,也有居民1月份才开始采暖,如图2-18所示。

但即使是在这3个月期间,当地居民也不是每天都会使用采暖设备,而只是在天气非常寒冷的时候才使用,因此

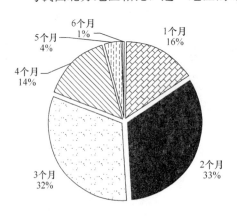

图2-17　夏热冬冷地区采暖季时长
(2015年,样本量:4595)

2.4 城镇住宅各用能分项 43

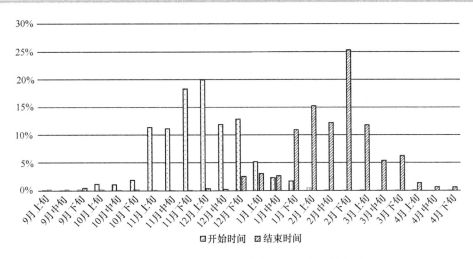

图 2-18 调研样本采暖季起止时间分布（2015 年，样本量：4595）

实际的采暖小时数远小于 3 个月。问卷调研的结果表明，该地区居民采暖方式较多为"部分时间、部分空间"的使用模式。如图 2-19 所示，采暖设备的使用方式中超过 70% 的住户都选择了"感觉冷了开采暖设备"，这其中"感觉非常冷了开采暖设备，离开房间关"和"感觉非常冷了开采暖设备，睡前关"所占比例最高，分别占到了样本总数的 30% 和 24%。此外，有 10% 的住户选择了整个冬天一直开采暖设备，采用这种采暖使用方式的住户绝大多数采用小区集中供暖或家庭燃气采暖设

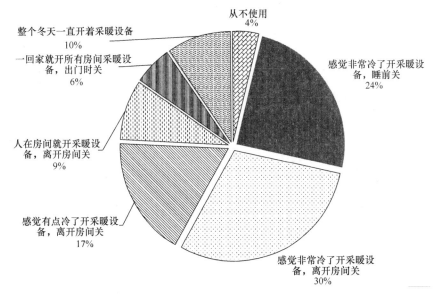

图 2-19 采暖设备使用方式分布（2015 年，样本量：4595）

备。总体而言,夏热冬冷地区采暖多是采用间歇的、局部的采暖方式。

对该地区家庭的入户测试的结果也表明,在实际的使用过程中,几乎不存在整个供暖季空调一直在使用的情况。在进行测试的 90 天供暖季(共 2160h)中,绝大部分住户的空调使用时间在 120h 以内,最多也没有超过 480h,也就是说,大部分住户在供暖季平均每天空调的使用时间小于 1.5h,如图 2-20 所示。家庭中开启空调的总时间约占家中有人的时间的 20% 左右,如图 2-21 所示。

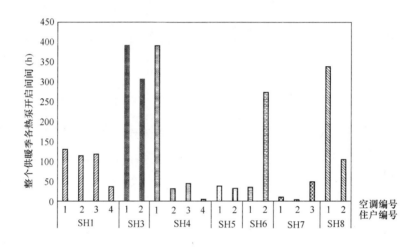

图 2-20 案例测试中各热泵运行时间

数据来源:2011 年 12 月~2012 年 3 月,在上海地区随机选择 8 户住户进行的冬季热泵空调使用测试,图中选取其中的 7 户。

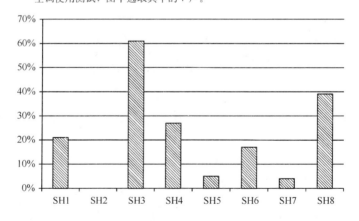

图 2-21 各用户热泵使用时间占在家时间的比例

数据来源:2011 年 12 月~2012 年 3 月,在上海地区随机选择 8 户住户进行的冬季热泵空调使用测试。

图 2-22 为其中一户住户全供暖季家中开空调的情况。图中白色的部分表示家中无人,浅灰色表示有人在家但未开空调,灰色表示有人在家且开了一台空调,深灰色部分表示有人在家且开了两台空调。该住户仅使用热泵空调供暖。家中共有三台空调,但其中一台全供暖季均未开启。从图中可以看出,该住户即使在家,大多数时间也没开启采暖设施,且不存在家中全部空调同时开启的情况。结合其他的调研与访谈,我们认为该住户的使用模式代表了上海地区很大一部分住户的实际使用情况。

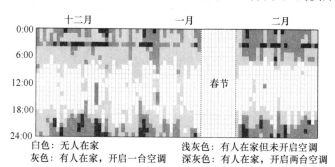

图 2-22 典型案例供暖季空调开启情况

数据来源:2011 年 12 月~2012 年 3 月,在上海地区随机选择 8 户住户进行的冬季热泵空调使用测试。

与这种室内采暖设施运行模式相配合的是与北方居民不同的衣着习惯,及开窗方式。由于室内外温差不大,这一带居民室内外更衣现象不多,在室内仍穿毛衣等御寒衣物。并且调研结果显示绝大部分夏热冬冷地区城镇家庭在冬季有开窗的习惯。在访谈过程中,不少居民表示无法接受一天的开窗时间少于半小时。案例测试和问卷调查到的基本不开窗的住户仅为 14% 和 16%,各类开窗行为方式如图 2-23、

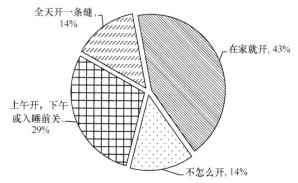

图 2-23 入户测试案例中各住户开窗习惯

数据来源:2013 年 1 月,清华大学建筑节能研究中心在上海地区对 55 户住户进行的入户测试。

图 2-24 所示,即约有 84% 的家庭保持着冬季开窗的习惯,这与北方地区大部分家庭冬季很少开窗的行为模式存在着较大的差异。

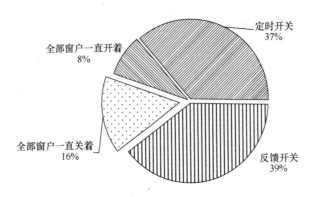

图 2-24　调研得到的夏热冬冷地区住户开窗习惯（2013 年,样本量：1006）

（3）室内环境状况

2013 年的冬季入户温度测试结果表明,测试家庭的室内平均温度在 15.4℃,将其根据房间状态进行区分,如图 2-25 所示。从图中可以看出,未开启供暖设备时的房间温度较低,平均为 13.9℃,开启供暖设备时的房间温度较高,平均达到 20.0℃。

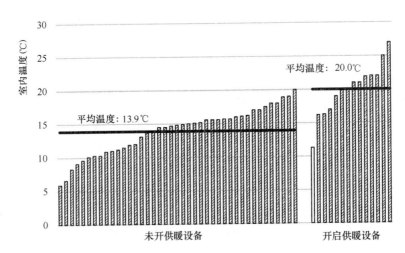

图 2-25　大规模入户测试得到的室内温度分布

数据来源：2013 年 1 月,清华大学建筑节能研究中心在上海地区对 55 户住户进行的入户测试得到的实时室内温度。

2012年冬季的热泵空调使用测试也得到了相似的结果，该地区室内温度在供暖时主要在15～18℃，在供暖设备关闭时主要在8～16℃，如图2-26所示。

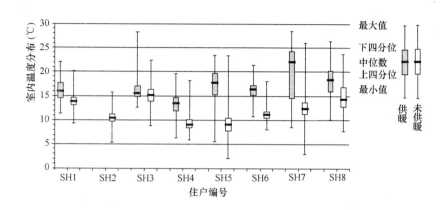

图2-26 案例测试得到的采暖季室内温度分布

数据来源：2011年12月～2012年3月，在上海地区随机选择8户住户进行的冬季热泵空调使用测试。

（4）能耗强度

由于不同家庭间的采暖设备使用方式差别很大，实际的采暖能耗的户间差异也很大。使用电热泵采暖的平均耗电量约为3～5kWh/m²，折合到一次能耗为1～1.6kgce/m²。2013年通过问卷调查调研了夏热冬冷地区城镇住户冬季及过渡季的电耗数据，如图2-27所示，此研究中认为冬季能耗减去过渡季能耗即为冬季采暖耗电量，由此种方法估算出的供暖耗电量的平均值为3.6kWh/（m²·a）（折合为一次能耗❶为1.15kgce/（m²·a）），供暖电耗的中位数为2.54kWh/（m²·a）（折合为一次能耗❶为0.81kgce/（m²·a））。实际测试得到的用热泵进行采暖的住宅其耗电量也在这一水平，2013年在上海开展的入户测试中，测得了8户住户的供暖电耗以及其他电耗，如图2-28所示，8户住户的平均供暖能耗为3.7kWh$_电$/（m²·a）。

而采用燃气壁挂炉采暖对整户进行连续采暖的能耗则远高于热泵采暖，约为6～12kgce/（m²·a）；而一旦采用小区集中的供热系统，采暖能耗就会更高，平

---

❶ 按照供电煤耗系数319gce/kWh折算。

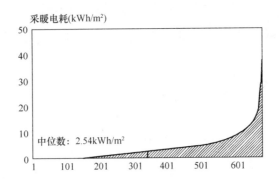

图 2-27　夏热冬冷地区冬季采暖电费及耗电量分布（2013 年，样本量：1006）

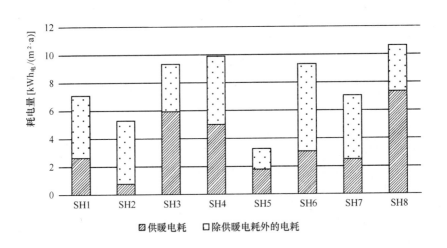

图 2-28　案例测试得到的供暖能耗

数据来源：2011 年 12 月至 2012 年 3 月，在上海地区随机选择 8 户住户进行的冬季热泵空调使用测试。

均约在 15~20kgce/（m²·a），目前采用这种方式的用户的比例还比较低，但有增长的趋势。

整体看来，夏热冬冷地区整体采暖一次能耗强度约为 1.84kgce/（m²·a），折合到户均约为 148kgce/（户·年），而北方地区冬季供暖能耗大约为 15kgce/m² 左右，长江流域采暖能耗目前约为北方供热单位面积能耗的 1/10 左右，同时也远低于国外相同气候区的住宅冬季采暖能耗。

（5）满意度

2015 年的全国网络问卷调研，在北方集中供暖地区以及夏热冬冷地区分别得到 4997 和 4594 份冬季采暖满意度样本，调查结果表明，尽管在夏热冬冷地区采用分散的热泵采暖与采用集中供热的能耗差异巨大，但实际目前以分散热泵为主的采暖形式下，绝大多数夏热冬冷地区城镇居民都对目前的采暖效果表示满意或者并无抱怨，仅有13%的住户对目前的采暖效果表示不满意，如图2-29所示。这一比例与采用集中供热的北方城镇地区居民的调查结果基本一致，这表明，集中供热方式能耗远高于分散供热形式，但在居民满意度提升上却并没有明显的效果。

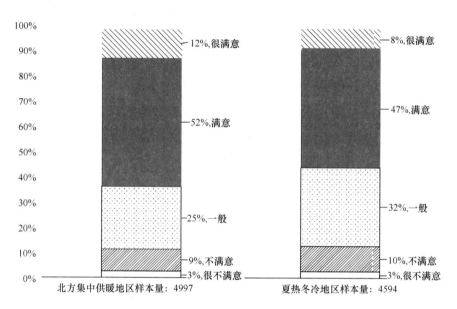

图2-29　北方集中供暖地区与夏热冬冷地区供暖满意度对比

（6）小结

综合上述，夏热冬冷地区城镇住宅采暖能耗从2001年到2015年，从不到200万tce增长为1652亿tce，该部分的能耗虽然基数小，但增量大、增长快，是城镇住宅用能领域中增长最快的分项，也是城镇住宅节能工作面临的最大挑战。

目前该地区绝大部分家庭都有采暖设备，以分体式热泵空调和局部的电热采暖设备为主，60%～70%的家庭采用二者相结合的方式进行冬季采暖，近年来户式燃气壁挂炉和小区集中供热也开始在该地区应用，但占整体的比例还低于10%。与我国北方地区相比，这一地区的冬季室内外温差较小，寒冷时间较短，超过60%的居民使用采暖设备的时间为2～3个月，但即使是在这3个月期间，当地居民也不是每天都会使用采暖设备，而只是在天气非常寒冷的时候才使用，因此实际的采暖小时数远小于 3 个月。大部分家庭的采暖设备使用方式是部分时间部分空间，家中有人时也只是开启有人的房间的采暖设施，家中无人时关闭所有的采暖设施，人员在房间时的总体平均温度仅为 13℃，采暖时温度可达到 15～18℃。

整体上，该地区的采暖能耗还较低，各户之间由于生活方式和采暖习惯不同可能会造成能耗将近 10 倍的差异，使用分散式电热泵采暖的平均耗电量约为 3～5kWh$_e$/（m^2·a），折合到一次能耗为 1～1.6kgce/（m^2·a），采用燃气壁挂炉采暖对整户进行连续采暖的能耗则远高于热泵采暖，约为 6～12kgce/（m^2·a）；而一旦采用小区集中的供热系统，采暖能耗就会更高，平均约在 15～20kgce/（m^2·a）。尽管采用分散的热泵采暖与采用小区集中供热能耗差异近 10 倍，但调查结果显示，采用集中供热为主的北方城镇居民满意度水平与采用分散为主的夏热冬冷地区居民满意度水平并无明显差异，这也说明一味追求集中供热并不一定能够有效提升夏热冬冷地区居民采暖满意度。

从整个夏热冬冷地区来看，采暖一次能耗强度平均值为 1.84kgce/（m^2·a），折合到户均约为 148kgce/（户·年），目前能耗强度并不高，主要原因是采用分散的系统，同时使用方式为只有人在时才开启，集中空调和全天 24h 使用空调的居民较少，这样的使用方式导致了能耗的较低水平。针对这样的现状，我国的夏热地区采暖的节能方向应该是避免提倡在住宅内大面积使用集中系统，而应该维持现在的分体空调和局部采暖为主的采暖方式，基于建筑能耗总量和能耗强度控制目标，通过进一步提升建筑保温密闭性能、改善采暖设备末端形式和提升能效来在不断提升该地区冬季室内环境水平和居民采暖满意度。

2.4.2 夏季空调

夏季空调能耗指的是居民在夏季使用空调器来降低室温的这部分能耗，而不包括冬季使用空调器采暖的能耗。由于城镇居民生活水平的提高，空调拥有率迅速增长（图 2-31）。

2015 年我国城镇住宅夏季空调总电耗为 745 亿 kWh，占城镇住宅能耗的 12%，见图 2-30。从 2001 年到 2015 年，住宅夏季空调电耗十年间增长了近 8 倍，折合到全国城镇住宅总面积，单位建筑面积平均的空调能耗为 3.4kWh/（m^2·a）。

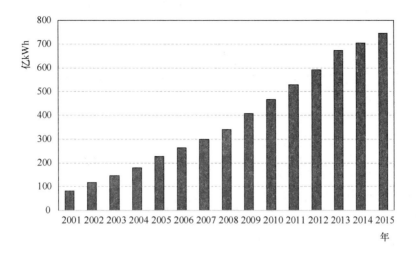

图 2-30　中国城镇住宅夏季空调能耗

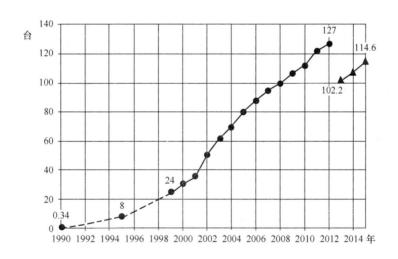

图 2-31　中国城镇居民家庭平均每百户年底空调器拥有量❶

（1）系统/设备形式

目前城镇住宅空调器普及率很高，图 2-32 所示为全国空调设备分布情况，分体空调在住宅空调中占绝对主导地位，从图 2-31 中可以看出，到 2015 年，城镇居

---

❶　数据来源：《2016 中国统计年鉴》，在 2013 年改变耐用消费品数据调查方法，2013 年之后年鉴采用城乡一体化住户收支与生活状况调查，在 2012 年及以前则分别为开展的城镇住户调查和农村住户调查。

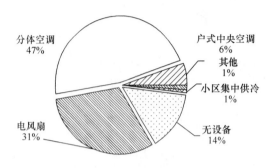

图 2-32 全国空调设备分布
（2015 年，样本量：14729）

民每百户空调拥有量已经达到 114.6 台/百户家庭，根据 2015 年全国问卷调查结果，全国各地区上随着气候不同呈现"南高北低，东高西低"的分布，东部沿海地区空调器拥有率最高，江苏、上海、浙江等省市的每百户空调拥有量已超过 150 台。户式中央空调的实际拥有率较低，其中浙江、江苏、北京等省市的拥有率高于其他地区，如图 2-33 所示。

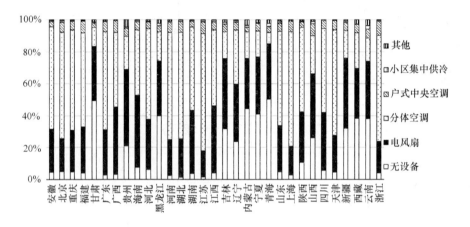

图 2-33　全国夏季空调降温设备分布（2015 年，样本量：14729）

（2）使用方式

空调使用情况包括空调开启方式、开启空调时的开窗习惯等。我国绝大多数居民采用的是"部分时间，部分空间"的空调使用模式。根据 2015 年的全国问卷调研，我国居民的空调使用模式分布如图 2-34 所示，超过 70% 的居民选择"感觉热了才开空调"的使用模式，其中超过 50% 的居民"感觉非常热了才会开空调"。此外，仅有 8% 的居民会选择"在家开启全部房间空调"，而 90% 的居民"仅开启所在房间的空调"。问卷同时得到，91% 的居民在开启空调设备时基本不开启外窗，如图 2-35 所示。

此外，清华大学建筑节能研究中心还在部分地区开展了针对空调行为更为细致

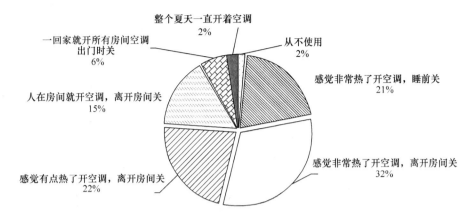

图 2-34　全国城镇住宅空调使用模式分布（2015 年，样本量：14729）

的调研，以北京市为例。2013 年在该地区的调研询问了居民在卧室与客厅的空调行为模式。图 2-36 所示为北京市居民卧室、客厅空调使用方式分布。从图中可以看出，绝大部分安装了空调的房间都采取了"根据情况开启"的使用模式。

图 2-37 至图 2-40 所示为客厅、卧室空调开启、关闭方式的分布情况。可以看到，不管是客厅还是卧

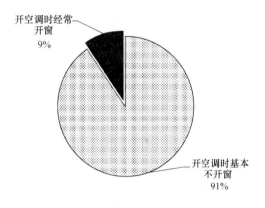

图 2-35　全国城镇住宅空调时的开窗行为分布（2015 年，样本量：6918）

室，在空调的开启与关闭模式上，"觉得热时开"和"觉得冷时关"都与居民的实际使用模式符合程度最高，这与上述全国的调研结果是吻合的，体现了居民"部分时间、部分空间"的空调使用模式。

图 2-41 所示为 2015 年全国问卷调研得到的制冷设备（含空调、电扇）的启停时间分布。调研得到有 1% 的居民从不开启制冷设备，图中所示未包括这些样本。从图中可得，其中多数居民的供冷期主要集中在 6 月中旬到 8 月下旬，有的居民 5 月份就开始供冷，也有居民要到 8 月份，不同居民开启、关闭制冷设备的时间有较大差异。

此外也对空调设定温度进行了调研。结果显示超过 80% 的居民一般设定一个

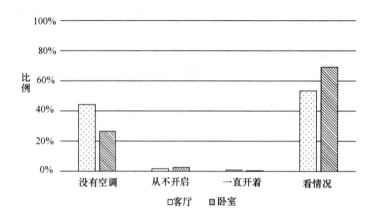

图 2-36 北京客厅、卧室空调开启情况（2013 年，样本量：1001）

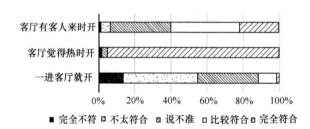

图 2-37 北京客厅空调开启模式分布（2013 年，样本量：1001）

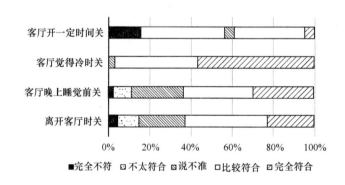

图 2-38 北京客厅空调关闭模式分布（2013 年，样本量：1001）

固定值，其余绝大多数居民先设定固定值，然后根据情况调整。居民的设定值主要集中在 25～27℃。

除分体空调之外，电风扇是中国家庭拥有率较高的另一种降温设备，主要分为落地扇、台扇和吊扇三种，根据 2015 年全国网络问卷调查结果，中国城镇家庭夏

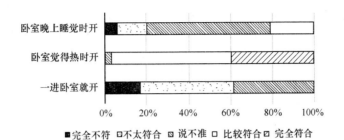

图 2-39　北京卧室空调开启模式分布（2013 年，样本量：1001）

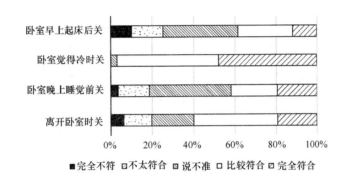

图 2-40　北京卧室空调关闭模式分布（2013 年，样本量：1001）

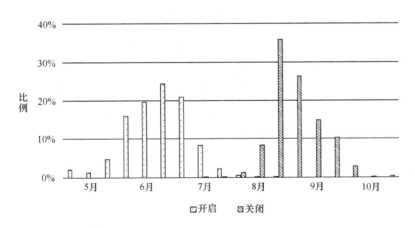

图 2-41　全国空调启停时间分布（2015 年，样本量：14729）

季每天电扇开启时长多数分布在 4～8 个小时，平均 7.5 小时。

（3）满意度

在夏季空调满意度方面，对比 78 户集中供冷与 6841 户分散供冷（分体空调、户式中央空调）的问卷调研样本，发现两类居民的满意度差别不大，分散供冷的不满意率要低于集中供冷，如图 2-42 所示。整体来看，我国绝大多数居民对于现有的夏季供冷方式基本满意，其中很满意的占 8%，满意的占 52%，不满意率仅 9%，如图 2-43 所示。

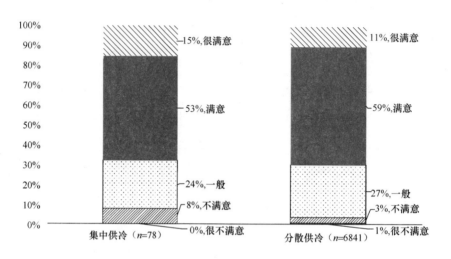

图 2-42　全国城镇住宅集中与分散空调满意度对比（2015 年）

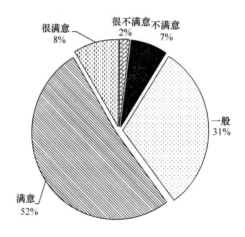

图 2-43　全国城镇住宅夏季空调满意度分布（2015 年，样本量：14729）

（4）能耗强度

1998 年至今，一些单位进行了住宅空调（分体空调）运行能耗状况的调查，其中有代表性的一些调查工作见表 2-1。

一些城镇住宅空调运行能耗调查情况汇总表　　　　表 2-1

来　源	调研地区	调查时间	样本数	空调耗电量 [kWh/(m²·a)]
清华大学：李兆坚	北京	2006	210	2.2
同济大学：钟婷等	上海	2001	400	3.52
华中科技大学：胡平放等	武汉	1998	12	3.8
浙江大学：武茜	杭州	2003	300	7.14
湖南大学：陈淑琴等	湖南	2005	60	2.3
广州建科院：任俊等	广州	1999	—	7.9

住宅建筑中空调的能耗与地理和气候有一定的关系，例如广州等南部地区的空调平均能耗明显高于北方地区，广州地区平均能耗约为北京的3～4倍。但在同一地区的空调耗电量调查结果表明，即使是在同一气候下，由于不同家庭的生活方式、空调的使用方式不同，造成的空调耗电量差异可以达到10倍以上，见图2-44。

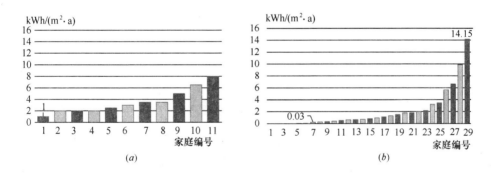

图 2-44　住宅分体空调耗电量调查结果
(a) 武汉❶；(b) 北京❷

（5）小结

目前，我国城镇单位建筑面积的平均空调能耗水平还比较低，但是近年来由于城镇居民生活水平的提高，空调拥有率一直呈迅速增长的趋势，所以夏季空调能耗

---

❶ 数据来源：华中科技大学胡平放等，《湖北地区住宅热环境与能耗调查》，暖通空调2004年第34卷第6期。

❷ 数据来源：清华大学李兆坚，博士论文《我国城镇住宅空调生命周期能耗与资源消耗研究》，2007年10月。

也是城镇住宅用能分项中非常重要的组成部分。空调能耗的影响因素较多,系统形式以及使用方式的不同都会导致最终的实际能耗有巨大的差异,有时可达到10倍以上。在系统与设备形式方面,分体空调在住宅空调中占据绝对的主导地位,集中式的中央空调系统所占比例较小;在使用方式上,绝大多数居民采用的都是"部分时间、部分空间"的使用模式。因此我国目前的夏季空调能耗水平并不高,居民生活方式的不同导致户间差异大,同时由于经济发展、气候条件等因素导致我国的城镇住宅空调能耗各地差异巨大,呈现南高北低的趋势,而中国西部和北部的低能耗也是导致全国的空调平均能耗水平比较低的原因之一。在室内环境状况及居民满意度方面,调研结果显示,集中与分散空调系统的满意度差别不大,并且整体来看,我国绝大多数居民对于夏季供冷状况基本满意,但集中空调系统的能耗却远远高于分体空调。针对这样的现状,我国城镇住宅空调节能的方向应该是避免提倡在住宅内大面积使用集中空调,而应该维持现在的分体空调为主的夏季降温方式,同时对于住宅建筑本体的设计也应该优先考虑目前以开窗通风、间歇使用分体空调为主的夏季生活方式,来保持目前低能耗的现状。

2.4.3 生活热水

随着人们生活水平的提高,家用热水器的普及率迅速增长,每百户城镇家庭淋浴热水器的拥有量从1996年的30台左右增长到2015年的85.6台,见图2-45。从全国的情况来看,淋浴热水器的拥有率的地区分布呈现"南高北低,东高

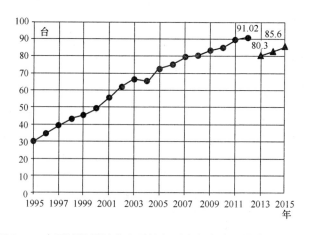

图2-45 中国城镇居民家庭平均每百户年底沐浴热水器拥有量

西低"的特点。气候差别和经济发展水平不同是导致各地区拥有率差异分布的主要因素。

中国城镇住宅热水能耗如图 2-46 所示，2015 年我国城镇住宅生活热水总能耗折合 2788 万 tce，占住宅总能耗的 14%，全国城镇住宅单位户的平均生活热水能耗约为 102kgce/（户·年）。

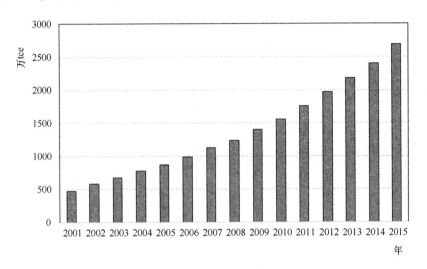

图 2-46 中国城镇住宅生活热水能耗

(1) 设备形式

图 2-47 所示为全国生活热水设备分布情况。从图中可得，目前电加热热水器、太阳能热水器和燃气热水器是我国家庭使用最多的生活热水设备。太阳能热水器近年在我国得到了大量推广，采用各种形式的太阳能热水设备（包括无补热设备、电补热设备、燃气补热设备）的家庭已占 24%，其中以无补热设备与电补热设备为主。太阳能热水设备在全国的推广情况如图 2-48 所示，可以发现，我国各省生活热水设备普及率差异较大，太阳能生活热水使用的比例与当地居住密度、经济水平及太阳辐射情况等都有一定的关系。太阳能热水器普及率最低的是重庆市，不足 10%，最高的是云南省，接近 50%；在西北太阳辐射较强的内蒙古、甘肃、青海、西藏等地区，大多数为无补热设备的系统。集中生活热水系统经历了从无到有的过程，目前占全民城镇居民热水设备的比例依然很小。

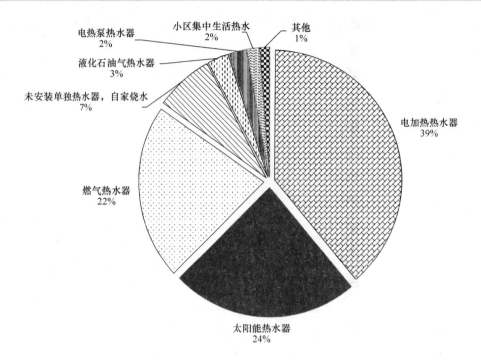

图 2-47　全国城镇居民生活热水设备分布（2015 年，样本量：14729）

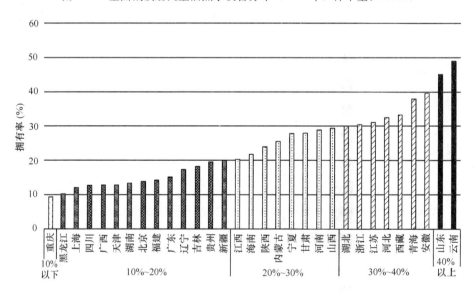

图 2-48　全国太阳能热水器拥有率分布（2015 年，样本量：14729）

近年来，城镇居民采用燃气热水器的比例基本变化不大，电热水器的比例有所降低，而太阳能热水器的比例在城镇住宅中有了大幅提升。将 2015 年的调查结果与 2008 年对典型城市的调查结果进行对比，如图 2-49 所示：银川地区 2008 年太阳能热水器的推广率已经达到 20%，2015 年增长至 28%；武汉、温州和苏州的太阳能热水器比例由 2008 年的 12%、3%、7% 均增长至 30% 以上；北京的太阳能热水器推广率较其他地区偏低，2008 年仅为 2.3%，但由于近年来政策推广，太阳能热水器拥有率已有大幅提升。

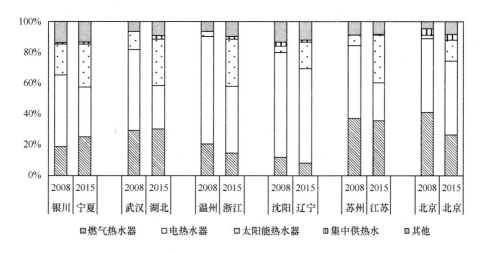

图 2-49　典型城市热水器设备调查结果对比（2008 年与 2015 年）

（2）使用方式与能耗强度

我国居民生活热水主要使用在以下五个方面：淋浴、盆浴、洗脸、洗菜洗碗和洗衣服，分布如图 2-50 所示，淋浴仍是我国居民使用生活热水最为普遍的领域，会采用盆浴的家庭近年来有所上升，但占城镇居民总数的比例不足 20%。相对而

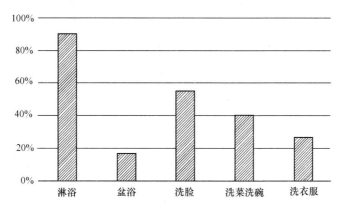

图 2-50　全国生活热水用途分布（2015 年，样本量：14729）

言，在气候较为寒冷的地区，居民使用热水洗脸、洗菜、洗衣服等的比例会高一些。全国各地区城镇居民的淋浴频率随气候区变化十分明显，在夏热冬冷地区，例如广东、海南、福建等地，全年洗澡频率为每一至两天一次，且冬夏无明显差异，而在寒冷及严寒地区，例如黑龙江、吉林、甘肃、青海等地，洗澡频率较低，且冬季频率明显低于夏季，如图 2-51 所示。

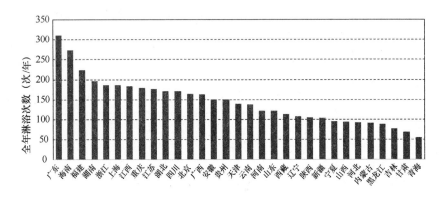

图 2-51　全国各地城镇居民淋浴频率调查结果（2015 年，样本量：14729）

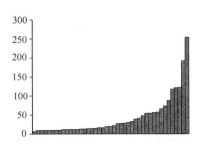

图 2-52　北京住宅居民单次淋浴用水量实测结果（单位：L）

清华大学 2011 年针对北京的生活热水现状进行了调研，调研结果显示，淋浴的单次用水量约为 30~50L 水，平均值为 42L/人/次，但是不同的人和不同的家庭，其淋浴的用热水量差异也很大（图 2-52）。但即使是用水量最大的淋浴也不超过 300L，而盆浴的用水量则远远超过淋浴，一次盆浴至少需要耗热水 300~500L，因此其相应的生活热水能耗也为淋浴方式的 10 倍以上。

在日均户均生活热水用量上，如图 2-53 所示，我国用水户均日均用水量平均值为 50L/（户·天），约为西班牙平均水平的 25%，美国的 18.5%，日本的 22.2%，这是由于我国城镇居民主要的生活热水使用方式为淋浴，国外则习惯于盆浴，而一般而言，用水量的差异是家庭生活热水能耗最主要的影响因素之一，所以与国外相比，我国的生活热水用量处于非常低的水平。

2.4 城镇住宅各用能分项 63

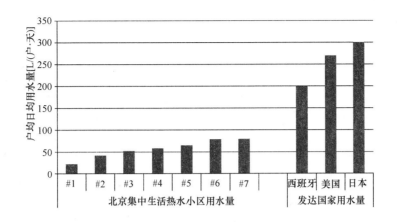

图 2-53 中外户均用水量对比 [L/(户·天)] ❶

2.4.4 炊事

2015 年我国城镇住宅炊事总能耗折合 5761 万 tce，占住宅总能耗的 29%，全国住宅单位户平均的炊事能耗为 184kgce/（户·年）。从图 2-54 可以看出，2000 年以后，虽然中国城镇住宅炊事总能耗逐年上升，但由于十几年来城镇住宅的总人口与户数也处于增长之中，炊事用能强度的增长趋势并不明显，单位户的炊事能耗维持在 190kgce/（户·年）左右。这是由于大城市的生活节奏快，越来越多的家庭开始降低在家吃饭的次数，转而在食堂或者餐厅里就餐，以北京地区为例，2008 年每天在家吃三顿饭的家庭占比为 54%，而 2015 年北京地区家庭每天在家吃三顿饭的比例就大幅降至 23%，如图 2-55 与图 2-56 所示。从图 2-57 的调研数据可以看出，从全国范围来看，2015 年一日三餐均在家吃的家庭仅占 33%。

在炊事能源方面，如图 2-58 所示，绝大多数家庭使用管道燃气作为主要的能源，占到了家庭总数的 50%，此外，主要使用电炊具和罐装液化石油气的家庭分别占 24% 和 20%，三种能源合计占总数的 94%，为目前中国家庭最主要使用的三种炊事能源。

---

❶ 数据来源：邓光蔚. 使用模式对集中式系统技术适宜性评价的影响研究 [D]. 北京工业大学，2013.

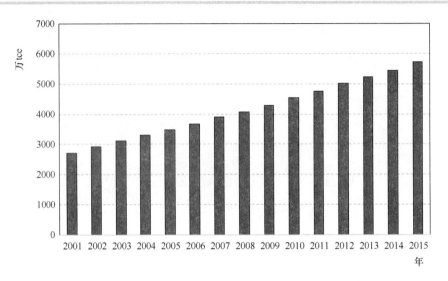

图 2-54　中国城镇住宅炊事能耗

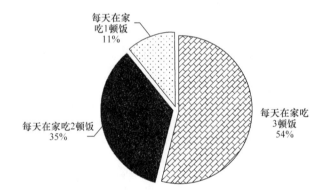

图 2-55　北京地区调研在家吃饭次数（2008 年，样本量：1316）

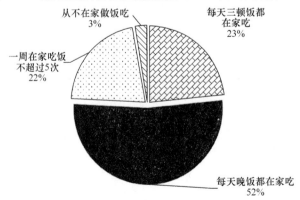

图 2-56　北京地区调研在家吃饭次数（2015 年，样本量：11287）

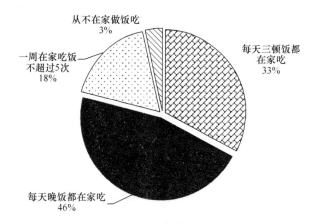

图 2-57　全国调研在家吃饭次数（2015 年，样本量：11287）

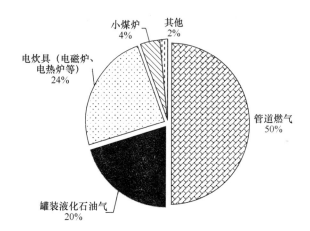

图 2-58　全国炊事能源分布（2015 年，样本量：14729）

根据国家统计局发布的数据，城市天然气普及率在 2005～2015 年的 10 年间显著上升，如表 2-2 所示，2005 年全国城市天然气普及率为 82.1%，而 2015 年天然气普及率已达到 95.3%。

2005～2015 年全国城市天然气普及率　　　　　　　　　表 2-2

年份	天然气普及率（%）	年份	天然气普及率（%）
2005	82.10%	2011	92.40%
2006	79.10%	2012	93.20%
2007	87.40%	2013	94.30%
2008	89.60%	2014	94.60%
2009	91.40%	2015	95.30%
2010	92.00%		

值得注意的是，炊事用能中电能占比近年来上升明显，2015年各类电炊具在全国的拥有率如图2-60所示，其中电饭煲的拥有率最高，接近90%。以电饭煲、电磁炉、电压力锅三种电炊具的拥有情况为例，仅2012～2015年三年之间，家庭拥有率就有明显上升，如图2-59所示，电磁炉拥有率从2012年的0.38上升到2015年的0.65，提高了27%，电饭煲和电压力锅的拥有率分别也有11%和3%的上升。用电炊具替代燃气或燃煤炊具，增加电力在终端用能中的比例，这对改善我国的能源结构，提高用能效率都是应该积极鼓励、倡导的好事。

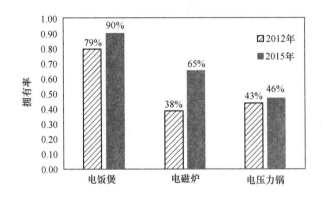

图2-59 三种电炊具拥有率对比（2012年，样本量：540；2015年，样本量：11287）

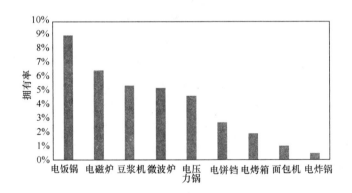

图2-60 全国各类电炊具拥有率（2015年，样本量：11287）

2.4.5 照明

2015年我国城镇住宅照明总电耗为984亿kWh，占城镇住宅总能耗的15%，折合到全国城镇住宅，图2-61，单位建筑面积平均的照明能耗为5.6kWh/（m²·a）。

2.4 城镇住宅各用能分项 67

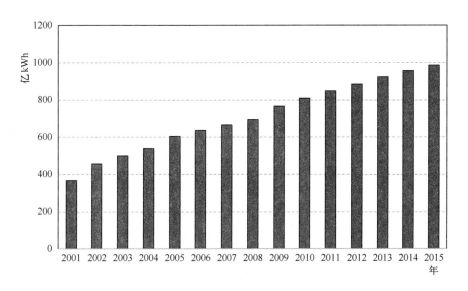

图 2-61　中国城镇住宅照明能耗

(1) 灯具类型

从 2004 年 11 月，国家发展和改革委员会发布《节能中长期专项规划》，并将"照明器具"列入节能重点领域以来，我国在到 2016 年的 10 多年间，出台了一系列推广高效照明产品和技术、淘汰低能效照明产品的政策，在这些政策的支持下，我国节能灯推广进展顺利：2008～2009 年，全国通过财政补贴方式累计推广节能灯 1.8 亿只，仅 2009 年就完成节能灯推广 1.2 亿只。白炽灯在城镇家庭中

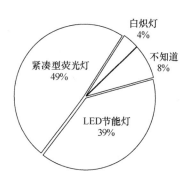

图 2-62　全国城镇住宅照明灯具类型（2015 年，样本量：14729）

的占有率迅速降低，2015 年调查得到，全国城镇住宅中照明灯具主要以高效的紧凑型荧光灯（49%）和 LED 节能灯（39%）为主，白炽灯的拥有率已经低至 4%，图 2-62。白炽灯淘汰政策效果十分明显，以北京为例，如图 2-63，2008 年调查得到北京城镇家庭 28% 使用白炽灯，25% 家庭白炽灯与节能灯均有，而 2015 年调查得到，北京家庭仅有 3% 使用白炽灯，90% 家庭均采用了高效照明灯具。

(2) 使用方式

目前我国城镇居民对于照明的使用方式仍然是整体偏向于节约，2015 年对开关灯使用方式的调查结果表明，有 60% 的人是会随手关灯；约一半的居民在房间

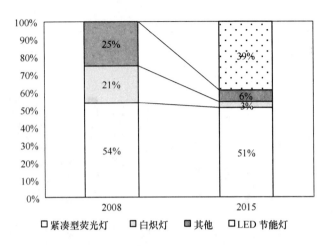

图 2-63 北京城镇家庭照明灯具比例调查结果（2008 年，样本量：1000，2015 年，样本量：549）

内觉得暗才会开灯，而另一半则是一进屋就开灯，如图 2-64 所示。

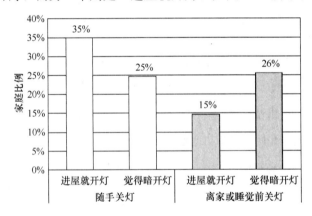

图 2-64 全国城镇家庭照明开关方式（2015 年，样本量：9726）

2.4.6 家用电器

一般来讲，家用电器主要指在家庭及类似场所中使用的各种电子器具。在本书中，家用电器是指除上述空调、采暖、生活热水、炊事、照明设备之外的其他家庭用电设备，主要包括洗衣机、干衣机、饮水机、电冰箱、电视机、电脑等设备。2015 年我国城镇住宅家电总电耗为 1279 亿 kWh，占城镇住宅总能耗的 20%，见图 2-65，全国城镇住宅单位户的平均家电能耗为 470kWh/（户·年）。

随着我国经济的发展和居民收入的增加，我国城镇居民的生活水平也逐渐提高，各种家用电器数量正在逐年增长（图 2-66）；而调研也显示，建筑设备形式和

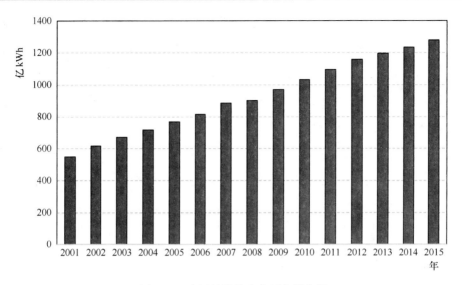

图 2-65　中国城镇住宅家用电器能耗

用能模式也正在悄然发生巨大变化，家用耗能设备的使用范围和使用时间正在不断地增长，这将不可避免地带来住宅能耗的增长。

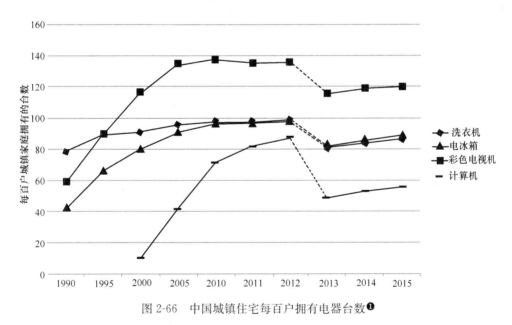

图 2-66　中国城镇住宅每百户拥有电器台数❶

---

❶ 数据来源：《2016 中国统计年鉴》，在 2013 年改变耐用消费品数据调查方法，2013 年之后年鉴采用城乡一体化住户收支与生活状况调查，在 2012 年及以前则分别为开展的城镇住户调查和农村住户调查。

另一方面，随着科学水平的发展与进步，用能设备能效的进一步提高，有利于减缓我国建筑能耗增长的步伐。2007年底，财政部、国家发展改革委颁布了"节能产品惠民工程"，采取财政补贴方式，对10类高效家电节能产品以及已经实施的高效照明产品、节能与新能源汽车进行推广应用，形成有效的激励机制，详见本书5.2节。

随着住宅用电的梯级价格制以及家用电器能效的不断提升，在生态文明理念所倡导的绿色、低碳、节约的生活方式的影响下，我国的城镇居住建筑能耗强度完全有可能维持在目前水平，在经济水平和居民收入得到大幅度提高后，居住建筑用能不出现同步的增长。

2.5 世界各国住宅能耗对比

进行中外建筑能耗对比是认识我国建筑能耗水平、分析我国建筑能耗未来发展趋势并设计建筑节能路径的重要手段。本节通过中外住宅能耗的比较，对我国住宅能耗现状进行对比分析，并为我国住宅能耗发展理念研究提供数据支撑。

为保证数据可比性以及更好地反映实际用能情况，本节中的能耗数据仅包括商品能，采用一次能耗。其中中国的一次能耗数据来源于CBEM计算，美国的一次能耗数据来源于EIA；其他国家的数据通过IEA给出的终端能耗数据及发电效率用发电煤耗法折算为一次能耗。❶

2.5.1 各国住宅能耗总览

我国住宅能耗近年来有所增长。但与发达国家相比，我国住宅人均能耗尚处在低位。图2-67所示为2013年部分国家人均住宅能耗情况。2013年，全球人均住宅建筑能耗约400kgce/人，与我国2013年水平相当。从全球来看，人均能耗均处在极高水平的包括美国、加拿大、沙特以及英德法意等欧洲国家；能耗处在极低水平的主要有印度、南非、巴西等发展中国家。

图2-68所示为2012年部分国家的户均、每平方米住宅能耗以及能耗总量。从

---

❶ 此处中国、美国的能耗为供电煤耗计算得到，其他国家限于数据可得性仅获得发电煤耗系数。考虑到这一差异占全部能耗的10%以内，对本节的比较不产生实质影响，忽略这一差异。

2.5 世界各国住宅能耗对比　71

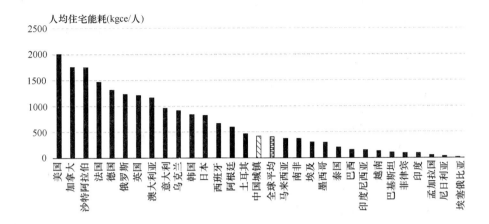

图 2-67　各国人均住宅一次能耗对比（2013）

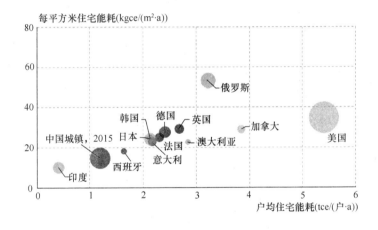

图 2-68　各国住宅一次能耗总量与强度对比（2012）

图中可以看出，我国户均以及每平方米住宅能耗约为美国的 1/4。与其他发达国家相比，我国每平方米建筑能耗约为其的 30%～40%，户均能耗约为 50%～60%。俄罗斯的每平方米住宅能耗相对较高，与气候条件相关。印度的住宅能耗强度极低，户均能耗约为美国的 1/7，其他发达国家的约 1/5。

图 2-69 为我国城镇住宅除采暖外户均各类能耗与几个主要的发达国家之比较。可以看出，除炊事能耗外，中国的各分项能耗均远低于其他国家。

那么，这样大的能耗差异是如何产生的呢？总的来说，建筑形式、设备系统、生活方式与使用模式等都会造成建筑能耗的差别。下面是对这一现象原因的初步分析。

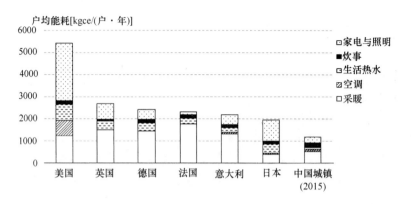

图 2-69 各国住宅能耗分项对比

2.5.2 建筑面积与建筑形式

户均住宅面积对住宅能耗有很大影响,尤其是照明、空调和采暖这几项能耗,与户均面积直接相关。图 2-70 为我国与几个主要国家户均住宅面积现状,我国城镇住宅户均面积仅为美国的约 1/2,略低于其他经合组织(OECD)国家,高于俄罗斯、印度。

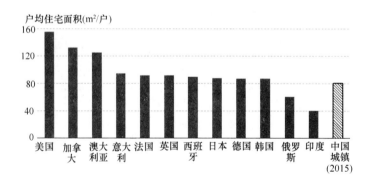

图 2-70 部分国家的户均住宅面积(2012)

建筑形式会显著影响户均建筑面积。图 2-71 所示为各国建筑形式的比较。由图中可得,户均建筑面积相对较高的美国与加拿大,单体别墅的占比也相对较高,公寓建筑的占比相对较低。而在户均面积相对较低的中国与韩国,公寓为住宅建筑的主要形式。

住宅面积较小,采暖、空调、照明的能耗就相对较低,这可以作为我国目前城

2.5 世界各国住宅能耗对比　73

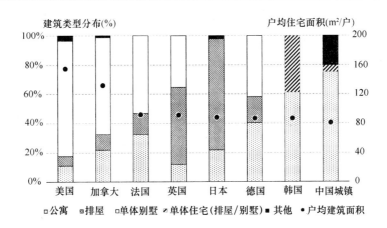

图 2-71　各国住宅建筑类型分布对比

注：我国城镇住宅的其他部分主要为平房；美国、加拿大主要为移动住宅。

镇住宅能耗低于 OECD 国家的原因之一。然而，我国近年来住宅面积增长极为迅速（详见图 2-2）。这将逐步丧失导致我们目前住宅低能耗的一个重要因素。

2.5.3　采暖能耗

采暖是住宅建筑能耗中的重要组成部分，受到气候条件、围护结构、系统形式、使用模式等多方面的影响。住宅的采暖能耗，尤其采用集中采暖的地区，其能耗与住宅的建筑面积直接相关，适宜以单位面积耗能量来对比分析。图 2-72 所示为各国每平方米采暖能耗的比较。

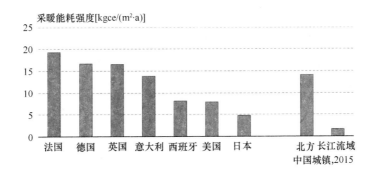

图 2-72　各国单位面积采暖一次能耗比较（2012）

各国所处气候区不同，因而采暖需求存在较大差异。比如德国等欧洲国家全国都处在采暖区，而美国则只有大约一半的住宅需要采暖。这一差别首先造成了能耗的巨大差别。图 2-69 中中国的数据是用北方城镇供暖总的用能与城镇供暖建筑面积之比,因此相当于全部采暖。

围护结构保温水平、建筑体形系数等也会对能耗造成很大影响。图 2-73 所示欧洲一些国家住宅建筑耗热量与我国北京地区的对比。这些国家与北京地区都采用集中供热方式,室内温度水平也相当,其能耗差异主要是由于围护结构及建筑形式造成的。大型公寓式住宅的体形系数小于单体别墅,能耗也相对较低。

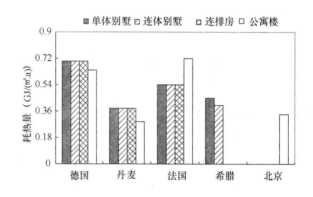

图 2-73 部分国家不同住宅建筑耗热量的比较

注:图中欧洲国家的能耗数据含生活热水能耗,北京的能耗数据仅为采暖能耗。

目前,大部分研究以现行标准为基础,对建筑的理论耗热量进行比较,认为这代表了各国的采暖能耗水平。但实际供暖能耗是由实际的围护结构情况决定的,这不仅取决于现行新建建筑的标准,更取决于既有建筑的保温情况。有许多国家,尽管现行围护结构标准较高,但由于还存在大量未通过节能改造达到新标准的老建筑,实际采暖能耗并不低。据相关研究,在法国,1975 年以前建的单体建筑每平方米能耗约为 1990 年后建的建筑的 2.4 倍,公寓建筑约为 2 倍。然而,目前全法国 1974 年以前建的住宅建筑约占总数的一半,所消耗的采暖能耗约占总采暖能耗的 70% 以上。

使用模式也是造成能耗差别的重要原因。我国夏热冬冷地区的采暖能耗显著低于各国,主要是由于居民倾向于使用"部分时间、部分空间"的使用模式,仅在室内觉得冷时开启采暖设备,而不是整个冬季所有房间全部采暖。如果这一地区的采暖模式也变成与我国北方地区一样的"全部时间、全部空间",则能耗会增长近 10 倍!

2.5.4 室内空调通风模式

室内空调能耗也与气候条件、建筑形式、系统设备、使用模式等相关。大部分欧洲国家夏季没有制冷需求，因此空调能耗极低。

2012年，美国户均空调能耗约为2251kWh，每平方米耗电约为14.5kWh，分别约为中国的10倍与5倍。综合案例数据及相关调研，认为我国与美国住宅的空调能耗存在巨大差异的主要原因是：

(1) 系统模式的差别

我国基本上是每个房间单独空调和通风换气；而美国大多数是整个单体住宅单元通过一个系统全面空调与通风换气；根据2015年RECS的调研结果，全美国约65%的住户采用集中空调系统，而这一比例在中国约为0.6%。

(2) 不同的新风的获取方式

我国是通过开窗通风和卫生间、厨房的排风机间歇排风来实现室内通风换气，全年排风机电耗不超过100kWh/户；而美国住宅通过全面通风换气风机电耗的典型值为2768kWh/户（案例4、案例5）。

(3) 不同的排热降温方式

我国住宅在室外温度适当的季节是通过开窗通风排除室内热量，不需要运行任何空调与通风设备，在炎热的夏季也只是间歇式地使用分体空调，对人员所在房间进行降温，而美国典型住宅因为是全年固定通风换气量、固定室外新风、不开外窗，所以室外温度适当的季节仍需要依靠空调排热。

(4) 不同的运行时间

我国大多数住宅的空调、通风为部分时间运行模式，也就是家中有人时开机，无人时全部关闭；某个房间有人时开启这个房间的设备，离开时关闭；而美国典型的单体住宅建筑的通风空调采用全自动控制模式，全年连续运行。即使全家外出度假，通风空调系统也不关闭。这样就使得典型的上海家庭每年通风空调电耗为500kWh以下，而典型的美国北卡罗来纳州住宅（案例4、案例5）每年通风空调电耗在4000kWh左右，差别为8倍。调研显示，美国安装了户式中央空调的住户中，45%的家庭整个夏天全部开启且不调整温度，另有44%的家庭一直开启，仅在特定情形下调整温度，而我国一直使用空调的比例不足0.1%。

2.5.5 家电设备

我国家电设备户均电耗约为470kWh，约为美国的7%，欧洲国家的20%。这一差异的主要原因在于部分特殊家电的占有率、部分家电设备类型及使用方式。

有些家电在其他国家占有率较高，但在中国仅极少的家庭拥有并使用，比如烘干机、冷柜、烤箱、洗碗机等。图2-74所示为家用烘干机与冷柜的拥有率。在美国，普通家庭仅家用电烘干机年电耗即达到1000kWh，大约为我国居民住户平均家电电耗的2倍。

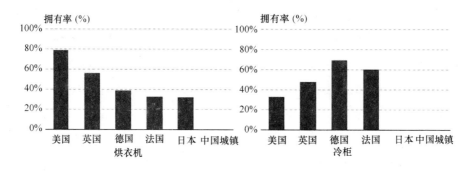

图2-74 各国部分家电占有率对比

部分家电类型也会对能耗造成较大影响。在我国，绝大部分住户的电冰箱容量在200L以下，日耗电量小于0.5kWh；在欧洲，70%以上居民家庭冰箱大于150L；在美国，93%的家庭使用的冰箱在17.6ft^3（约498L）以上，日耗电量超过0.9kWh。

家电的使用模式也是家电用能的关键因素。对于部分家电，比如电视、电脑，我国与其他国家的使用模式并不存在较大差异。但也有一些家电，比如洗衣机，其行为模式的差别可能造成接近10倍的能耗差别。用冷水洗衣服一次的能耗约为使用温水的1/3，使用热水的1/7。在美国，一般家庭一年洗衣服近400次，耗电量约110kWh；而在中国，一般家庭一年的洗衣次数约为150次。

2.5.6 生活热水

我国在20世纪90年代以前城市住宅还很少有生活热水设施；近年来逐渐普及，但还仅仅用于淋浴，而不是其他用途；并且大多数洗浴也是淋浴，而非盆浴方式。这样就导致户均生活热水用量远比西方国家低。目前，我国户均生活热水用能（一次能耗）约为美国的 1/9，日本的 1/5，法国的 1/3。这一能耗的差异主要即由使用模式的差异导致。

我国户均生活热水用量约为 50L/d，在美国的 20% 以下，约为日本的 20%、法国的 40%。中国绝大部分居民采用淋浴，采用盆浴的居民小于 10%。此外，中国约有 1/3 的住户会使用热水洗菜洗碗，这一比例也低于其他国家。

此外，系统形式的差异也对造成生活热水能耗的巨大差别。当使用集中系统时，由于需要保证热水品质及用水的及时性，系统的管网热水需保持循环且随时补热，会导致巨大的管网热损失。比如在美国，大部分家庭使用的生活热水系统带有储水罐，保持水管中的水恒定在一定温度，保证居民随时可以用热水。保持水箱内的热水温度以及补充热水循环系统散热均需消耗大量能源。

2.5.7 小结

尽管目前户均、人均居住建筑能耗远低于发达国家水平，但我国又一特点是人均户均用能状况的不均衡性。目前我国已经出现高能耗人群，其人均、户均水平已经达到或超过发达国家的平均水平，只是大多数居民还处在较低的用能水平，从而掩盖了小部分群体的高能耗状况。目前，许多城市中高能耗人群的平均能耗水平已经超过了美国和日本的平均值（案例 2、案例 3）。结合前文对中外能耗差异的分析，认为这一高能耗人群住宅能耗高的主要原因为：

过大的居住面积。调查表明，我国住宅能耗与居住面积强相关。而目前部分住宅单元面积高达 $200\sim400m^2$，其户均能耗就很容易为 $70\sim80m^2$ 住户的 $3\sim5$ 倍。

集中的环境控制与服务方式。很大一部分高能耗住户是所谓的"高档住宅"。这些住宅采用中央空调，由于实施"全时间、全空间"的运行模式，根据实测，其单位面积能耗是目前广泛采用的"部分时间、部分空间"的分散空调的 $7\sim12$ 倍（详见附录 1）。此外，这类住宅有些还安装了"中央真空吸尘系统"，"餐饮垃圾粉碎系统"，以及由于禁止凉台晒衣，为每户统一安装洗衣烘干设备等，这样就使得原来的节约型生活模式转为依靠这些统一控制的集中式服务系统的新模式，从而在能耗上也实现了与发达国家"接轨"甚至超出发达国家平均水平。

改变了的生活方式。近年来出现了一些人群（以海归，外企高管，以及部分青年白领家庭为主），已经按照接近于西方的模式使用自己的住宅：采用"户式中央空调"，全天运行；外出旅游或出差仍维持系统运行（据说是为了防止室内装修和更衣柜中的衣物受潮损坏）；外窗封闭而依赖于通风换气系统（据说是为了防止室外空气中的污染物进入）；生活热水使用方式由淋浴改为盆浴。在一些郊区单体别墅的高档住户已有单户年耗电量达3万～5万度电的高能耗住户出现。

那么，未来我国的城镇住宅能耗会如何发展？是否会有更多的人向高能耗人群转变？

图 2-75 所示为部分发达国家的人均住宅能耗发展情况。从图中可得，对于除日本、韩国外的发达国家，其人均住宅能耗在 1970 年后趋于平稳。日本人均住宅能耗持续增长，到 2000 年左右趋于平稳，韩国住宅能耗仍然保持增长。与发达国家相比，我国人均住宅能耗与部分欧洲国家 20 世纪 60 年代接近，与日本、韩国 80 年代左右相当。

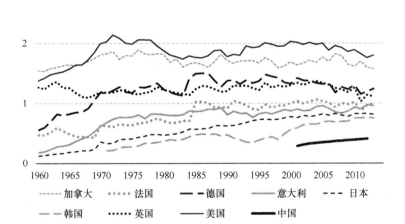

图 2-75　各国住宅建筑用能一次能耗变化

图 2-76 所示为经济发展与人均住宅能耗的关系。从图中可得，随着经济的不断发展，人均住宅能耗首先增长，到一定程度后趋于平稳。不同的国家体现出了不同的发展路径，在相同经济发展水平下，不同用能模式可能带来 3 倍甚至更多的能耗差别。

目前，中国尚处在能耗增长初期，发展模式的选择决定着未来的能耗趋势。我

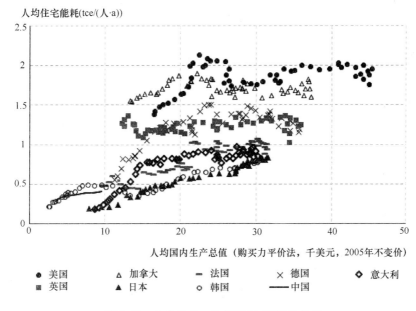

图 2-76 人均住宅一次能耗与 GDP 的关系

国能源系统现状决定了我国未来人均城镇住宅能耗不能超过 0.5tce/（人·a）（包含北方城镇采暖能耗），显著低于图中所有发达国家现状。也就是说，中国必须走一条不同的发展途径，在现有资源禀赋下，通过合理的规划与引导，合理、适度利用能源，同时提升生活水平。

参考文献

[1] BPIE (2016). Statistics database. http://www.buildingsdata.eu/.

[2] DEWHA (2008). Energy Use in the Australian Residential Sector 1986-2020. Commonwealth of Australia, Canberra.

[3] DOE (2012). 2011 Buildings Energy Data Book. Washion DC.

[4] DOE (2013). RESIDENTIAL ENERGY CONSUMPTION SURVEY 2009. http://www.eia.gov/consumption/residential/data/2009/

[5] EDMC (2014). Handbook of energy & economic statistics in Japan. the energy conservation center, Japan.

[6] Grinshpon (2011). A Comparison of Residential Energy Consumption between the United States and China. master thesis, Tsinghua University, China.

[7] IDDRI (2011). Factor 4 in Housing in France. Paris.

[8] IEA (2016a). Energy Technology Perspective 2016. OECD/IEA, Paris.

[9] IEA (2016b). Statistics database. OECD/IEA, Paris, http://www.iea.org/statistics/relateddatabases/worldenergystatisticsandbalances/, OECD/IEA, Paris.

[10] JOSEP MARIA RIBAS PORTELLA (2012). Bottom-up description of the French building stock, including archetype buildings and energy demand. master thesis, CHALMERS UNIVERSITY OF TECHNOLOGY, Sweden

[11] NRCAN (2016). Energy Use Data Handbook Tables. NRCAN, http://oee.nrcan.gc.ca/corporate/statistics/neud/dpa/menus/trends/handbook/tables.cfm

[12] Odyssee (2015). Statistics database. http://www.indicators.odyssee-mure.eu/energy-efficiencydata base.html

[13] REMODECE (2008). Report with the results of the surveys based on questionnaires for all countries. IEEA Programme.

[14] Statistics Korea (2016). Statistics database. http://www.eais.go.kr/

[15] WB (2016). Statistics database. WB, http://data.worldbank.org/

[16] DOE(2017). 2015RECS Survey Data.

[17] http://www.eia.gov/consumption/residential/data/2015/index.php?view=characteristics

第3章 城镇住宅用能可持续理念和发展模式探究

3.1 城镇住宅用能的基本认识

3.1.1 生活方式与使用方式的不同是我国城镇住宅能耗低于发达国家的主要原因

通过第2章对我国城镇住宅建筑能耗的分析以及与发达国家住宅能耗的对比，可以发现，无论是户均住宅能耗还是单位面积住宅能耗，我国城镇地区均远低于发达国家。大量家庭用能的问卷调研结果与典型家庭案例的实测数据表明，我国城镇住宅建筑能耗低于发达国家的主要原因是我国居民的生活方式和空调采暖等设备的使用模式与发达国家有巨大差异。

中美住宅生活方式的差异综述　　　　　表 3-1

差异		中国	美国
建筑	居住形式	公寓为主	别墅为主
	单元户面积	80～100m²	150～250m²
	外窗能否开启	可开，追求自然通风效果良好	不可开或者不常开
室内环境营造	室内环境营造理念	居民主动使用各种设备进行环境控制和实现功能	居民被动接受全自动机械密闭系统营造的室内环境
	室内环境控制目标	按照居民需求将所在房间内的温湿度保持在舒适范围内	全年恒定温湿度
	空调采暖设备形式	独立分散为主，各房间独立的空调采暖设备	户式集中为主，户式新风系统，户式中央空调、户式热水循环系统等
	空调采暖的使用模式	间歇、部分空间开启空调采暖	24小时在空调季、采暖季一直开启全部房间的空调采暖，从不关闭
	新风获取方式	自然通风为主，采暖空调时关窗	机械系统送排风，全年恒定新风量

续表

差 异		中 国	美 国
热水与电器	热水的使用方式	淋浴为主，用水量少	盆浴为主，热水用量大，热水设备在户内循环
	洗衣方式	常温水，太阳晾晒，年洗衣量在150次左右	热水，高温蒸气烘干，年洗衣量近400次
	冰箱容量	单开门，容量一般在200L以下	对开门或者多开门，大部分容量大于400L
	烤箱、洗碗机等大功率电器	很少家庭拥有	大部分家庭都拥有

我国城镇居民中扣除30%用量最低的和10%用量最高的之后，目前户均年用电量在2000kWh到3000kWh之间，而美国的这一数值为8000kWh~10000kWh。表3-1综述了第2章2.5节分析的中国与美国在住宅建筑中的行为与使用方式上的巨大差异，这实质上代表了东西方不同的居民生活方式和居室环境营造理念，例如，在我国的城镇住宅中，人们通常优先采用自然调节手段满足居住和使用要求，即按"被动优先、主动优化"的原则，空调照明等设备仅在必要的时候启用，往往是"有人时开、无人时关"；而美国的住宅建筑，则主要依靠全空间的空调和机械新风来营造室内环境，居住者被动接受机械系统所营造的环境，而且往往系统在无人的时候也照常运行，导致美国的户均空调能耗为中国的5~10倍，因此。住宅建筑中的使用方式与人行为的差异，是造成我国住宅建筑能耗整体水平远低于发达国家的主要原因。

3.1.2 不同的使用方式也导致中国城镇住宅建筑之间的巨大能耗差异

住宅建筑中的使用方式不仅造成中国城镇住宅平均水平与美国等发达国家差异巨大，也造成了中国城镇住宅之间的巨大能耗差异。夏热冬冷地区的采暖设备与使用方式的多样化，导致同一地区的不同住户之间采暖能耗也有十倍以上的差异。通过对157户同样采用分体空调进行冬季采暖的上海居民住户的实际能耗进行调研，如图3-1所示，可以看到其冬季采暖耗电指标分布从近乎0~17$kWh_{电}/m^2$，平均值仅为4.1$kWh_{电}/m^2$，其中能耗最高的前25%的用户所消耗的能耗占到全部样本总能耗的59%。这些住户虽然处在相同的气象条件，并基本采用了类似的技术方式，但个体之间的用能量水平却相差悬殊，正是由于居民采暖使用方式的不同才造成了这一巨大差异。对于这 157 户住宅，若改为集中供热，那么所有用户都按照最大采暖需求供应，总的采暖能耗将达到实际分散采暖能耗的 4 倍。

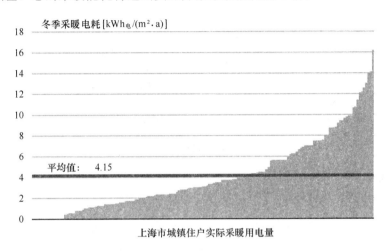

图 3-1　上海地区 157 户城镇居民采暖耗电量调查结果（2013 年）

3.1.3　不同的使用方式需要不同的节能技术与之相适应

选择怎样的技术措施，能在满足室内人员舒适需求的基础上实现节能，是建筑节能设计与技术评估等工程实践中所关心的一个重要问题。而使用方式不仅直接影响建筑用能水平，也影响到建筑节能技术措施的评估与选择。在评估一项建筑技术是否节能时，总要选择某种类型的人行为或建筑使用方式，作为对比分析的参考依据。而基于不同的人行为和建筑使用方式，在是否节能上有可能得到不同甚至相反的结论。由于人行为的差异性和多样性，一些"高能效、高性能、高技术"的建筑本体做法和设备系统形式并不一定表现出显著的"低能耗"，甚至还比不上常规普通建筑。因此从节能的角度来说，不同的人行为和建筑使用模式需要不同的节能技术措施。

在住宅建筑中，集中空调系统的效率高于分散空调，但测试结果（图 3-2）表明，在以分体空调作为供冷方式的住宅楼中，其空调电耗低于采用多联机（VRF）系统的住宅楼，更大大低于采用中央空调系统作为供冷方式的案例。

在住宅的生活热水系统中也有同样的情况，对比实测案例的生活热水能耗与运

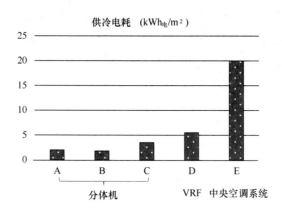

图 3-2　北京 5 栋住宅楼空调电耗测试结果

数据来源：2006～2007 年，清华大学建筑节能研究中心对北京 5 个住宅楼的空调电耗测试。

营成本（详见本书 3.5 节）可以发现，在生活热水供应过程中，集中式生活热水系统总的运行能耗一般是末端消耗热水所需要加热量的 3～4 倍，因为大部分热量都损失在循环管道散热上了。末端使用强度越低，集中式的生活热水系统实际运行效率就越低，此时在分散式的生活热水供应方式下，其实际上的单位热水耗能量要远低于集中方式的消耗。出现这一现象的主要原因是实际末端热水用量远小于设计预测值。实际上管网散热量基本上与总的热水用量无关，当实际末端用水量很大时，管网散热量仅为末端热水制备所需要热量的 20%～30%，如果集中制备的效率高，这样的输送损失可以通过高效热源找回，所以还存在合理性。但如果实际运行时末端用水量仅为设计预测值的五分之一，管网散热量就达到或超过热水制备所需要的热量，这就出现了前面的问题。我国目前城镇居民人均热水用量不到 30 升/日，远小于日本居民 100 升/日的人均用量，再加上 30%～50% 的实际空置率，系统实际总的用水量不到设计值的 10%，管网热损失的问题就变得非常突出了。所以哪种热水供应方式完全取决于末端需求量和使用模式。

从以上案例的集中系统与分散系统的能耗数据的对比中可以明显看到，住宅建筑中的不同户之间生活方式差异巨大，对于室内环境的需求和生活热水的需求也多样的，采用分散式的系统形式可以灵活地满足不同的需求，虽然分散式空调系统的总效率低于集中式空调，但由于灵活调节的特点，总系统能耗反而低于集中系统。在建筑节能领域，一项技术和措施是否节能在很大的程度上取决于使用模式和为使用者提供的服务水平。也就是说，不同的使用方式需要不同的节能技术与之相适应。

3.1.4 建筑能耗与服务水平呈非线性增长关系

建筑系统为室内提供的服务水平主要包括室内环境的温湿度、空气质量、新风量、能否开户外窗等。从前面的分析可以知道，不同的使用方式会导致建筑能耗的巨大差异，也对应着不同的室内服务水平。在建筑用能领域，能耗会随着服务水平的提升非线性增长，见图3-3。当建筑提供的服务水平较低时，较少的能耗增长即可大幅提高服务水平，但当服务水平达到一定要求后，再要提高服务水平需付出的能耗代价就大幅增加。

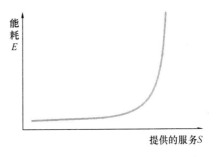

图3-3 建筑能耗与服务水平的关系

人均住宅用电量与人类发展指数之间的非线性关系也遵循这样的规律，图3-4是联合国UNDP统计出来的世界各国住宅人均用电量与该国的"人类发展指数（Human Development Index）"之间的关系，可以发现：当发展水平较低时，较少的能耗增长即可大幅提高人类发展指数，当发展水平已经达到一定要求后，再要提

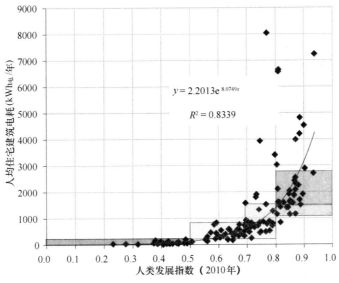

图3-4 人类发展指数与人均住宅电耗的关系

高人类发展指数其能耗增长就大幅增加。

从微观案例中也能发现这一规律。以夏热冬冷地区冬季采暖为例，图 3-5 是对夏热冬冷地区城镇住宅采暖能耗与满意度的调查结果，可以发现：采用分体空间或户式中央空调且用量较多的用户，与不采暖或使用局部电采暖设备、使用量较少的用户相比，满意度大幅提升但能耗增长不多，但采暖方式为燃气壁挂炉或集中采暖的用户与使用分体空调的用户相比，满意度仅小幅提升，但采暖能耗却大幅增长。

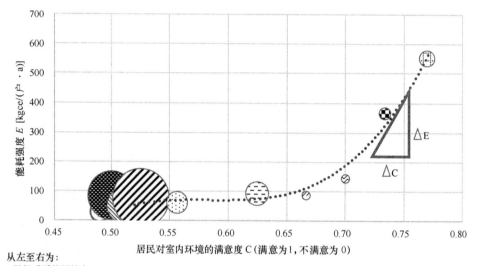

图 3-5　夏热冬冷地区城镇住宅采暖能耗与满意度

注：1. 局部采暖设备使用较少＝小功率电采暖；局部采暖设备使用较多＝大功率电采暖；分体空调/VRF/区域集中系统使用较少＝人在房间内感觉冷才使用；分体空调/VRF 使用较多＝只要人在房间就开设备；燃气壁挂炉/集中采暖连续供热＝采暖季连续运行。
　　2. 图中圆圈的位置对应该类设备和使用方式的满意度（X 轴）和能耗强度（Y 轴），圆圈的大小对应该类设备和使用方式的能耗占夏热冬冷地区城镇采暖总能耗的比例。

以上宏观案例与微观案例的对比分析都说明，用户对于室内环境的舒适感受提升是相对的，呈现为对数特性，而为了提升用户舒适感所需支付的能耗增加代价却是绝对的，呈现为线性特性，因此，建筑能耗与用户满意度呈强烈的非线性增长关系。

3.1.5　不同的技术路径下能耗差异巨大但使用者的满意度并未显著增加

从上面的分析可以看出，当建筑物室内的服务水平已经达到一定水平之后，再依据不同的技术路径对室内服务，付出的能源消耗代价会差异巨大，但另一方面，对于室内使用者的满意度提升却并没有明显的效果。例如，对全国 11287 户城镇住宅的夏季空调方式的调研中发现，采用不同的夏季空调方式，其能耗差异巨大，但是使用者的满意度并没有显著的差异。图 3-6 是这些城镇住户进行的夏季空调方式及满意度调查结果的平均值，可以发现，其中采用小区集中供冷系统共有 78 户，这些住户的平均满意度为 3.76（1 为非常不满意，5 为非常满意），仅比采用分体空调的 6233 户住户的平均满意高了 0.01，几乎没有差异。

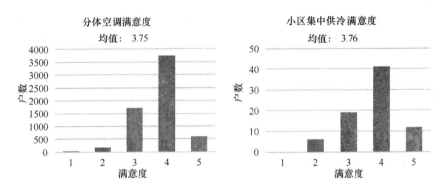

图 3-6　全国城镇住宅空调方式及满意度调研结果（11287 户）

从以上的调研结果可以发现，通过分体空调已经基本能够满意我国城镇居民对于改善夏季室内环境的需要，采用集中空调系统并未增加室内使用者的满意度，但能耗却与分体空调相比增长了数倍，充分说明不同的技术路径下能耗差异巨大，但使用者的满意度并未显著增加。我们采用和推广一些新技术形式，如果增加了实际的能耗，而并不能给使用者带来可以感觉得到的改善，而仅仅得到一个"新技术"或"先进方式"，那么，这种新和先进又有什么意义呢？

3.2　围护结构的探讨

（1）围护结构在建筑采暖与制冷过程中的不同作用

建筑的采暖与制冷并非一个对称的过程，围护结构在这两个过程中的作用也有着显著的区别。

建筑室内在任何时候总要产生热量（如人员发热，灯光、设备发热等），只有把这些热量有效地排除，才能维持室内温度状态。冬季通过围护结构和冷风渗入向室外排除的热量多于室内的产热，需要通过供暖系统向室内补充热量；春秋季室外温度低于室内，通过围护结构和室内外的通风换气可以有效地排除室内这些余热，则不需要供暖和空调；而当室内外温差不足以排除室内这些余热，或者室外温度高于室内时，才需要空调制冷，排除室内余热，维持室内温度环境。

由此可见，建筑供热是为了补偿由于室内外温差造成的通过外围护结构传热和冷风渗透导致的建筑失热，减少围护结构传热和冷风渗入可以有效降低冬季对供暖热量的需求；而在室内外温差较小的春秋季，当围护结构保温较好、室内外通风换气量不足时，即使室外温度低于室内，为了排除室内余热，也需要开启空调制冷，以排除室内余热。这时，围护结构保温和建筑密闭程度越好，需要空调制冷排除的热量越多，这种状态下围护结构保温和建筑密闭成为影响空调能耗的不利因素；当室外温度高于室温后，围护结构和建筑密闭可以减少从室外进入室内的热量，但这部分热量一般仅在总排热量的一半以下，因而围护结构热工性能对于采暖能耗的影响远大于对制冷能耗的影响。

其次，建筑采暖工况和制冷工况的室内外温差不同。在采暖工况下，室外温度可以达到-10℃，室内保持在20℃，室内外温差30K；制冷工况下，室外温度通常不超过35℃，如果室内温度保持在25℃，室内外温差只有10K。由此可见，采暖工况下的室内外温差远大于制冷工况，因而由温差导致的围护结构传热损失在采暖工况也远大于制冷工况。

不同气候条件对围护结构要求的侧重点不同。我国有5大建筑气候分区，分别是严寒地区、寒冷地区、夏热冬冷地区、夏热冬暖地区以及温和地区。不同气候区之间的气候差异决定了其对围护结构有着不同的要求。图3-7展示了乌鲁木齐（严寒地区）、北京（寒冷地区）、上海（夏热冬冷）、广州（夏热冬暖）、昆明（温和地区）5个气候区典型城市室外日平均温度曲线。图中的10~25℃范围即为通过围护结构和室内外通风换气排热，不需要供暖空调的时段，此时过分追求围护结构保温和气密性会增加空调制冷能耗。这个时间段长短在不同的气象条件（不同城市）下差别很大。由图3-7可以看出，位于严寒气候区的乌鲁木齐只有采暖需求而无制冷需求，相反，位于夏热冬暖气候区的广州只有制冷需求而无供暖需求。作为寒冷气候区代表的北京，以采暖需求为主，夏季有少量制冷需求，而夏热冬冷气候区的上海既有采暖需求又有制冷需求。

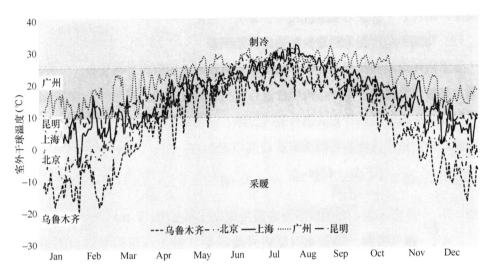

图 3-7　各气候区典型城市室外日均温度曲线图❶

以采暖需求为主的地区，对于围护结构的要求是降低围护结构传热损失，减小渗风引起的对流热损失，因而需要加强围护结构保温性能和气密性；对于以制冷需求为主的地区，由于建筑空调制冷主要是为了排除室内人员设备及射入阳光的热量，因而要求围护结构考虑遮阳以减少太阳辐射得热，同时围护结构应考虑可开启的窗扇，以便开窗通风散热。

不同气候区对围护结构的不同要求如表 3-2 所示。

不同气候区对围护结构的不同要求　　　　　表 3-2

气候类型	代表城市	围护结构性能要求（重要性由大到小）
严寒地区	乌鲁木齐	保温＞气密＞通风
寒冷地区	北京	保温＞气密＞遮阳＞通风
夏热冬冷	上海	遮阳＞通风＞保温＞气密
夏热冬暖	广州	遮阳＞通风＞保温

综上可知，围护结构在建筑采暖和制冷过程中的作用不同，其保温水平与气密

---

❶　影响围护结构传热的主要是室外温度日均值，而室外逐时短期的高温和低温是通过室内外换气影响供暖与空调的热量与冷量。

性对于采暖能耗的影响远大于对制冷能耗的影响,在接下来的几个章节将着重针对建筑围护结构热工性能与采暖能耗的关系展开讨论。

(2) 与围护结构相关的建筑耗热量影响因素

在室内外温差的作用下,围护结构存在两种形式的室内外热交换:一方面通过外墙、外窗以及屋顶等围护结构构件进行传热;另一方面,通过门窗缝隙渗透、开窗通风或安装换气设备等方式进行通风换热。这两部分换热都会对建筑采暖能耗带来影响,由它造成的建筑采暖热需求 Q 可以表示为:

$$Q = \frac{KF\Delta t + C_p \rho G \Delta t}{A} = \Delta t \times (K \times S + n \times 0.335) \times H$$

式中 S——体形系数,即指建筑外表面与建筑体积之比,$1/m$;

n——换气次数,即每小时室内外通风换气量为几倍的室内空间的体积,$1/h$;

K——平均传热系数,即外窗、外墙和屋顶的平均传热系数,$W/(m^2 \cdot K)$;

Δt——室内外温差,K;

H——建筑层高,m;

F——外表面面积(m^2);

C_p——空气地热容[$kJ/(kg \cdot K)$];

G——通风换气量(m^3/h);

A——建筑使用面积(m^2);

ρ——空气密度(kg/m^3)。

由上式可得,围护结构对于建筑物的耗热量的影响不仅与保温水平有关,也与建筑物所处的气候环境、建筑体型以及通风状况息息相关,建筑采暖热需求与围护结构的关系如图 3-8 所示。因此在考虑建筑围护结构热工性能时,应当综合考虑这些因素,选择最适宜的围护结构方案,降低建筑的采暖需求。

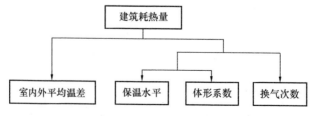

图 3-8 建筑采暖热需求与围护结构的关系

1) 保温水平

增加保温层厚度可以降低围护结构传热系数，从而达到降低采暖能耗的目的。但这种方法的有效性随着保温层厚度的增加而减小。如图 3-9 所示，以北京某建筑使用 EPS 保温为例，当外墙保温层厚度从 0 增至 30mm 时，可降低 18kWh/(m^2·a)采暖热需求；而当外墙保温层厚度从 30mm 增至 60mm 时，同样是增加了 30mm 厚度，采暖热需求的降低量仅为 4kWh/(m^2·a)；当外墙保温层厚度从 270mm 增至 300mm 时，采暖热需求几乎没有变化。换言之，随着围护结构保温性能的提高，降低单位 kWh 采暖热需求所需的保温层厚度增量越来越大，围护结构保温的节能潜力逐步降低。当围护结构保温性能极佳的情况下，建筑采暖热需求将不断趋近于由于通风造成的热需求量。

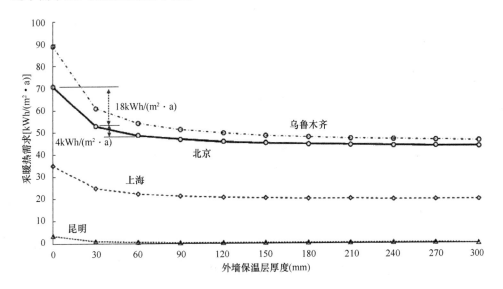

图 3-9 围护结构保温水平与采暖热需求的关系

2) 气候条件

围护结构保温节能效果与建筑所在地区的气候条件有直接关系。如前文公式所示，建筑物的采暖热需求与室内外温差成正比。图 3-10 展示了某住宅楼分别在北京（严寒气候区）和上海（夏热冬冷气候区）气候条件下加强围护结构保温对采暖热需求的影响。图中可见，在增加相同厚度保温层的情况下，建筑采暖热需求减少量在北京远大于上海。因此，通过加强围护结构保温降低采暖热需求的做法在冬季室内外温差较大的北方城市更为有效。

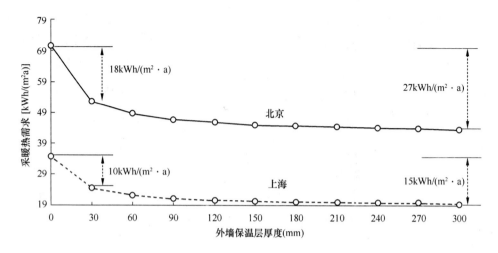

图 3-10　不同气候条件下增强围护结构保温的节能效果

3）换气次数

建筑围护结构保温的节能效果与房间气密性水平决定的换气次数之间存在着一定的关系。单位居住面积由通风换气造成的采暖热负荷 Q_{vent} 可以表示为：

$$Q_{\text{vent}} = \frac{c_p \rho G \Delta t}{A} = \Delta t \times (n \times 0.335) \times H$$

此部分负荷如果是由围护结构传热造成，其等效的围护结构平均传热系数为：

$$K = \frac{Q_{\text{vent}} \times A}{F \times \Delta t} = \frac{\Delta t \times (n \times 0.335) \times H \times A}{S \times A \times H \times \Delta t} = \frac{n \times 0.335}{S}$$

换气次数与围护结构平均传热系数的对应关系如图 3-11 所示，当体形系数为 0.3m^{-1} 时，换气次数从 1h^{-1} 减少到 0.5h^{-1}，相当于将围护结构平均传热系数从

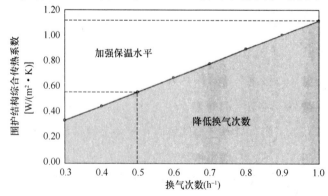

图 3-11　换气次数与围护结构综合传热系数的对应关系

1.12W/(m²·K)降低到了0.56W/(m²·K)。因此在选择围护结构节能措施时，应当权衡换气次数与保温水平之间的关系。

例如，当围护结构平均传热系数低于1.12W/(m²·K)而换气次数大于$1h^{-1}$，或围护结构平均传热系数低于0.56W/(m²·K)而换气次数大于$0.5h^{-1}$时，应当考虑通过降低换气次数来减少采暖能耗需求。

此外，《民用建筑供暖通风与空气调节设计规范》(GB 50736—2012)第3.0.6章节对居住建筑人均最小新风量以换气次数的形式给出了指标要求，如表3-3所示。根据人均居住面积的不同，换气次数指标介于$0.45h^{-1}$到$0.7h^{-1}$之间。由此可知，当围护结构气密性水平很高，渗风导致的换气次数少于$0.45h^{-1}$时，需要通过机械通风来满足新风量要求。此时，继续提高围护结构保温水平只能使建筑采暖热需求无限接近于由这个最小换气率决定的采暖热需求值。该值所对应的围护结构平均传热系数限值可以认为是围护结构保温水平临界值。继续提高围护结构保温水平投入很大而收益甚微。

居住建筑人均最小新风量　　　　　　　　　　　　　　　表3-3

建筑类型	人均居住面积	换气次数(h^{-1})	换气次数所对应的围护结构平均传热系数限值[W/(m²·K)]（以体形系数$S=0.3$为例）
居住建筑	人均居住面积≤10m²	0.70	0.78
	10m²＜人均居住面积≤20m²	0.60	0.67
	20m²＜人均居住面积≤50m²	0.50	0.56
	人均居住面积＞50m²	0.45	0.50

4) 体形系数

建筑物的耗热量不仅与温差、保温水平和换气次数有关，也与建筑的体形密切相关。在其他参数不变时，随着体形系数的增大，围护结构传热散热量增加，采暖热需求也随之增大。图3-12展示了体形系数（S值）不同的3栋住宅在不同保温水平下的采暖热需求。可以看出，单位面积采暖热需求相同的情况下，体形系数大的建筑对围护结构保温水平要求较高。通常大型公寓式住宅的体形系数一般为0.2~0.3，单体别墅的体形系数则可以达到0.7~0.9，相当于公寓式住宅的3~4倍。如果单体别墅耗热量要达到与公寓式住宅的类似的耗热量水平，平均传热系数应为公寓式住宅的三分之一至四分之一，换而言之，单体别墅的围护结构保温要求应该高于公寓式住宅。

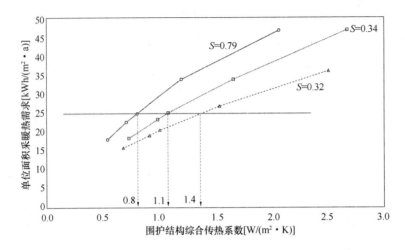

图 3-12　外围护结构热工性能、建筑形态以及建筑能耗之间的关系

与欧美国家相比，我国住宅建筑以多层和高层住宅为主，单体别墅较少。根据《China building energy use 2016》（中国建筑工业出版社，2016）中的数据，我国城镇住宅中单体别墅所占的比例不足 5%，而在美国的比例是高达 85%。因此，在与国外规范进行围护结构热工性能比较时，也应当注意到不同类型建筑体形系数的影响。

5）生活方式

生活方式的不同会造成很大的能耗差异。这里所讨论的"生活方式"指的是居住建筑中与能量消耗及使用相关的行为模式与用能习惯。图 3-13 为在上海地区同一小区内七户家庭（SH1～7）的实测年采暖耗电量，可以看到在围护结构和房间朝向差异不大的情况下，由于采暖使用方式所导致的采暖能耗差异可达到 10 倍。

生活方式的不同不仅会造成用能水平的不同，而且对围护结构保温的节能潜力

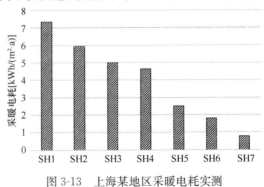

图 3-13　上海某地区采暖电耗实测

也产生影响。图 3-14 展示了上海某建筑在 5 种不同的使用模式下（详见表 3-4 中的模式 1～5），不同的围护结构保温所对应的冬季采暖能耗。模式 1 是全时间全空间的采暖形式，即无论室内是否有人，均 24h 保持室温在 18℃；模式 2 相对于模式 1 而言较为合理，当室内没人时不要求室内温度水平；模式 3 在模式 2 的基础上降低了采暖设定温度要求，室内温度只需保持在 15℃而非 18℃；模式 4 进一步将睡眠状态纳入考虑范围，要求睡前关闭空调，这将进一步降低能耗；模式 5 对于室内温度的要求更低，仅要求在有人的房间保持在 12℃以上。

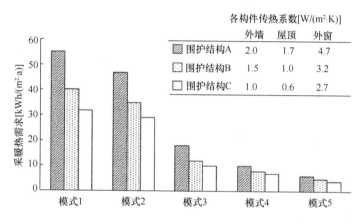

图 3-14 不同围护结构下不同采暖模式的能耗

不同采暖模式　　　　　　　　　　　　　　　　　　　　表 3-4

模式	
模式 1	全天 24 小时所有房间保持 18℃
模式 2	只要有人回家就采暖，保持在 18℃
模式 3	在有人的房间采暖，保持在 15℃以上
模式 4	在有人的房间采暖，睡前关空调，保持在 15℃以上
模式 5	在有人的房间采暖，睡前关空调，保持在 12℃以上

通过对这 5 种模式下建筑采暖能耗情况进行模拟，可以发现，在采用全时间全空间的使用模式 1 时，加强围护结构保温可以得到很大的节能量；但如果实际的使用模式是部分时间部分空间的模式 5 时，则三种不同围护结构保温水平下的全年采暖能耗差别却并不显著。因此，判断围护结构保温节能潜力须考虑相应的行为模式。

此外，在研究中还发现，相对于以采暖为主的东北华北地区，在长江中下游地区用能行为模式对能耗的影响更为显著。这是因为夏热冬冷地区室外气温介于 10～25℃的比例较大（图 3-15），而这一温度区间是否使用采暖/制冷设备在很大程度上取决于个人的选择，不同的决策造成巨大的能耗差异。

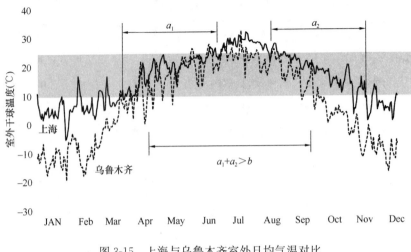

图 3-15　上海与乌鲁木齐室外日均气温对比

图 3-16 为上海某住宅在不同保温水平、使用模式下的采暖、制冷能耗情况。可以看出，当室内温度控制在 20～24℃时，增强围护结构保温性能可以降低采暖能耗，同时制冷能耗变化不大；而当室内温度控制在 16～30℃时，在通风次数有限（每小时最大换气次数不超过 5 次）的情况下，过度保温使室内热量无法及时排出，造成制冷能耗上升。因此，当用户定义的室内舒适温度范围较大时，在制冷需求较大的长江中下游及其以南地区，提高围护结构保温性能有时会增大能耗。

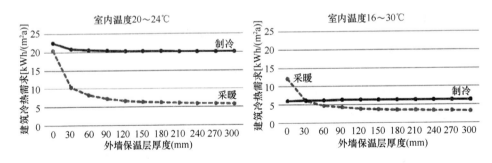

图 3-16　上海某住宅在不同保温水平与使用模式下的全年采暖制冷需求

(3) 中外围护结构性能指标对比

1) 中国指标

据不完全统计，自 1986 年我国第一份建筑节能设计标准发布一来，截至 2016 年初，我国共发布 88 份建筑节能标准，其中国家级标准 7 份，地方性标准 66 份。如图 3-17 所示，按我国建筑气候分区划分，严寒及寒冷气候区共 48 份，夏热冬冷

3.2 围护结构的探讨 97

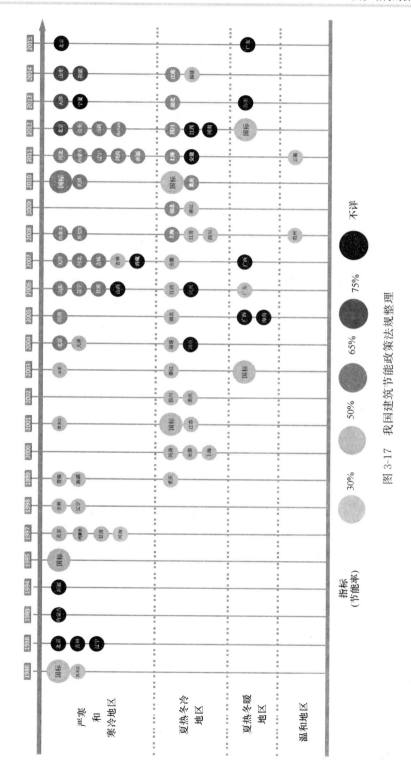

图 3-17 我国建筑节能政策法规整理

地区 30 份，夏热冬暖地区 8 份，温和地区 2 份。随着经济发展技术进步，围护结构热工性能指标在一次次规范修订中逐渐变得更加严格。下面仅以北京为例，讨论我国建筑节能过程中，围护结构热工性能指标方面的变化。

在我国已颁布的节能标准中，涉及北京地区的共有 7 部。其中国家标准 3 部，即 1986 年颁布的《民用建筑节能设计标准》（JGJ 26—1986）及其在 1995 和 2010 年的两次更新（JGJ 26—1995、JGJ 26—2010）；地方标准 4 部，即 1988 年颁布的《民用建筑节能设计标准（采暖居住部分）—北京地区实施细则》（DBJ 01—01—88）及其 1997 和 2004 的两次更新（DBJ 01—602—97、DBJ 01—602—2004）；2012 年颁布的《居住建筑节能设计标准》（DB 11/891—2012）。以上各规范中对围护结构热工性能的规定如表 3-5～表 3-7 和图 3-18 所示。

各规范对居住建筑围护结构 K 值的规定　　　　　　　　　　表 3-5

围护结构 K 值	屋顶	外墙	窗户
JGJ 26—1986	0.91	1.28	6.4
JGJ 26—1995	0.6	0.82	4
DBJ 01—602—97	0.6	0.82	4
DBJ 01—602—2004	0.45	0.45	2.8
JGJ 26—2010	0.35	0.45	2.5
DB 11/89—2012	0.3	0.35	1.8

各规范对居住建筑窗墙比的规定　　　　　　　　　　表 3-6

窗墙比	E	S	W	N
JGJ 26—1986	0.3	0.35	0.3	0.2
JGJ 26—1995	0.3	0.35	0.3	0.25
DBJ 01—602—97	0.3	0.35	0.3	0.25
DBJ 01—602—2004	0.3	0.5	0.3	0.3
JGJ 26—2010	0.3	0.4	0.3	0.15
DB 11/89—2012	0.35	0.6	0.35	0.3

3.2 围护结构的探讨

各规范对居住建筑门窗气密性的规定　　　　　　表 3-7

门窗气密性	每米空气渗透量（10Pa）
JGJ 26—1986	≤2.5m³/(mh)
JGJ 26—1995	≤2.5m³/(mh)
DBJ 01—602—97	≤2.5m³/(mh)
DBJ 01—602—2004	不详
JGJ 26—2010	≤2.5m³/(mh)
DB 11/89—2012	不详

由以上数据可以看出，历届建筑节能规范中围护结构性能指标的变化主要是传热系数限值的变化，窗墙比以及气密性方面变化不大。主要原因在于窗墙比受到建筑功能布局以及用户视觉感受制约，气密性提升操作难度较大，而围护结构传热系数可以通过保温层厚度进行调节，且受其他因素制约较少，从而使其成为提高围护结构热工性能的主要手段。然而当外墙保温程度进一步加强，其传热量已远小于通过外窗和冷风渗入的散热时，就必须从改善外窗性能和气密性来进一步改善围护结构性能，此时如果不改善气密性，则进一步加强外墙保温就不再有任何意义。

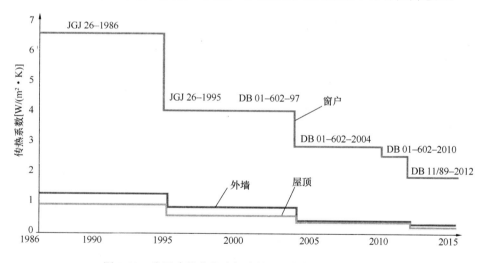

图 3-18　我国建筑节能法规中的围护结构热工性能指标

以北京某 12 层住宅为例，根据逐年提高的围护结构规范要求模拟得到的建筑采暖能耗变化如图 3-19 所示。比较最低和最高标准，建筑采暖热需求降低 61%。这说明，我国经过这些年标准的不断进步，使得由于围护结构保温导致的采暖能耗降低 61%。

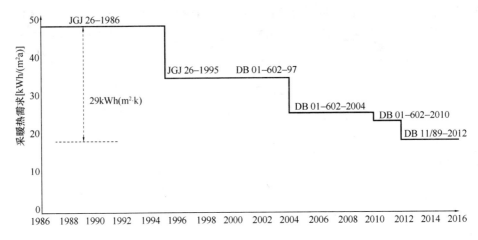

图 3-19　北京某建筑在不同建筑节能规范下的采暖热需求

2) 德国指标

国外建筑节能法规方面也对围护结构热工性能有明确要求。图 3-20 展示了德国不同时期建筑节能标准对应的围护结构形式。德国 1977 年的《建筑节能保温规范》(WSVO1977) 对于住宅屋顶、外墙（含窗户）、窗户的传热系数限值分别为 $0.45\text{W}/(\text{m}^2 \cdot \text{K})$，$1.75\text{W}/(\text{m}^2 \cdot \text{K})$ 和 $3.5\text{W}/(\text{m}^2 \cdot \text{K})$。1982 年的更新版本

标准 $A/V_e=0.63\text{m}^{-1}$ $A_N=272.2\text{m}^2$	WSVO			EnEV	
	1977	1984	1995	2002	2009
保温 保温强度WLG 035	保温层 —5cm	保温层 —7cm	保温层 —10cm	保温层 —12cm	保温层 —14cm
窗户 室内 ‖ ‖ 室外 $u[\text{W}(\text{m}^2 \cdot \text{K})]$　g	双层玻璃 $u=3.00$ $g=0.75$	双层玻璃 $u=2.80$ $g=0.75$	双层玻璃 $u=1.70$ $g=0.60$	双层玻璃 $u=1.30$ $g=0.60$	双层玻璃 $u=1.10$ $g=0.58$

图 3-20　德国不同时期节能标准对应的建筑围护结构形式❶

---

❶ 图片来源：M. Norbert Fisch，Thomas Wilken 著，祝泮瑜译. 产能—建筑和街区作为可再生能量来源. 北京：清华出版社，2015.

(WSVO1982) 中，以上指标分别提高到 0.45W/(m²·K)，1.5W/(m²·K) 和 3.1W/(m²·K)。在其 1995 年的更新（WSVO1995）中，取消了对围护结构各个构件传热系数的限制，使用建筑年采暖需求作为评价指标。之后 2002 年版《节能规范》（EnEV2002）中，进一步提出用采暖和生活热水年一次能耗需求为指标。该规范在 2009 年的更新版 EnEV2009 中将通风与制冷也纳入讨论范畴，引入参考建筑，以包含采暖、生活热水、通风和制冷的参考建筑一次能耗需求作为评价标准。在 EnEV2009 中，对参考建筑的围护结构传热系数给出了明确限定，其中屋顶、外墙（含窗）、窗户的传热系数分别为 0.2W/(m²·K)，0.28W/(m²·K) 和 1.3W/(m²·K)。EnEV 在 2013 和 2015 年进行了两次修订，但该指标未变化。

如图 3-21 和图 3-22 所示，通过我国规范与德国规范对比可知，经过近 30 年的发展，我国现行围护结构热工性能指标已有大幅提高，与德国目前标准的差别已经显著减小，是否需要进一步提升该领域的标准要求，还应结合我国实际国情综合考虑。

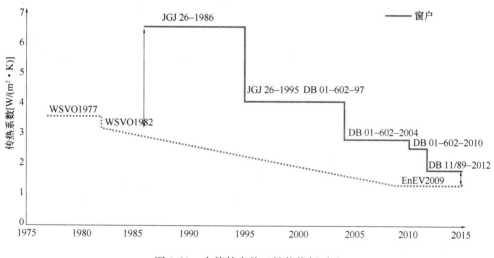

图 3-21 中德外窗热工性能指标对比

（4）总结

由上文可知，在我国不同地区，由于气候条件不同，对围护结构性能有着不同的要求。在以采暖为主的东北华北地区，合理提高围护结构保温气密性可以减少冬季围护结构传热，降低采暖能耗。但其节能效果受到室内外温差、换气次数、体形系数以及生活方式的影响。需要综合考察各方面因素，确定合理的保温气密性水

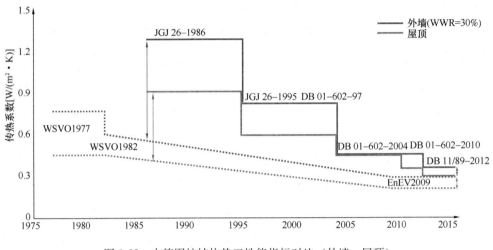

图 3-22　中德围护结构热工性能指标对比（外墙、屋顶）

平。在长江中下游及其以南地区，由于建筑制冷需求较大，因而围护结构设计首先要注重遮阳和通风。在这些地区过度强调围护结构保温气密性会阻碍室内热量的排出，增大制冷能耗。

此外，由于围护结构热工性能只影响到建筑的采暖制冷热需求，最终采暖制冷能耗大小还与选用的系统形式、设备效率等密切相关，同时，在建筑中除了采暖制冷能耗外还存在着大量其他能耗，如照明能耗等等。因此，改善围护结构热工性能只是节能的一种途径，它的节能潜力也要和其他节能措施相比较，有选择地发挥各种措施的节能潜力，实现最优的综合节能效果。

3.3　新风系统的探讨

(1) 为什么要通风

室内有多种污染物产生，包括在室人员呼出的二氧化碳，身体散发的臭味，室内装修材料释放的多种 VOC（可挥发有机物）等。这些污染源持续释放污染物，使得所释放的污染物在室内积累，浓度逐渐提高。浓度超过一定程度后，居住者感到异味，空气不新鲜，直至身体不适。室内累计超过浓度的时间过长，还会对室内人员的健康造成一定影响。排除室内污染物最有效的方法就是通风换气，引入室外空气，排掉室内被污染的空气。一般来说，室外空气没有室内的同类污染物（除非紧邻交通要道、汽车尾气聚集等）。通风换气就是用室外的干净空气（相对于这些室内污染物来说）稀释室内空气，使部分污染物排掉，使室内空气中的污染物浓度降低。如果室内没有严重的装修材料的污染，每小时 $30\sim50m^3/h$ 的室外空气就可以把一个人产生的人体污染物（CO_2，人体产生的 VOC）排除掉，从而维持室内 CO_2、VOC 的浓度在限定值以下，防止其持续增长。这就是按照人数要求的最小新风量。当还存在家具、装饰物的污染时，还需要根据这些可排放污染物表面的表面积，适当增加通风换气量。通风换气量越大，室内污染物的浓度水平越低，由此导致的室内不健康因素的影响也就越小（当然室内还有其他问题导致的不健康因素）。近百年来发达国家室内环境标准中对室外通风换气量的数量不断增加，各国不同场合下要求的室外通风换气量从 $10m^3/(h·人)$ 到 $90m^3/(h·人)$。所以从排除室内污染物的角度来说，通风换气量越大越好。怎样实现通风换气？最有效的办法就是开窗通风。这是人类进入建筑以来经过千年摸索总结出来的经验，至今也是我国绝大多数家庭信守的原则。开窗通风的主要目的之一，是"保持空气新鲜"，实质上也就是通过通风换气排除室内产生的污染物。近二十年来，针对室内的 VOC 污染，国内外都曾试图采用空气净化器的方法消除 VOC，从而降低对通风换气的需要。这种尝试通常采用钛纳米等材料的光催化技术或活性炭等多孔材料的吸附技术。但实验表明，光催化技术虽然可以有效消除 VOC，但会产生多种其他反应生成物，其中很可能有毒性远高于 VOC 的生成物，因此不是解决 VOC 污染的有效途径；而多孔材料可以吸附 VOC，但必须定期再生还原，否则其吸附的性能逐渐消失。直至今日，消除室内产生的污染物的最有效最实用的方式，还是室内外的通风换气。

然而，从室内的 VOC 和 CO_2 污染来看，室外空气可作为洁净空气，通过通风换气可以有效排除室内的这些污染。但室外空气又带有其他污染物。尤其是我国东部沿海地区近年来出现的雾霾现象，由此带来的微细的可吸入颗粒物（通称 PM2.5）通过通风换气会进入室内，污染室内环境。如果室内无有效的细微颗粒去除措施，这些污染物仅靠颗粒的沉降作用沉落在表面，则通风换气量越大，室内受室外的影响越大，当通风换气量达到一定程度后，室内的微颗粒污染程度就可达到当时的室外水平。这样一来，与排除室内污染物的要求相反，当室外大气出现严重污染时，室内外之间通风换气量越小，室内受室外的影响就越小。这就要求房间对外有很好的气密性，尽可能避免室外的脏空气进入室内。近年来我国门窗技术有了很大的提高，完全关闭外窗外门，室内外换气次数仅为 0.1～0.3 次/h，对 100m² 的居住单元来说，如果室内净高为 3m，此时的通风换气量为 30～90m³/h。对于大部分 2000 年以前建造的居住建筑，由于门窗质量和建造质量的原因，关闭门窗后室内外换气次数可达 0.5～1 次/h，100m² 的住房通风换气量为 150～300m³/h。微细颗粒物可以通过过滤的方法有效去除。目前已经有多种过滤方式，通过滤料的阻挡拦截、扩散吸附等多种作用可以有效去除这些颗粒物，过滤效率目前可达 85%～99%。

通风除了可排除室内污染物，同时有可能引入室外污染物外，还与室内的冷热潮干很有关系。在任何时候由于人员的活动和设备的使用，室内总要产生一些热量和水分。如果不能有效排除这些热量与水分，室内就会越来越热、越来越湿。如果室外凉爽，通风换气是排除室内热量和水分最有效的方法。3 个人在 100m² 的单元住房中，如果室内外换气次数是 1 次/h，则只要室内外有 3K 的温差（例如室外温度 20℃，室内温度 23℃）就可以排除人员的产热产湿。如果室内外换气次数仅为 0.2 次/h，排除热量要求的室内外温差就会达到 12K 以上（部分热量此时会通过外墙外窗导出）。这时如果室外还是 20℃，室内温度就会达到 32℃，要维持适当的室内温度，就只好开启空调，通过空调消耗电力排除室内热量。这一分析说明，通风换气还对排除室内多余的热量、水分有重要作用。一般来说，外温在 10～25℃ 之间时，通过改变室内外通风换气状况，都可以满足室内热舒适环境要求，而不需要空调。图 3-23 为我国几个典型城市全年室外温度在这一范围内的小时数。由此可见室内外有效的通风换气对改善室内热湿环境、减少空调的使用，节约能源，也有非常大的作用。这也是为什么我国长江流域及以南地区居民非常重视开窗通风。

然而，当室外温度过冷过热时（高于 27℃ 或低于 10℃），室内外的通风换气又引入室内过多的冷风或热风，增加了对室内供暖空调的需求。对于符合外墙外窗保温标准的建筑，室内外换气次数达到 0.3 次/h 时，夏季通过通风换气进入

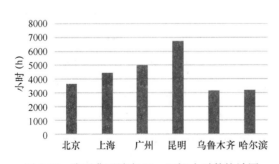

图 3-23 我国典型城市 10～25℃ 小时数统计图

室内的热量或冬季带出到室外的热量就已经达到通过外墙传入或传出热量的水平。并且室外出现高湿的"桑拿天"时，从室外渗入的热湿空气也是造成室内潮湿的主要原因。这种情况下，从维护室内热湿环境出发考虑的话，尽可能减少室内外通风换气量，又成为建筑节能的重要措施。

这样一来，室内外的通风换气就成为影响室内环境的"双刃剑"：加大通风换气量有利于排除室内 VOC 等污染物，但又会增大室外的可吸入颗粒物污染；通风有利于排除室内的产热产湿量从而减少空调的使用，但又在严寒期和炎热期增大供暖和空调的消耗。基于这一原因，通风与否、密封与否，怎样通风，都要根据当地当时的气候状况、大气与室内的污染状况而定，不可一味地强调通风，也不可一味地强调建筑密封。最好的建筑应该是可以在很大的范围内根据情况调节通风换气量，需要通风时可以实现很大的通风换气次数（10 次/h 以上），不希望通风时又可以把渗透风量控制得很小（0.3 次/h 以下）。

（2）通风换气的途径

怎样实现室内外的通风换气？可以有"不得以"的通风换气，主动的自然通风换气，以及机械式通风换气。

"不得以"的通风换气就是完全关闭外窗外门后的门窗渗风。它与建筑质量、门窗质量有关，也与室外风力风向和室内外温差有关。居住单元卫生间和厨房排风也是影响房间有效通风换气的重要因素。如果这些排风在运行，则进入室内的室外空气量不可能小于这些排风量。现在的建筑水平可以把渗透风量控制在 0.3 次/h 以内，这基本接近排出室内污染物所要求的最小风量。当室外出现严重的微细颗粒污染时，这种从窗缝门缝渗入的室外空气同样把室外的 PM2.5 带入室内，构成对室内空气的污染。现在一些部门推广"被动房"技术，其关键技术之一就是进一步减小"不得以"的通风换气量，把通过围护结构渗入室内的室外空气量减少到 0.1 次/h 以下。

主动的自然通风换气也就是开窗通风。此外世界上还有一些"可调节式被动通风器"（见第 4.2 节），安装在外窗或外墙上，不需要风机也可以实现一定的通风换气。图 3-24 给出在一些地区某些室内外环境条件下实测出的开窗通风时的换气次数。可看出，一般条件下如果有足够的开启外窗面积，开窗后可实现 10 次/h 以上的通风换气量，对一些有利于自然通风的建筑造型和外窗形式的建筑，开窗后通风换气次数可以超过 20 次/h。调整外窗的开度（如半掩、仅开个窗缝、调整被动式通风器开度等）可以根据需要使通风换气量在"不得以"的最小通风量到全开外窗的最大通风换气量之间调节。可以在很大范围内根据需要由使用者随意调整通风换气量，这是主动的自然通风换气方式的最大特点。需要说明的是，可以实现比较大的通风换气量的居住单元，一般来说就不太容易做到密闭，从而就很难控制其关闭门窗后"不得以"的最小通风换气量。开窗通风后最大通风换气次数达到 10 次/h 以上的居住单元，关闭门窗后通风换气次数一般都很难控制在 0.3 次/h 以下。

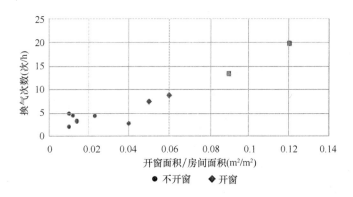

图 3-24　开窗通风时换气次数的实测值

机械通风换气是通过风机把室外空气送入室内。这包括目前市场上宣传的居住建筑的新风系统，也包括近年来建造的中央空调的居住建筑的独立新风系统。出于噪声、建筑空间的利用和造价的考虑，新风系统的风量都不会太大，所提供的室外空气量仅为 0.5~1 次/h。在这个范围内，调节室内外通风换气量的意义已经不大。由于是机械通风方式，因此可以安装各种过滤器，从而在室外出现雾霾天气时去除微细颗粒物，使得机械通风系统送入室内的室外空气仍然是洁净的空气。一些产品还同时带有排风系统，并且在送风和排风之间带有热回收器，从而可以用排出到室外的热空气中的热量加热从室外引入室内的冷空气，或者用排出到室外的冷空气的冷量冷却从室外引入室内的热空气。既然是机械通风，就要有风机驱动空气流动。由于机械新风机的风量是按照房间要求的最小新风量考虑，因此一般是全年连续运行。表 3-8 列出各种情况下单位建筑面积的风机功率和全年连续运行、通风 8000h 的全年用电量的参考值。其中，计算能耗数据取自一些市场上户式新风机与中央空调新风机组样本。

不同的机械通风方式风机功率（W/m²）和全年运行8000h的电耗（kWh电/m²）

表 3-8

换气次数	单元式机械通风				中央空调新风机			
	不带热回收		带热回收		不带热回收		带热回收	
0.5次/h	0.15W/m²	1.2kWh/m²	0.68W/m²	5.4kWh/m²	0.35W/m²	2.8kWh/m²	0.98W/m²	7.8kWh/m²
1次/h	0.30W/m²	2.4kWh/m²	1.85W/m²	14.8kWh/m²	0.83W/m²	6.6kWh/m²	2.21W/m²	17.6kWh/m²

机械通风不可能实现开窗自然通风那样大的通风换气量，其通风换气量一般仅为开窗通风的有效换气量的十分之一，这是机械通风与开窗自然通风方式的最大差别。但机械通风可以安装过滤器和热回收器，而开窗自然通风方式则不可能过滤和回收热量，这是二者的又一差别。从运行能耗上看，开窗通风方式通风本身不耗电，而机械通风耗电可观。我国居住建筑目前耗电水平是全年 20~30kWh电/m²，采用单元式机械通风，风机用电相当于家庭总用电量的20%~50%，采用中央空调的新风系统，则风机耗电高达家庭总耗电的一半以上。

（3）两种通风方式的比较

下面，从排除室内污染源的污染、去除进入室内的微细颗粒物、节约供暖空调能耗三方面比较机械通风和自然通风这两种通风换气方式。

1）排除室内污染源释放出的污染的效果

在大多数情况下，人体是室内主要的污染源，在室人员越多，产生的CO_2和VOC越多，需要的室内外通风换气量就越大。而当室内没人的时候，除非是新装修、室内家具和装修材料释放污染物的房子，一般情况下室内不会积累过高的污染物。当有多人在室，且通风换气量不足时，室内污染物浓度会逐渐升高，经过一段时间后才会达到影响健康的临界值。例如50m²的居住单元充分通风后，室内CO_2达到室外的400ppm水平，关闭门窗室内外通风换气仅为0.3次/h时，如果室内有三个人，CO_2需要5.8h后才能升高到1500ppm。图3-25为这时室内CO_2随时间升高的变化过程。可以经过这样长的时间等到室内CO_2过高时，再打开外窗通风，排除室内污染物。

如果开窗通风时换气次数为10次/h，则只要28min，室内CO_2就可以又降到

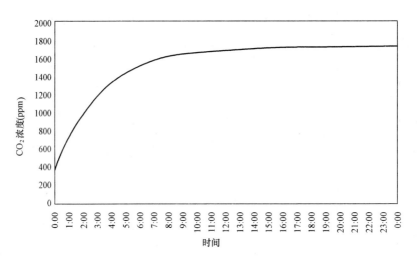

图 3-25 CO_2 浓度变化过程

450ppm 以下。这表明，由于居住建筑一般来说人均空间较大，当短期内可以达到较大通风换气量时，就不一定恒定通风，而可以利用室内空间的蓄存作用，进行间歇通风方式，也可以同样有效地排出室内污染。并且，当这个 $50m^2$ 房间突然来了 5 个人，室内污染物突然增加时，可以开窗通风，满足室内空气质量要求。室内较长时间没开窗，都会感到空气不新鲜、有异味。一般来说，当居住者感觉到空气不新鲜和有异味的问题时，就会开窗通风，改善室内空气环境。

当室内安装有机械新风系统时，使用者往往就会认为室内空气质量是靠机械新风来保证的，一般就不会再去选择开窗通风。还是针对上面 $50m^2$ 的居住单元，机械新风通风量一般选择 $90m^3/h$ 来满足室内三个人的新风需求。正常情况室内有 3 个人，加上 0.2 次/h 的渗风，室内 CO_2 浓度会维持在 580ppm，完全符合室内 CO_2 要求。但是当室内人员增加到 5 个人时，平衡浓度就会接近 1000ppm，如果不开外窗，室内空气质量就会超标。

比较机械通风和开窗通风两种方式的差别，可以看到，在正常情况下二者都能够满足排除室内污染物的要求。开窗通风依靠使用者根据室内状况来调节，对各种室内变化的状况会有较强的适应性；而机械新风方式要依靠选择合适风量的通风设备。如果通风设备偏小，就不能满足排除室内污染物的需要。

2) 去除由室外进入室内的微细颗粒物的效果

当室外出现高污染的雾霾，室外空气进入室内就会同时把室外的污染物带入室内。采用机械新风机，可以通过系统中的过滤器过滤部分粉尘，如果过滤器效率是 95%，则通过新风系统进入室内的空气的 PM2.5 的浓度仅为当时室外的 5%。然而此时还有从外窗渗入的室外空气，这些空气同样携带室外污染物进入，通过沉降作用大约仅能沉降 15%～20%。这样，如果机械新风机提供的换气次数为 0.5 次/h，房间渗风 0.3 次/h，当室外 PM2.5 浓度达到 $100\mu g/m^3$ 时，室内 PM2.5 的浓度为 $33\mu g/m^3$，为室外污染物浓度的三分之一。如果室外达到 $200\mu g/m^3$，则室内污染物将达到 $66\mu g/m^3$，已超出健康范围。

如果是采用开窗通风，没有过滤器，则室内的 PM2.5 浓度必然更高。此时，可以在室内放置自循环的空气净化器对室内空气净化。这种直接对室内空气进行循环过滤的净化器可以仅根据室内净化的任务确定循环空气流量，而不涉及任何其他问题。如果其过滤效率仅为 90%，但循环风量为换气次数 1.5 次/h，则对于同样的进入室外空气量为 0.8 次/h（与机械新风时的室外空气量相同），室内 PM2.5 的平衡浓度也为 $32\mu g/m^3$，已经与机械新风方式几乎相同。如果把室内空气净化器的循环风量由 1.5 次/h 提高到 3 次/h，则室内 PM2.5 的浓度降为 $19.4\mu g/m^3$，显著低于机械新风系统方式。当室外污染物达到 $200\mu g/h$ 时，只要把室内空气净化器的循环风量提高到 4 次/h，仍可以把室内 PM2.5 的浓度控制在 $31\mu g/m^3$ 以内。所以，尽管所考虑的室内循环空气净化器过滤效率不高（仅 90%），但只要加大循环风量，就可以产生足够多的洁净空气，从而满足室内净化的要求。

反之，加大机械新风机的风量，却不能出现这种显著改善室内净化的效果。例如当室外 PM2.5 达到 $200\mu g/h$ 时，如果把机械新风量从 0.5 次/h 加大到 1 次/h，则室内平衡浓度为 $47\mu g/h$，同样不能满足室内净化要求。这是因为，机械新风方式增大了新风量也就增大了需要处理的室外脏空气量，过滤器的负担增大了一倍，但室内空气净化水平却降低不大；而自循环的室内空气净化器增大风量后并没有增大进入室内的室外脏空气。净化能力增大了，但进入系统的脏空气量并没有增加，最终室内空气的净化程度自然就不一样了。

上述简单的对室内污染物达到平衡态时的状况所做分析综合于表 3-9。

上面给出的简单的平衡分析。对于固定新风量的机械新风系统，其实际结果应

机械新风方式和室内自循环过滤器方式对室内的净化效果的比较　　表3-9

机械新风过滤器效率95% 室内净化器过滤器效率90%		室外PM2.5浓度 $100\mu g/m^3$	室外PM2.5浓度 $200\mu g/m^3$
机械新风， 渗透风量0.3次/h	新风量0.5次/h	$33\mu g/m^3$	$66\mu g/m^3$
	新风量1次/h	$23.5\mu g/h$	$47\mu g/h$
开窗通风室内置空气净化器 渗透风量0.3次/h， 开窗通风量0.5次/h	净化器循环风量1.5次/h	$32\mu g/m^3$	$64\mu g/m^3$
	净化器循环风量3次/h	$19.4\mu g/m^3$	$38.8\mu g/m^3$
	净化器循环风量4次/h	$15.5\mu g/m^3$	$31\mu g/m^3$

接近于这一分析结果，而对于开窗通风方式来说，实际通过外窗进入室内的室外空气并非如分析中所给出那样恒定不变，而是如前面所说，是使用者根据室内室外状况所决定，一般仅是当觉得室内空气不新鲜，需要通风时，在短期一段时间内开窗。如果室外出现雾霾，使用者就会"两害取其轻"，尽可能关闭外窗，减少雾霾对室内的影响，并且持续运行室内空气净化器，捕捉通过窗缝渗入的室外空气所携带的污染物。这时进入室内的污染物减少了一多半，室内净化程度可进一步提高，或者还可以减少净化器的循环风量。而机械新风系统却不能减少风量更不能停机。因为此时要依靠系统内的过滤器提供洁净空气，否则无法消除通过窗缝渗入室内的室外空气所携带的污染物。对于依靠外窗通风的方式，即使为了满足室内新鲜空气的要求，短期内开窗通风，使用者往往选择室外较干净的瞬间开窗，但短时间内大风量的通风换气。这样既排除了室内污染物，又可以使开窗通风导致进入室内的室外空气所携带的污染物总量最小。实际出现雾霾时全天也并非持续污染，总可以找到相对污染程度较低的时段进行通风换气。而机械新风系统的最大风量有限，为有效排除室内污染物，基本上要求持续通风换气，这样就无法利用室外出现短期较清洁的时段进行大量通风换气。综合这些实际运行中出现的现象进行了系统的模拟分析。模拟计算条件见表3-10，模拟结果见图3-26，计算结果的统计数据见表3-11。

计算条件表　　表3-10

渗透风量	开窗方式与机械新风方式都是0.3次/h
机械新风风量	0.7次/h
开窗原则	选择室外污染程度低的时段，每天开窗时间不低于2h
净化器循环空气量	3次/h
过滤器效率	新风过滤器和室内空气净化器过滤效率都是90%

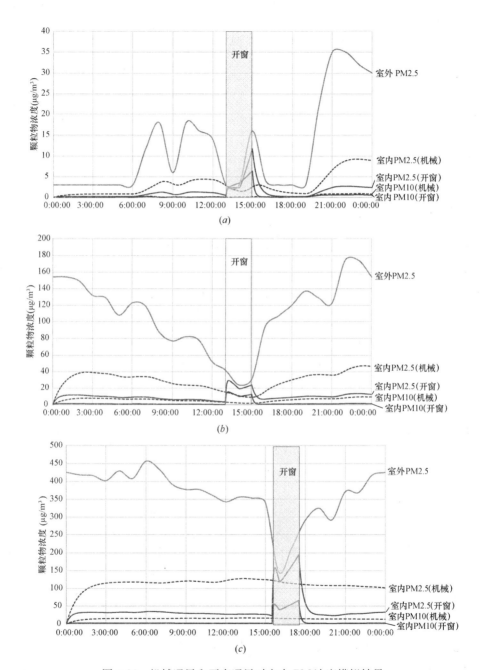

图 3-26 机械通风和开窗通风时室内 PM 浓度模拟结果

(a) 机械通风和开窗通风时室内 PM 浓度变化（室外优良）；(b) 机械通风和开窗通风时室内 PM 浓度变化（室外中度雾霾）；(c) 机械通风和开窗通风时室内 PM 浓度变化（室外重度雾霾）

模拟计算的结果统计　　　　　　　　　表 3-11

典型天	净化方式	平均 PM2.5（$\mu g/m^3$）	平均 PM10（$\mu g/m^3$）	过滤器捕捉（mg）
室外良好	室内净化器　3次/h	1.35	1.87	11.2
	机械新风　0.7次/h	2.95	3.20	37.2
室外中度污染	室内净化器　3次/h	10.2	12.2	72.4
	机械新风　0.7次/h	29.0	43.9	261.1
室外重度污染	室内净化器　3次/h	41.1	47.6	281.7
	机械新风 0.7次/h	111.6	126.2	828.5

注：所有案例中，室内外通过窗缝的渗风形成的换气次数都为 0.3次/h。

从计算结果可以看出，采用开窗通风换气加上室内空气净化器的方式即使在室外出现重污染时，仍可以维持相对较好的室内空气环境，但机械新风方式在严重雾霾时已经出现问题。计算结果的表 3-11 还给出两种方式过滤器在一天内累计的粉尘捕捉量。在三种污染程度天气下，二者的捕尘量都有巨大差别。这一差别来源于两个原因：① 开窗通风方式选择室外相对较干净的时段通风，而在其他时段仅有渗透风进入室内，而机械新风方式全天恒定地处理室外脏空气；② 从外窗进入室内的 PM10 主要通过自然沉降，跌落到表面，很少进入室内净化器；而进入机械新风系统的 PM10 同样要由新风过滤器捕捉。过滤器积尘太多，就要求经常维护清理。并且相对于放置于室内的空气净化器，机械新风机过滤器的清洗要困难得多。

室外空气并非总是处在高污染状态下，目前优良和轻度污染的时间已经占到全年总天数的一半以上。当室外不存在颗粒物污染时，开窗通风，室内也没有颗粒物污染问题。感觉不到空气脏，居室者不会开启室内空气净化器。而安装机械新风系统的居室，由于依赖机械系统提供新风，所以还要让新风机继续运行，过滤器持续工作。此时如果过滤器内的积灰较多，粉尘就会对通过的空气形成"再污染"，也就是积攒在过滤器中的灰尘部分会返回到空气中，形成污染。在新风道中沉积的灰尘有些也会重新漂浮到空气中。在这种情况下，室外很干净，室内微颗粒浓度反而高于室外。国内外有很多对办公楼、商场、酒店类建筑中央空调送风的空气污染状况的测定、调查和研究，都表明过滤器和风道对所通过的空气存在二次污染现象，清洁的室外空气经过过滤器和风道后，其污染物含量增加。此外，长期积攒在过滤器上的灰尘也会释放 VOC 等化学污染物，如果受潮，还会滋生微生物。这就是以往人们所感觉到的"空调味"。在居住建筑内设置机械新风系统，就会把这些问题从公共建筑的中央空调中搬到家来。这些问题与空调和机械通风系统的维护管理水平很有关系，公共建筑有专门的运行人员负责对过滤器的定期清洗维护，却仍然普遍存在二次污染问题，居住建筑的运行与维护水平远不及公共建筑，就更难避免这些问题的出现。

反之，室内空气净化器是由在室人员根据室内空气污染状况决定开停，并且其主要是捕捉微细颗粒，因此同样条件下其过滤器的积尘量要少于机械新风过滤器。这种过滤器目前大多是采用更换方式，维护管理相对简单，且没有风道，也就不存在风道积灰。这样，室内空气净化器的二次污染问题远没有机械新风系统严重。

上述比较表明，用机械新风同时提供室外空气与净化功能，和开窗并安装室内空气净化器同时得到室外空气并实现室内空气净化这两种方式基本上都能应对目前空气雾霾和室外 PM2.5 超标的问题，但采用开窗通风同时安装室内空气净化器的方式效果更好，更安全。这两种方式最大的差别就是把提供室外空气的任务与净化室内空气的任务是否绑定在一起。机械新风机通过机械新风系统把这两个任务绑在一起，既要提供室外空气，又要捕捉灰尘。如果所有的室外空气都是通过机械新风系统进入室内，这样做很好。但如果室外空气还有进入室内的其他通道（窗缝渗入），就缺少有效机制去捕捉随之进入的室内灰尘了。而开窗和安置室内空气净化器的方式是将这两个任务分开。室内空气新鲜了，就可以关窗；觉得室内空气不清洁了，就可以加大空气净化器的循环风量，两个手段完成两个任务，就可以把两个任务分别都做好。

室外严重污染时，直接开窗通风，使室外脏空气进入室内，是否在外窗附近构成污染？实际上，根据前一节的讨论，这时不会长期开窗。选择室外相对较干净的时候开窗通风换气，达到排除室内污染物的目的后，立即关窗。如果室内空气净化器的循环风量比较大（如换气次数 4 次/h），则半个小时以内室内就能达到净化要求。加上半个小时的开窗通风换气，在外窗附近可能在一小时左右内出现微颗粒超标现象。这相当于人在室外多待了一小时，不应该有太多问题。

如果同时安装机械新风系统和室内空气净化器，可以避免上述问题，但这时仍不能避免机械新风系统的二次污染问题。尤其是过滤器造成的微生物污染和二次生成的 VOC。这些问题不可忽视。

3) 哪种方式节能？

主张推广机械新风系统者的又一个理由是认为它可以节能。通过安装工作在排风和新风之间的热回收器，可以回收排风的热量或冷量，从而减少加热和冷却送入新风的能耗，实现节能。那么排风热回收到底有多大的节能作用？

对于居住建筑，都需要卫生间排风和厨房排风。这些排风量与要求的室外最小新风量相差不大。也就是说，当开启厨房和卫生间排风时，就不应该再有机械排风，否则就会出现很大的渗风，与安装新风机避免室外渗风的出发点相矛盾。而当排出的风量远小于送入的新风量时，热回收装置就无法从排风回收能量，也就不存在节能的作用。如果维持热回收装置的排风量，厨房与卫生间排风启动时室内就成为负压，增大了由室外空气带来的热量或冷量、并在室外污染时引入了更多的灰尘。

实际上居住建筑并不是总希望回收排风中的热量或冷量。室内只要有人就会产热产湿，只有排除这些热量和水分才能维持室内的热舒适。室外温度在 10～25℃ 之间时，室内外通风换气恰好可以排除这些室内的产热产湿。这时通过热回收装置换热，通过排风把进入室内的新风加热，就减少了此时通风换气的排热能力，是在做无意义的事。当外温高于 20℃ 时，热回收使得通风换气不能有效排除室内热量，只好提前开启空调降温，增加建筑耗能。只是当室外温度高于室内温度和室外显著低于室内温度时，通过换热回收排风的冷量或热量才有意义。然而热回收并非免费。安装热回收装置使空气阻力加大，需要送风机加大扬程，为了保证排风量并避免室内压力过高，又要在排风侧安装排风机。这就使得带有热回收装置的机械新风系统的风机耗电量要高于没有热回收装置的新风系统，并且由于热回收换热装置很难旁通，只要机械新风机运行就要付出这部分风机电耗。由于 1kWh 的电力可以通过空调机产生大约 3kWh 的热量或冷量，因此只有全年由于热回收装置使得风机的电耗增加量为全年节省的冷量和热量的三分之一以下时，才能认为是排风热回收装置真正节能。热回收装置增加的风机用电量在全国各地都一样，但其节约冷量热量的收益与当地全年的气候状况有关。室外温度低于 10℃ 和高于 25℃ 时，室内外温差越大回收的冷量热量越多，室外温度在 20℃ 到 25℃ 之间时，热回收装置则增加空调电耗。表 3-12 列出计算得到的我国一些典型城市的气象条件下居住建筑安装排风热回收装置导致全年能耗的增减状况。

其中计算条件为：热回收效率取 70%，夏季室内温度取 25℃，冬季室内温度取 20℃。按照 $COP=3$ 所计算的赚亏情况中,正值表示赚得,负值表示亏损。

我国典型城市安装排风热回收装置的能耗增减状况　　　表 3-12

城市	每 100m³/h 风量累计回收冷热量 (kWh)	全年风机增加电耗 (kWh)	按照 $COP=3$ 计算扣除风机电耗的赚亏 (kWh)
北京	1743.2	394.2	186.9
上海	959.5	394.2	−74.4
哈尔滨	3222.6	394.2	680.0
广州	345.0	394.2	−279.2
成都	765.2	394.2	−139.1

表中数值表明,哈尔滨、北京这样的寒冷城市,冬季室内外温差大,热回收装置可以节能;而对于其他城市来说,由于全年大部分时间内室内外温差小,所以热回收装置并不节能,很多情况下反而增加了运行电耗。表 3-12 的计算还没有考虑卫生间和厨房排风时热回收的实效。再加上这部分影响,热回收可能就更是得不偿失。

(4) 开窗通风是人类千百年来总结的经验

建筑开外窗已有千年历史。外窗有采光、观景、通风三大功能。通风换气是外窗的主要功能之一。在工业革命前,通过开启和关闭外窗以改变通风状况,是改善室内热湿环境最主要的手段。人类有了通风空调系统以后,尽管可以通过这些机械系统营造所需求的室内热湿环境,但开窗通风仍然是最有效的室内热湿环境和空气质量调控方法。适宜的建筑规划和设计可以使开窗通风实现 10~20 次/h 的室内外空气交换,这是考虑噪音、设备空间及运行电耗后采用机械通风所不可能达到的。开窗通风有机械通风方式不可替代的优点,一定会保持和继承下来,继续作为室内环境的调控手段。

我国除严寒地区之外的大多数地区,居民都有开窗通风的习惯。房屋的朝向、通风通畅是居民选择房屋的两项重要指标。每天有一段时间开窗通风,成为大多数家庭必做的事。图 3-27 为对如何看待居室开窗通风的调查结果。图 3-28 是 2015~2016 年冬季在长江流域对几十个城市内居住小区建筑通过拍照得到观察瞬间开窗状况,图中的比例为观察时,该城市内开窗户数占所观察总户数的比例,每一住户有一扇窗户开启即记作开窗的住户。由于实际居民不可能在同一时刻开窗,因此这

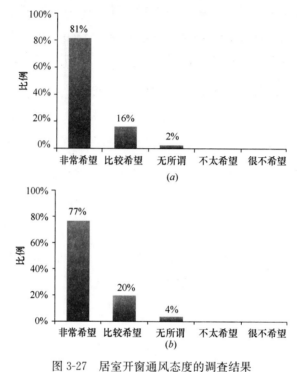

图 3-27 居室开窗通风态度的调查结果

(a) 对拥有外窗的期待；(b) 对外窗可开启的期待

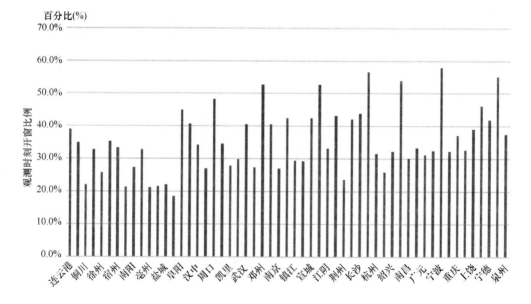

图 3-28 2015~2016 年冬季长江流域居民开窗情况

里得到的结果是开窗比例下限。从结果中看,即使外温在 0~10℃ 区间的季节,多数家庭还要开窗通风。这是我国的现状,也是一种"开窗文化"。而正是这一文化,使得我国居住建筑的运行能耗至今还维持在低于发达国家的水平。全面关闭外窗,依靠机械新风实现通风换气,这是目前一些发达国家的路径,也是这些国家居住能耗普遍高于我国的原因之一。以"改善室内环境质量"为名,提倡密闭外窗,用机械通风系统替代开窗通风,并不一定真正能提高室内空气质量,但却实实在在增加了运行耗电。出于噪声、空间占用和成本的考虑,大多数机械新风机选择的风量很小,这就使得关闭外窗改为机械通风方式之后,当室内人多时有效新风量不足,总处在新风量偏少的状况,室内空气质量得不到真正的改善。

韩国居民机械新风系统调查结果 表 3-13

	每天使用机械新风系统的情况				
	不使用(Ⅰ组)	<1h(Ⅱ组)	<2h(Ⅲ组)	<4h(Ⅳ组)	总数
总数	95	18	16	10	139
建筑面积(m^2)					
70	19	3	3	1	26
85	57	10	10	4	81
>105	19	5	3	5	32
住宅人数					
2~4	85	17	15	9	126
>4	10	1	1	1	13
被访者年龄(岁)					
<30	8	1	0	2	11
31~40	64	10	10	5	89
41~50	14	6	3	1	24
>50	9	1	3	2	15
人均容积(m^3/人)					
<50	4	0	0	1	5
51~70	20	3	3	2	28
71~90	68	15	12	6	101
>90	3	0	1	1	5

引自:*Park J S,Kim H J. A field study of occupant behavior and energy consumption in apartments with mechanical ventilation[J]. Energy & Buildings,2012,50(7):19 - 25.*

韩国2006年把居住建筑必须安装机械新风系统作为强制条例写入建筑规范，以后的所有居住建筑就都安装了机械通风系统。表3-13给出对139户居民实际使用情况的调查。可以看出，其中被调查用户中95户从来不开，仅有10户每天机械通风系统开启时间超过4h。韩国居住建筑状态很接近我国城镇，居室文化也与我国接近。如果安装了通风系统，大多数从不开启，那么为什么还要鼓励和推广呢？

3.4 主动营造与被动接受服务的探讨

随着技术进步，自动化水平的不断提高，特别是互联网、物联网时代的到来，建筑的智能化、信息化、自动化也开始进入寻常百姓家，成为日常生活中的一部分。伴随着近年来智能家居概念不断升温，通过全套的机械系统提供"健康舒适"的室内环境的想法不断成为国内外不少住宅开发商的追求目标。一些"恒温、恒湿、恒氧"的住宅项目在国内相继出现。这些项目试图依靠统一的高科技手段提供"最佳"服务，认为居住者作为被服务对象，无需主动对居室环境进行调节，只需接受现代化高科技所带来的好处。这种住宅环境调控理念，究竟是否适合于广大居民的真实需求呢？是否有利于节能，是否能够真正提供更加优质的服务呢？有必要对此问题进行一定的讨论。

首先，从本质上来说，住宅建筑是一个高度个性化的使用空间。自古以来，能够亲手设计和建造自己的房子是很多人所追求的目标。在这个过程中，人们会把自己的个人喜好、选择、个性化的需求等各式各样的需求，淋漓尽致地体现在对房子形态的追求上。假如条件允许的话，让100人在一块土地上盖房子，会盖出100种不同形态的建筑。尽管大家会在审美方面存在不少相同或相似的地方，但其个性化的需求是显而易见的。当然，对于大多数城镇居民来说，受土地资源和经济条件等的制约，人们无法满足自己在建筑形态方面的全部诉求，而是不得不接受住宅设计师为他们设计好的建筑户型和结构，转而在自己能够控制的范围内，比如室内设计、装修、家具摆放等方面尽可能来实现或表达自己的个性化需求。

实际上，住宅的室内环境营造与上述有很多类似的地方。尽管从大的方面看，人们都需要冬季温暖、夏季凉爽、光照通风合理、清洁怡人的室内环境，但住宅室内的状况各不相同，人们对其需求完全个性化并且不断变化。这包括室内有人还是无人，是老人小孩还是年轻人，一两个人还是多人，睡眠、休息还是娱乐、工作等等。处在不同的状态，对温度、湿度、照明状况、通风状况直至是否需要开窗等都有很不一样的要求，甚至于希望的室内状况还与居住者心情有关。这样，真正舒适的、人性化的居室环境很难完全通过自动化或者"智能"系统控制调节下的空调、通风和照明来统一实现。因为这样的系统很难了解居住者真实的需求。而居住者真正需要的是根据自己的意愿对室内环境进行全面掌控的能力。例如，当他/她需要打开外窗时，可以自己去打开外窗，而不是很奇怪地发现外窗被莫名其妙地突然自动打开或关闭；当他/她需要更亮或暗一些时，喜欢或者不喜欢直射阳光，可以自行调整室内照度，而不是照明系统恒定地调节维持室内的某种照度水平；同样对于室内温度、湿度、通风状况等，居住者都希望能够按照自己的意愿改变相应状态或进行某种调节，而不是被动地"被"维持在某个预先设定的舒适水平。某些轻微的体力活动（如开/闭外窗，开/闭窗帘，开关空调等）是必需的生活内容，而不应该被认为是负担，更非"繁重的家务劳动"。科学技术发展把人类从繁重的体力劳动和危害健康的劳动环境中解放出来，但并不是取消人的任何活动，取消建筑使用者为调控自身所在环境所需要的一切简单操作。人类所追求的也绝不是摆脱一切劳动，对居室环境调节的一些必要工作是家庭日常生活中必要的内容，是生活乐趣的一部分。

近十多年来，随着信息技术的飞速发展，国内外信息业一波又一波地开发推广各类形式的"智能家居"，自动控制灯具、窗户、窗帘、温湿度等，包括微软在2000年就曾大力推动过智能家居系统，2014年谷歌斥资32亿美元收购智能家居制造商Nest，但随后3年总共只销售了200多万台产品，远未达到预期。从国内市场看，同样存在大量"亏本赚用户"的现象。很多消费者在购买这些产品时，往往只是抱有一些猎奇心理，一旦新鲜感过去，这些用户很可能会选择放弃智能家居产品。总之，这类试图替代"家务劳动"的尝试无一例外都得不到社会的真正接受。在初期，使用者从好奇、有趣的心理出发，还可以接受和欣赏。但持久下去就发现其缺少了家的感觉，丢失了对室内环境状况调节的乐趣了。然而，与此同时出现的那些家庭娱乐、信息传播、多媒体表达等信息服务业的创新服务内容却不断火爆，几乎每推出一项新服务就得到广泛的接受和认同。这两类对家庭提供新的服务的尝试所得到的完全不同的结果，也充分反映了哪些是家居真正的需求。

什么是使用者对室内环境的真实需求？对国内外组织的多个问卷调查研究得到较为一致的结论是：使用者认为最好的系统是可以根据需要，自行对室内各种环境状态（如温度、湿度、通风、照明、遮阳等）进行有效调控的系统。如果使用者能够开窗通风、拉开或拉上窗帘、自由开关灯、调控供暖空调装置给室内升温和降温、改变室内通风状况、平衡噪音与通风量等，使用者成为调控室内状况的主人，也就不会抱怨，而是对服务感到满意。面对诸多调控手段，任何一个普通的使用者很容易做出的决定，智能系统却很可能难以做出令人满意的正确判断和选择。例如，当室外出现雾霾或高温高湿的桑拿天气，使用者一定会关闭门窗，开启净化和空调设备；而当室外春风和煦阳光明媚时，开窗通风是必然的选择。这些对人来说极简单的判断和操作，对智能系统却不易实现。这就是在试图满足分布在一定甚至很大范围内的需求时，集中的智能控制与需求者的自行控制间的巨大区别。那么怎样最好地满足使用者的自行可调的需求？就需要建筑、系统、使用者三方面协同配合：

1) 建筑应设计成性能可调的建筑：开窗后可以获得良好的自然通风，关闭后可以保证良好的气密性；需要遮阳时可以完全阻挡太阳光射入，而喜欢阳光时又可以能够得到满意的阳光照射；需要时可以使使用者感觉到与自然界的直接联系，不需要时又可以让使用者避开与外界的联系从而感到安全、安静。这种建筑既不是那些割裂与自然的联系、完全依靠机械手段进行调控的建筑，也不是在各种自然条件变化（温度、湿度、污染物等）下一筹莫展、无法进行调节的建筑。

2) 服务系统应为独立可调的系统：可以在使用者的指令下，对室内温度、湿度、照明状况、通风状况、室内空气洁净度状况进行调节，满足不同时间、不同人员的不同需要。

3) 使用者对建筑和服务系统的调节：可以是最传统的操作（例如人工开窗、人工调整窗帘），也可以通过各种开关按键调动末端执行器去实现调节操作。人不会因为需要起身开窗或启停空调器而抱怨或觉得建筑物的服务水平低下。反之，如果智能调节给使用者一个无思想准备的突然干扰，或者在需要调节时迟迟没有反应，就会引起使用者抱怨。

下面再从建筑运行能耗的角度，看看主动营造与被动接受服务这两种形式哪个更有利于实现节能。国内外近二十年来大量建筑能耗状况的调查发现，使用者行为会对建筑实际能耗产生巨大影响。而这在很大程度上是由于建筑与系统的调控模式给使用者不同程度的可操作空间所造成的。对于相同的环境，具有自我调控能力的使用者对环境的满意度更高，对环境的承受范围也更广，因而更容易实现各种形式的行为节能。反之，一旦使用者不具有主动调控能力时，他们会立刻把自己定位为被服务对象，从而与提供环境控制的系统或物业管理方形成服务与被服务的关系。此时，人们对服务提供方的要求就会变得非常高，甚至苛刻，对室内环境参数的容忍度也会降低。再加上每个人对室内环境个性化需求的不一致，即所谓重口难调。为了使众多不同需求用户能得到共同的认同以避免不同需求者的抱怨，提供服务的系统往往要处在"过量供应、过量服务"状态：夏天温度过低、冬季温度过高，无论人是否在家都全天24小时连续运行，只依靠统一的机械新风供给恒定的室外新风，遮蔽全部太阳直射光，等等，这样来尽可能让最苛刻的建筑使用者达到基本满意。而对大多数使用者而言，这种过量服务其实并不能满足需求。冬季采暖室内温度过高，住户必须通过开窗把热量散出去，夏季空调室温控制过低时，又可能启动再热装置，造成冷热抵消的双重浪费。此外，这种统一调控的系统往往需要对整栋建筑集中供冷供暖，这样家中无人的房间就会造成能源的极大浪费。而如果采用更加灵活的调控方式，仅对所需的房间提供恰好满足使用需求的环境参数，或者根据不同需求提供与之相匹配的最佳舒适性，其结果必然是既节能又能满足使用者的客观需求。正如王竹溪先生所言：所用多于所当用，所得少于所当得，皆为浪费。人们为何要做既浪费能源、又不能满足使用者的需求，招来报怨，费力不讨好的事呢？

那么，智能化节能系统到底应该起到什么作用呢？除了不断提高的产品性能可以降低使用能耗之外，现代信息技术使得很多物理参数实现了数字化，除了温度、湿度、照度等之外，近年来出现了一些低成本室内空气质量测量传感器，如雾霾（PM2.5）、VOC、CO_2传感器等，可以实施测量和显示室内环境状况，能够给使用者提供更多有用的信息。配置其他更为复杂的智能化系统的家庭，也应该是协助性地弥补或提示使用者可能疏忽的环节，避免不合理的能源消耗。例如，当识别出室内有一段时间无人，关掉照明、空调等用能设备；测出室内依靠自然采光获得的照度已经可以达到使用者开灯之后的室内采光水平时，关闭照明；判断出室外环境恶化时，提醒使用者关窗、打开空气净化系统，等等。也就是说，这些系统是帮助使用者更好地调节环境，而不是替使用者去大量地做出各种决定。各类调节仍由使用者主导，智能化系统辅助。智能化系统尽可能不主动启动任何耗能装置，只是在使用者由于遗忘而未关停时关闭不该开的装置。这样，既给予使用者以主人的地位，又尽可能避免由于遗忘造成的设备该关未关而出现的能源浪费。这样的智能化才可能实现进一步的节能。

综上，无论从满足居住建筑使用者的真实需求，还是更好地实现建筑节能出发，都应该倡导由使用者对室内环境进行主动调控，而不应成为一个被动的接受者。我们在拥抱现代科技的同时，更不能忽略一切都是为人服务的，人是室内环境控制的根本目的及核心。这是一种新的文化，新的文明，如能将这种文化和文明发扬光大，就会有助于实现最大程度的建筑节能和室内环境改善，更快地实现规划的未来发展目标。

3.5 城镇住宅服务系统的集中与分散

（1）住宅建筑服务系统的集中化发展趋势

集中式的建筑服务系统方式，例如集中空调系统、集中新风系统、集中生活热水系统等，在公共建筑中已得到广泛应用。近期，集中新风系统、集中空调系统及集中生活热水系统等建筑服务系统方式也开始逐渐替代传统的分散方式，涌现在住宅建筑之中，并且获得一定的推崇以及政策上的倾斜。例如，在《绿色建筑设计标准》中提到，在住宅建筑中宜设置新风系统。在LEED评估中，集中供冷的空调系统方式属于低碳节能环保技术，可以获得对应的加分。集中的地水源热泵供冷供热、集中式的太阳能生活热水系统也受到国家政策的支持，详见本书第5章5.1节和5.3节的内容。

在此背景下，集中化的建筑服务系统方式在住宅建筑内不断得到应用，目前已渐渐形成一种趋势。已有大量的实际工程案例采用了区域地水源热泵供冷/供热、集中式太阳能生活热水系统、中央空调等集中式的建筑服务系统方式，并且这些采用集中式建筑服务系统方式的实际工程案例在逐年增加，在本书第4章4.5节中列举了地水源热泵10多个工程案例并进行了详细分析，在第4章4.4节中列举了6个集中太阳能生活热水的工程案例并进行了详细分析。

在建筑服务系统集中化不断得到推广发展的过程中，对于住宅建筑服务系统到底应该趋于"集中"还是"分散"仍然存在争议。

主张集中者的观点认为，集中建筑服务系统在能源消耗低的同时还具有提供更好的室内舒适性的优势，同时集中式调控方式是更为领先高效的用能方式，未来建筑的室内环境控制思路应该向集中调控的方向发展。以集中式空调系统为代表，其主要优势为能够同一时间为多个区域提供冷/热量，这样的供冷/热模式将冷/热量集中处理，能够采用容量较大、能效较高的制冷/热设备，因此相比分散的供冷/热方式，在降低主机的装机功率方面更有利。另外，受冷/热源特性的影响，在地下水、海水、地热等可再生能源的使用方面，集中空调系统同样更具优势。同时，从能源利用和城市景观的角度上来看，也应该提倡地水源热泵等集中式的空调系统方式。总结而言，支持集中式建筑服务系统的主要观点包括：1) 设备规模大，效率高；2) 根据同时使用系数，可减少设备容量；3) 节省用地、有利于城市景观；4) 采用统一的运行管理，效果好等。

而主张分散的观点认为集中式的建筑服务系统方式在用户调控及系统调节上常存在限制，而分散的系统形式便于自由调节用量，可灵活应对极端低使用率的情况，减少过量供应。另外分散的系统方式可灵活应对不同的需求，在面对不同品位参数的需求时，分散供应能够有效避免能量品质的浪费。同时，分散的系统形式没有输配能耗、节省了输配系统的投资，也不存在计量收费这些方面的问题。

(2) 住宅建筑服务系统的需求特点

建筑服务系统与工业生产有着巨大的差别，工业生产过程大规模集中生产比分散的小规模作坊成本低、效率高，由此在建筑服务系统就容易类比地追求大规模集中系统，以为这样也可以做到高效节能。然而供暖通风空调、生活热水等为建筑的使用者提供服务的系统与工业生产过程在性质上有本质差别：工业生产的大规模概念是指生产完全同样的产品，重复生产，效率高、成本低；而建筑服务系统（如空调）的各个用户的需求（要求的温度，需要的时间段等）往往各不相同。

对于住宅建筑来说，由于各户之间生活方式的巨大差异，末端需求的不同步特性体现得尤为明显，一方面体现在不同住户之间的生活作息的巨大差异，人员在室情况的不同步。一般工作日的白天，大部分住户家中无人，而只有少部分住宅单元内有老人、小孩在家。而在晚上、节假日则大部分住宅有人。并且随着住房单元面积加大、房间数增多，一个住宅单元内即使有人，各个房间实际的使用状况也很不相同。很多居民在非睡眠时间不在卧室居留，在书房工作时起居室内也无人。这样各户之间、一户的不同房间之间的居留情况都差异很大。图 3-29 所示为成都市 2013 年调研得到的部分住户客厅与卧室有人的时间段。可以看出，不同住户的在室时间存在极大差别。此外，大多数情况下，尤其是在目前住宅条件改善和家庭结构趋于"小型化"的趋势下，一个住宅单元内仅 2~3 人；但当家中进行一些聚会活动时，某些单元或房间被高密度使用，可能出现十余个人同时处在一个住宅单元或一个房间内的现象。这也是导致不同住户作息差异的重要原因。

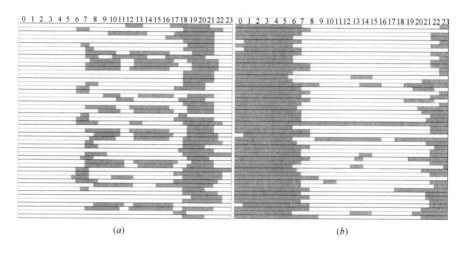

图 3-29 成都住户客厅与主卧人员在室作息（灰色为有人在家，白色为无人在家）
(a) 客厅；(b) 主卧

另一方面，不同住户之间对室内环境的要求也不一样，人员在室时的需求也不一致，即开启空调、采暖的使用模式有很大差异。不同人群对于开启空调采暖时的室内温度要求有着巨大差异，例如老人、孕妇希望有较高的室温，不喜欢夏季空调的冷吹风感，而儿童、青少年则需要较低的温度，不怕吹风感。图 3-30 所示为调研所得夏季空调、夏热冬冷地区冬季采暖设定温度分布。从图中也可发现，不同居民对室内的期望温度存在很大差异。

从开启空调、采暖的模式上，有些家庭在夜间不希望有空调，而有些家庭却希望空调彻夜运行。图 3-31 所示为实测某小区不同住户在同一天各个房间风机盘管

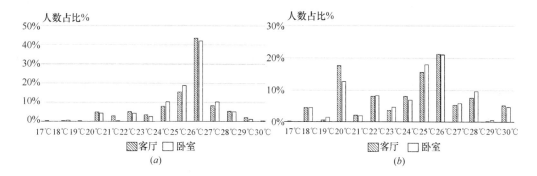

图 3-30 调研不同住户夏季空调、冬季采暖设定温度分布

(a) 夏季空调设定温度分布（北京，2014，$n=1000$）；

(b) 冬季采暖设定温度分布（夏热冬冷地区，2013，$n=831$）

(FCU) 的开启情况。从图中可以看出不同住户、不同房间的空调使用存在极大差异。第 2 章 2.4.1 节中关于夏热冬冷地区采暖设备开启模式的实测结果也说明了这一点。

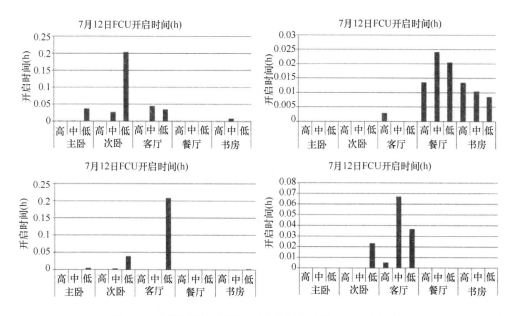

图 3-31 实测不同住户同一天内的风机盘管 FCU 开启时间

住宅建筑不同户的人员在室作息差异和对室内环境的需求差异、开启空调采暖方式的差异都导致住宅建筑的末端需求不同步特性比公共建筑中的不同步特性更明显。

工业生产的产品要求每件产品满足同样质量要求,例如尺寸过大或过小都不行。对建筑服务系统,如果每个末端用户的需求随时间的变化完全同步,则也可以通过统一的集中系统提供服务,但如果各末端的需求很不同步,则就很难用集中统一的服务来高效地提供满足各自要求的服务。一般情况是:只要系统提供的服务大于或等于用户的需求,用户就会满意,除非提供难以忍受的过大的服务量。这就是为什么冬季供暖时有些过热和夏季空调时一定程度的过冷都不会引起使用者的抱怨,但却造成系统能耗的大幅度增加。因此,集中系统往往按照"最大需求末端"的要求为所有末端提供服务,从而导致大多数末端的过量供应,是造成集中式系统实际能耗高的原因。因为出现过量供应的末端用户并无怨言,因此并无机制对其进行分散的精细化控制调节,除非末端分别计量并按照供应量收费。但实际这样的计量与收费方式的实施会引起其他许多技术和非技术的难题。同时当真正实现了精准调节按照满足使用者需要的最小量进行调节后,集中系统又会由于调节损耗和负载率低下而使得效率大幅度下降。

下面,通过生活热水系统、采暖和空调的几个案例详细分析对比集中系统与分散系统在住宅建筑中的实际应用情况。

(3) 住宅建筑服务系统集中与分散对比

1) 生活热水系统"集中"与"分散"的对比

为了对比分析集中与分散式生活热水系统,2012 年,北京工业大学与清华大学对北京某热力企业的 7 个集中生活热水项目(A~G)进行了深入调研与测试,并与 H、I 两个采用户式燃气热水器的家庭进行了对比分析。A~G 这 7 个集中生活热水项目的单个服务面积在 5 万至 35 万 m^2 之间,住户日均户均用水量为 20~80L/(户·天)。

从单位热水供应能耗的角度对比集中与分散的生活热水系统:如图 3-32 所示,集中生活热水系统 A~G 供应 1t 热水需消耗水泵电能 4~18kWh$_电$/t,并消耗燃气量 8~18m^3/t,远高于单位热水的理论耗气量 3.5m^3/t;而对于分散的户式燃气热水器,考虑燃气热水器的效率 90%,供应 1t 热水的耗气量仅为 3.9m^3/t。

从单位热水的运营成本和价格的角度来看:集中生活热水系统 A~G 单位热水运营成本为 30~60 元/t,如图 3-33 所示,可以看到,集中系统中最低成本为分散式系统的 3.1 倍,成本最高的达到分散式系统的 6.4 倍。另外,86% 的调研项目仅

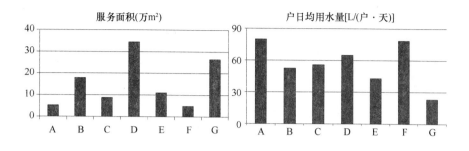

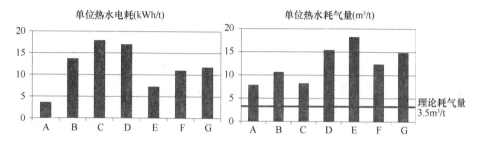

图 3-32　北京某热力集团项目集中生活热水系统相关数据

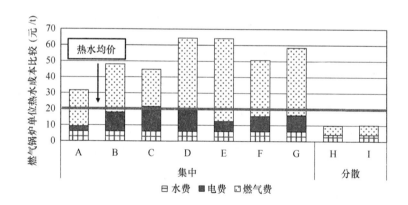

图 3-33　集中与分散生活热水系统的热水成本对比

水费与电费之和就已超过了分散系统的总成本。然而，根据用户经济承受能力后确定的热水平均单价为远低于成本的 20 元/t，这一方面使得集中生活热水系统始终处于亏损运营的状态，令热力企业不得不放弃未来继续接管或建设集中式生活热水系统的计划；另一方面，项目中近 40% 的集中式系统用户放弃集中式热水而使用自装的燃气式分散式热水器，用户使用率降低而系统总成本不变导致热水成本的增加，进一步加剧了集中式系统的亏损现状。

从用户反馈对比来看：尽管集中式生活热水系统的能耗和成本远高于分散热水

系统，但并未显著提高用户的舒适度与满意度，由于各种设计运行原因，相比于分散式燃气热水器，集中式生活热水系统在用户体验方面并无明显优势。清华大学对 13 个用户样本关于"集中"与"分散"生活热水系统用户体验的现场调研访谈结果如图 3-34 所示，数据表明，92%的用户认为集中热水价格偏贵，62%的用户认为二者舒适度差不多，77%的用户反映集中与分散热水在用热水前均要放大量冷水，二者在便捷性上差别不大。

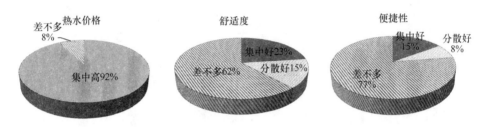

图 3-34 集中与分散生活热水系统的用户反馈对比

综合上述几点可以发现，集中式生活热水系统的能耗远高于分散式生活热水系统，但并未显著提高用户的舒适度与满意度。运营成本高于分散式生活热水一方面使得调研中的集中热水运营方不断亏损，另一方面会使得部分用户放弃集中热水系统而选用户内独立热水系统，从而加速亏损状况，使得该项目调研的集中式生活热水系统出现"用户嫌贵不愿用""物业严重亏损运行不起"的双损局面。

实际上，在大多数的集中生活热水项目中，集中系统运行能耗一般是末端消耗热水所需要的加热量的 3~4 倍，其原因就是为了保证 24 小时内随时的热水供应，小区庭院热水管网和楼内热水管网需要持续循环运行，而实际上一天内仅有很少的破碎的时间段内末端用户需要热水，这就导致从外网和楼内管网散出的热量比加热末端消耗的热水所需要的热量还多得多，而大部分热量都损失在循环管道散热上了。

对于集中热水系统，末端用水量越小，实际运行效率就越低，单位热水的能耗就越高，如图 3-35 所示。随着末端用户用水量的增加，泵和散热的损耗不变，摊在单位热水量上的损耗就越来越小，单位热水的能耗就会越低。对项目 E 进行模拟分析可以发现，当户日均用水量达到 350L 时，有效热利用率（终端用户所使用的热量/热源所消耗的热量）可以达到 0.7~0.9 之间，与分散系统接近。

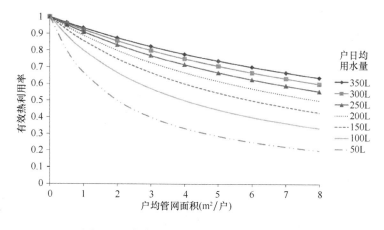

图 3-35 集中式生活热水系统有效热利用率

住户的平均用水量是决定集中热水系统有效热利用效率的关键，高用水模式下才能取得高效率，但同时也会带来高能耗。我国目前的城镇居民户均用水量仅为 60L 左右，而部分发达国家的用水量则远高于我国，查阅相关文献得到：美国户日均用水量为 280L，西班牙户日均用水量为 200L，日本户日均用水量为 200～400L。高用水量模式下，集中生活热水系统的有效热利用率高，如果再考虑利用余热或高效热源来提高源侧生产效率，那么集中生活热水就会优于分散系统，高用水模式是在这些国家集中式生活热水系统能应用成功的关键原因。

2）夏热冬冷地区住宅采暖"集中"与"分散"的对比

夏热冬冷地区的住宅采暖中也存在"集中"系统与"分散"系统的争议，很多人认为南方地区也应该推广与北方一样的集中供热系统。但是，南北方供热的末端需求特性有很大差异，南方地区的供热需求差异和不同步特性远高于北方地区。北方地区冬季室内外温差可达 30～50℃，这时，建筑供暖的主要任务就是补充由于室内外温差导致的通过围护结构的散热和室外冷风渗入的热量散失。此时其他诸因素如太阳光照、室内各类发热量的影响等对建筑供暖需求的影响相对较小，决定室内热量需求的主要因素是室外温度。而一个城市或一个区域的室外温度是同步变化的，这就使得各座建筑各个房间对供暖热量的需求也是同步变化的，采用集中供热方式，根据室外天气统一调节供热量，基本上可以满足各个建筑各个房间的热需求，由于各处供热不均衡导致的过量供热浪费一般在总热量的 10%～30%。反之，南方地区室内外温差在 10～20K 之间，这时其他诸因素如太阳光照、室内人员数量和设备发热状况等的影响与外温变化的影响成为同一量级。而这些因素的变化完全是由建筑朝向，室内使用状况等因素决定，住宅建筑各户之间不同时刻对热量的需求相差很大，集中供热系统同步地调整各座建筑各个房间的供热量，就很难避免部分冷、部分热的现象，或者为了保证需求量最大的终端要求，部分建筑或房间就会过量供热，根据分析计算以及目前一些地区的实测结果，过量供热造成的损失有可能高达50%，室内外温差越小，外温的影响对总的需热量的影响越小，这种不均衡导致的过量供热现象越突出，由于过量供热造成的浪费就越大。这也是导致目前在南方地区，大量集中供暖的住宅小点其能耗远高于分散采暖的主要原因，图3-36是对该地区采用不同方式采暖的能耗对比结果。

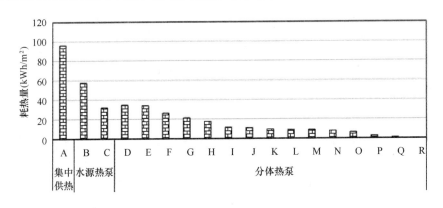

图3-36 长江流域地区采用不同采暖方式的耗热量对比

（4）住宅建筑空调系统"集中"与"分散"方式的对比

如果由于气候原因，不适合集中供热，那么是否可以建区域供冷网，在夏季对住宅建筑进行集中供冷？实际上，住宅建筑的集中供冷系统与分散空调之间也存在集中系统能耗远高于分散系统的现象。住宅建筑的分户分室的空调方式由于按照"有人开、无人关"的模式运行，所以每个夏季的平均用电量仅为 $2\sim8kWh/m^2$，而当采用一座公寓楼为一个独立系统的中央空调，同样气候条件下每个夏季的用电量超过 $10\sim20kWh/m^2$，见图3-37。这是由于作为为整座建筑提供服务的集中式系统，只能采用24小时连续提供服务的"全空间、全时间"运行模式，有人无人都要对全部空间实施空调，实际能源消耗量就自然非常高。同样类似的现象，在我国长江流域地区的大型居住社区或更大的区域实行集中供热集中供冷，就很容易出现大量建筑空间室内无人时也持续供冷供热的现象。尽管这种集中提供用能服务的方

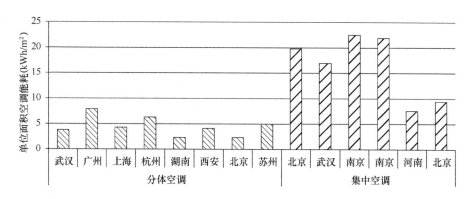

图 3-37　住宅建筑中分散式空调及集中式空调的能耗结果对比

式其制冷制热效率有可能高于分散方式,但实际的单位建筑面积能源消耗量却比该地区采用分散的"有人开、无人关"方式高 3~6 倍。

实际上为建筑供冷和供热是两个完全不同的任务,冷热并非对称,北方地区适合集中供热,而南方地区并不适合集中供冷。这也需要从末端需求特点、输送特性和源的性能三方面来讨论。

南方建筑需要空调供冷的季节,室内外温差不到 10K,而北方冬季供热时室内外温差可高达 50K。夏季之所以需要供冷是为了排出室内人员、设备以及进入室内太阳光产生的热量。而这些热量完全由房间的使用状态决定的,这就导致各座建筑各个房间在同一时刻对供冷的需求千差万别,其差别远大于供热状况。这也是为什么北方供热都要求 24 小时连续供热,而南方空调绝大多数采用一天之内仅部分时间运行的方式。建筑围护结构巨大的热惯性使得只要一天内供热总量满足要求即可满足室内热舒适要求,从而采用连续供暖无论从能源消耗还是系统容量都是合理的选择;而空调制冷时则由于主要任务是排除室内发热量,建筑围护结构的热惯性所起的作用相对较小,就使得空调制冷应该根据室内热状况随时启停和调节,连续运行一般都会导致运行能耗大幅度增加。采用区域供冷,由于各个终端需要供冷的时间不同,为满足各个终端要求,就只能采用连续运行的模式,随时为各个末端提供制冷服务。另一方面,区域供冷系统服务模式可以是按照冷量收费,也可以按照供冷面积收费。如果按照冷量收费,则系统运行公司售出冷量越多收益越高,因此一定设法增大供应量,而相对于系统运行者,终端用户处弱势地位,很难通过调节管理减少消耗量,这就增大了能耗;如果是按照面积收费,终端用户会要求连续供冷，变"部分时间、部分空间"模式为"全时间、全空间"模式，这就大幅度增加了冷量需求。

再看区域供冷的冷量输送性能。与集中供热一样，区域供冷也是通过水在系统中循环来输送冷量。所输送的冷量和热量都与循环水供回水温差成正比。集中供热系统的供回水温差一般为50~80K，为了进一步加大供热能力，提高管网运行效率，目前正在研究推广温差超过100K的大温差输热技术。而区域供冷水温只能在4~15℃之间，温差仅为10K左右，这样，输送与热量等量的冷量，循环水流量就要大5到10倍，这就大幅度加大了管网投资、管网运行能耗。驱动循环水流动需要水泵，水泵消耗的电力绝大部分最终都转为热量，进入循环水中。当作为集中供热系统输送热量时，水泵电耗转换的热量进入水中，增加了所输送的热量；而集中供冷时，这些热量同样进入到水中，加热了冷水，消耗了冷量。长距离输送管网与外界有传热，导致所输送的热量或冷量的管道散热损失。这一损失可以用经过长途输送热水降温程度和冷水升温程度描述。如果散热损失温升为1K，供热时供回水温差100K时，热损失是1%；而供冷时供回水温差如果为10K，则冷损失为10%。这样，无论从要求的循环流量、循环水泵电耗、输送的热量或冷量损失几个方面，集中供冷的输送能耗和损失都是集中供热的5~10倍。这就使得集中供热的经济性和运行能耗都在工程可接受的范围内，而集中供冷的经济性与运行能耗就都远超出工程可接受范围。

集中供热存在的唯一理由是它可以和利用各种原本被弃掉的低品位热量，如热电厂余热、工业生产过程余热等。即使是燃煤锅炉热源，由于只有当单体锅炉容量达到80t以上时，才有可能实现高效、清洁，考虑几台锅炉的调节和备份，最小的建筑供暖面积就需要200万 m^2 以上。而集中冷源如果仍然采用电动压缩制冷的话，目前最大的单台设备也仅能满足2万~3万 m^2 建筑的空调制冷要求，考虑调节与备用，要求的系统规模不超过10万 m^2 建筑面积。一些区域供冷工程的集中冷源安装了几十台大型电动压缩制冷设备，再消耗很大的成本和能耗输送这些冷量。与分散在各处的分散冷源相比，无论是初投资还是运行能耗都没有任何优势可言。采用区域供冷的唯一理由是避免分散在各处安装冷却塔、改善区域景观效果。如果大幅度增加建设投资、付出巨大的运行能耗，仅仅为了解决冷却塔布置问题，仅仅为了改善景观，这就完全背离了生态文明理念。景观要求应该让位于资源节约。而且实际上通过创新的规划与建筑设计，完全可以妥善协调好建筑景观与冷却塔布局的矛盾。

(5) 住宅建筑服务系统应该集中还是分散

既然集中式的建筑服务系统如上面各案例，出现这样多的问题，那么为什么还有很大的势力在提倡集中呢？大体上有如下一些理由：

1) 如同工业生产过程，规模越大，集中程度越高，效率就高？

工业生产过程确实如此，能源如煤、油、气、电的生产与转换过程也是如此。但是建筑不是生产，而是为建筑的使用者也就是分布在建筑中不同区域的人提供服务。使用者的需求在参数、数量、空间、时间上的变化都很大，集中统一的供应很难满足不同个体的需要，结果往往就只能统一按照最高的需求标准供应，这就是为什么美国、中国的中央空调办公室内夏季总是偏冷、我国北方冬季的集中供热房间很多总是偏热的原因，这也就造成晚上几个人加班需要开启整个楼的空调，敞开式办公只要有一个人觉得暗就要把大家的灯全打开。这种过量供给所造成的能源浪费实际上要远大于集中方式效率高所减少的能源消耗。

而且，规模化生产，就一定是全负荷投入才能实现高效，而建筑物内的服务系统，由于末端需求的分散变化特性，对于集中方式来说，只有很少的时间会出现满负荷状态，绝大多数时间是工作在部分负荷下甚至极低比例的负荷下。这种低负荷比例往往不是由于各个末端负荷降低所造成，而是部分末端关断所引起。这样，集中系统在低负荷比例下就出现效率低下。反之分散方式只是关断了不用的末端，使用的末端负荷率并不低，效率也就不会降低。

图3-38为实测的河南某热泵系统末端风机盘管风机开启率分布状况。这个系统冷热源绝大部分时间都运行在不足20%～50%的负荷区间，但从图中可以看出，这是由于很低的末端使用率所造成。大多数情况下末端开启使用时，对单个末端来说其负荷率都在70%以上，是瞬间同时开启的数量过低才导致系统总的负荷率偏低，系统规模越大，出现小负荷状态的比例越高。这样，系统越是分散，各个独立系统运行期间平均的负荷率就越高（因为不用的时候可完全关闭），从而使得系统的实际效率离设计工况效率差别不大；而系统越集中，由于同时使用率低造成整体负荷过低导致系统效率远离设计工况。

面对末端整体很低的同时使用状况，大规模集中系统就面对两种选择：放开末端,无论其需要与否,全面供应;这就和目前北方的集中供热一样,系统效率可能很高,但加大了末端供应,总的能耗更高。末端严格控制,这就导致由于系统总的使用率过低而整体效率很低。这样,建筑服务系统就不再如工业生产过程那样系统越大效率越高,而转变为系统规模越大整体效率越低;而分散的方式由于其末端调节关闭的灵活性反而实际能耗在大多数情况下低于集中方式。系统规模越大,出现个别要求高参数的末端的概率就越高,为了满足这些个别的高参数需求系统所要提供的运行参数就会导致在大多数低需求末端造成过量供应或"高质低用";系统规模越大,低同时使用率出现的概率就越高,这又导致系统整体低效运行。与工业生产过程大规模同一参数批量生产的高效过程不同,正是这种末端需求参数的不一致性和时间上的不一致性造成系统越集中实际效率反而越低。

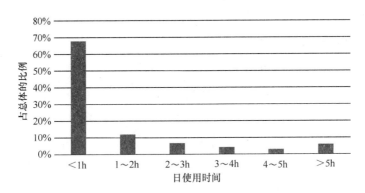

图 3-38　实测河南某热泵系统末端风机盘管日开启时间分布

注:1. 图中数据统计了该小区 2012 年 7 月的风机盘管开启情况,共统计风机盘管数 1462 台。2. 图中时间范围和比例表示了该开启时间范围下风机盘管数量占总风机盘管数的比例。

2)"系统越集中,越容易维护管理"?

实际上运行管理包括两方面任务:设备的维护、管理、维修;系统的调节运行。前者保证系统中的各个装置安全可靠运行,出现故障及时修复和更换;后者则是根据需求侧的各种变化及时调整系统运行状态,以高效地提供最好的服务。集中式系统,设备容量大,数量少,可以安排专门的技术人员保障设备运行;而分散式系统设备数量多,有可能故障率高,保障设备运行难度大。这可能是主张采用集中系统的又一个重要原因。

但实际上,随着技术的进步,单台设备可靠性和自动控制水平有了长足的改善。目前散布在千家万户的大量家电设备如空调、彩电、冰箱、灯具的故障率都远远低于集中式系统中的大型设备。各类建筑中使用的分散式装置的平均无故障运行时间都已经超过几千至上万小时。而这类设备的故障处理就是简单地更换,完全可以在不影响其他设备正常运行的条件下在短时间完成。相反,集中式的大型设备相对故障率高,出现故障时影响范围会很大,在多数情况下大型设备出现故障时难以整体更换,现场维修需要的时间要长。由此,从易维护、易维修的需要看,系统越分散反而越有优势,集中不如分散。

再来看运行调节的要求,集中式系统除了要保证各台设备正常运行外,调整输配系统,使其按照末端需求的变化改变循环水量、循环风量、新风量的分配,调整冷热源设备使其不断适应末端需求的变化,都是集中式系统运行调节的重要任务。系统越大,调节越复杂。目前国内大型建筑中出现的大量运行调节问题主要都集中在这些调节任务上。反之,分散方式的运行调节就非常简单。只要根据末端需求"开"和"关",或者进行量的相应调节即可,不存在各类输送系统在分配方面所要求的调节。目前的自动控制技术完全胜任各种分散式的控制调节需要,绝大多数分散系统的运行实践也表明其在运行调节上的优势。

如此说来,"集中式系统易于运行维护管理"是否就不再成立?更进一步,随着信息技术的发展,通过数字通信技术直接对分布在各处的装置进行直接管理、调节的"分布式"系统方式已经逐渐成为系统发展的主流,"物联网"、"传感器网络"等21世纪正在兴起的技术使得对分散的分布的系统管理和调节成为可行、可靠和低成本。从维护管理运行调节这一角度看,越来越趋于分散而不是趋于集中才是建筑服务系统未来的发展趋势。

3)"许多新技术只适合集中式系统,发展集中式系统是新技术发展的需要"。

确实,如冰蓄冷、水蓄冷方式,只有在大型集中式系统中才适合。水源热泵、地源热泵方式也需要系统有一定的规模。采用分布式能源技术的热电冷三联供更需要足够大的集中式系统与之配合。如果这些新的高效节能技术能够通过其优异的性能所实现的节能效果补偿掉集中式系统导致的能耗增加,采用集中式系统以实现最终的节能目标,当然无可非议。然而如果由于采用大规模集中式系统所增加的能耗高于这些新技术获得的节能量,最终使得实际的能源消耗总量增加,那么为什么还要为了使用新技术而选择集中式呢?

实际上，并非新的节能高效技术都面向集中方式，为了适应分散的服务方式与特点，这些年来也陆续产生出不少面向分散方式的新技术、新产品。典型的成功案例是 VRF 多联机空调。它就是把分体空调扩充到一拖多，既保持了分体空调分散可独立可调的特点，又减少了室外机数量，解决了分体空调室外机不宜布置的困难。近年来这种一拖多方式的 VRF 系统在中国的住宅建筑中得到广泛应用，就是一个很好的例证。

从源头上说，"集中还是分散"的争论实际反映的是对民用建筑服务系统特点的不同认识和对其系统模式未来发展方向的不同认识。也涉及从生态文明的发展模式出发，如何营造人类居住、生活和工作空间的问题。与工业生产不同，民用建筑的设备服务系统的服务对象是众多不同需求的建筑使用者。系统的规模越大，服务对象的需求范围也就越大，出现极端的需求与群体的平均需求间的差异就越大。面对这些极端的个体需求，通常有三个办法：①依靠好的调节技术，对末端进行独立调节，以满足不同的个体需求。此时有可能解决群体需求差异大的问题，可以同时满足不同需求，但在大多数情况下导致系统整体效率下降，能源利用效率降低。②按照个别极端的需求对群体进行供应，如仅一个人需要空调时，全楼全开；夏季按照温度要求最低的个体对全楼进行空调，冬季按照温度要求最高的个体对全楼进行供暖。这样的结果导致过量供应，技术上容易实现，一般情况下也不会遭到非议，但能源消耗却大幅度增加。这实际上是我国北方集中供热系统的现实状况，也是美国多数住宅的通风、空调现状。③不管个别极端需求，按照群体的平均需要供应和服务，这就导致有一部分使用者的需求不能得到满足，这是我国一些采用集中式系统建筑的现状。这样使得能耗不是很高，但服务质量就显得低下。

我国目前正处在城市化建设高峰期，飞速增长的经济状况、飞速提高的生活水平及飞速增加的购买力很容易形成一种"暴富文化"、"土豪文化"。从这种文化出发，觉得前面第二类照顾极端需求的方式才是"高质量"，"高服务水平"。一段时间某些建筑号称要"与国际接轨"，要达到"国际最高水平"的内在追求也往往促成前面的第二类状况。觉得一进门厅就感到凉快一定比到了房间才凉快好，24 小时连续运行的空调一定比每天运行 15 小时的水平高，冬季室温 25℃，夏季室温 20℃的建筑要比冬季 20℃夏季 25℃的建筑档次高。按照这样的标准攀比，集中式系统自然远比分散式更符合要求。这是偏爱集中方式，推动集中方式的文化原因。但是这种"土豪文化"与生态文明的理念格格不入。按照这种标准，即使充分采用各种节能技术、节能装置，也几乎无法在较低能耗的基础上实现完全满足需求的正常运行。与此对应的，飞速发展的信息技术和制造业水平的不断提高，使得分散式系统会不断进步，系统更可靠、管理更容易、维护更方便。

生态文明理念下的城镇住宅节能工作目标目前应该是在合理的能耗总量和强度目标下，提升居民的生活水平和满意度，因此住宅建筑服务系统的发展应该避免为了追求高效率而发展集中的系统形式，而应该维持目前城镇居民的生活方式和用能模式，尽量通过分散的系统形式来避免过量供应和能耗浪费，通过技术进步来提升分散系统的舒适便捷和稳定可靠性，从而进一步提升居民的居住水平和对建筑服务的满意度，同时通过合理的能源服务模式和能源供应管理机制，避免过量供应，避免无必要的浪费，形成人人想节能、人人要节能的末端消费模式，才符合生态文明理念的要求。只有这样，才能够在建筑能耗总量和强度双控的目标下，引导绿色生活方式和节约的居住模式，实现我国的生态文明建设和符合生态文明理念的住宅建筑节能工作。

3.6 总量和强度双控体系下的城镇居住建筑节能路径

3.6.1 中国城镇住宅建筑的需求特点及对建筑服务系统提出的要求

建筑服务系统本质上是为了营造一个舒适的生活空间，满足居民的各种功能需求，为了实现这一目标，一方面需要对抗室外恶劣的自然环境与天气条件，例如低温、风雨、空气污染等，另一方面又需要与室外连通，利用自然为人类生存提供的适宜条件，例如新鲜的空气、自然的光照等。

通过第 2 章对中国城镇居民需求和居住建筑用能的全面分析，可以发现住宅建筑是一个高度个性化的空间，不同居民对空间的需求和生活方式不同，对住宅建筑及服务系统提出的环境需求和功能需求也存在巨大差异。这种个性化差异体现在对建筑形态的追求上。尽管不同人在审美方面存在共同或共通之处，但由于每个人有各式各样的喜好和表达诉求，所追求的建筑形态、功能、大小和特性会大相径庭。个性化差异还体现在不同居民之间的生活作息和在室的时间不同：上下班的时间不同、周末是否在家等习惯会导致住宅建筑中人员在室情况有巨大差异，而是正常居住还是聚会又会导致在室人员的数量产生巨大差异。即使是同样的人员在室，对于同一种服务所需的时刻和参数也不同：不同人使用生活热水的时刻不同，使用空调、采暖时要求的温度不同，开启空调采暖的行为模式不同，开窗的习惯也不同。除了个性化差异外，即使是同一个使用者个体，在不同的时刻、情形和情绪状态下，对室内环境需求还会产生变化，例如在不同的情况下要求的室内环境温度有时高、有时低，同样的客观环境下有时候会选择开窗通风而有时候会选择开启空调采暖，洗澡的时刻和时长具有一定的随机特性。而涉及功能需求，个性化差异就更大了，不同人出于不同的功能需求会选择不同的电器，即使对于同样的功能，也会选择不同类型的电器，例如洗衣有人选择常温洗涤，有人选择高温消毒模式；晾衣有人选择阳光晾晒，有人选择蒸汽烘干。

目前在住宅建筑节能领域出现的一系列技术和系统形式选择的问题，大多都是因为对于居民的真实需求了解不清。集中与分散辨析的关键在于对所有末端需求采取一视同仁的态度，为了追求集中化系统的"高效率"和"高服务水平"，将所有的需求都视为最大的需求并且全时间供应，通过增加供应量来保证室内使用者的满意程度，实际上却造成了能耗的大幅增加，而且还会引导居民生活方式向着高需求量的模式转变。主动与被动辨析的关键在于认为使用者被动接受过量的全时间的服务就会感到满意，但实际上使用者认为好的系统应该是可以根据需要自行进行有效调控的系统。

而另一方面室外的自然环境也具有随机和变化的特性，冬季过冷而夏季过热，白天阳光充足而晚上光线不足，室外空气污染时污染物浓度高，室外空气无污染时空气清新。尽管每个地区具有一定的气象特征，同时也有春夏秋冬的季节特性，但每一天每一时刻的天气到底是怎么样，是具有随机特性的，而且是不断变化的。

居住者需求的个性化差异、变化特性加上室外自然条件的随机变化特性，共同对住宅建筑及服务系统提出了巨大的挑战，使得建筑师和工程师在设计建造住宅建筑和服务系统时面临一系列的矛盾，部分举例如表3-14所示。

住宅建筑服务系统的要求 表 3-14

	需求	具体需求
面积	大小适宜，布局合理	满足大多数居民的需求同时造价合理
围护结构	可保温、密闭	阻挡室外恶劣自然环境，保温、隔热、隔绝污染的空气
	可散热、通透	排除室内排放，排热、排湿、排除室内污染物
环境服务系统	可满足不同的人员作息	不在室时可关闭，在室时可使用，人员多或者需求量大时能够满足需求
	可满足个性化参数需求	可满足的参数调节范围大
	可满足随时主动调节	提供参数信息与提示，使用者主动开启，智能系统提供优化节能建议

在确定住宅建筑室内面积时，需要考虑到面积大小适宜同时布局合理，能够满足大多数居民日常生活的需求同时造价合理，过大会造成生活的不便同时造价过高，而过小又不能满足生活需求。

在设计住宅建筑围护结构时，一方面要求建筑可保温、可密闭，在冬季可以保温以减少散热，在室外空气污染时可密闭减少室外污染空气渗透量；而另一方面又要具有散热和通透的特性，这样在夏季可以通透散热，减少室外进行到室内的热量，在室外天气良好的时候可以开窗通风换气以营造清新的室内环境。

对于室内环境服务系统的要求，既要求可以满足不同户之间的不同作息，人员在室时可以灵活调控达到个性化的参数，人员离开时又可完全关闭，同时借助智能化参数信息与自动控制系统来提供优化节能的运行建议。

只有了解使用者的真实需求，再根据当地的气候特征与天气条件，设计适宜的建筑形式，选择合适的系统形式，才能更好地满足使用者的需要，提升使用者的居住水平和满意度。

通过第 2 章全国城镇居民生活方式和需求全面调研结果可以发现，我国居民自古以来就有着节约的习惯，由于土地资源的限制，我国的居民建筑一直以来是集约式的公寓住宅为主，生活方式也是本着节约的原则，在需要的时候使用能源和服务，不需要的时候就会关闭开关来避免浪费。在我国目前的经济发展水平下，城镇居民的可支配收入已经完全可以支持按照美国的生活方式来生活，但是我国的绝大多数居民仍然保持着目前的生活方式以及较低的能耗，说明我国目前的城镇居民平均水平已经超过了温饱水平,并逐渐靠近小康水平,对于收入较高但能耗仍然处于中国平均水平的人来说,制约他们能耗增长的因素并不是经济收入,而更多的是一种文化和消费理念的差异。尽管目前中国城镇住宅的能耗水平明显低于发达国家,但居民对于住宅内服务水平的感受差别并不大,这主要是因为建筑服务系统中使用者的舒适感觉变化是相对的,也就是按照对数关系变化的,而所需的能源消耗则是线性的,导致住宅建筑中能耗与服务水平呈现出明显的非线性特征。因此,当城镇居民生活水平接近或达到了小康水平以后,再想要进一步提高服务水平和居民满意度,边际成本将会剧增,需要付出的能源和资源代价将是巨大的,而对于居民生活水平和居住满意度的提升却十分有限。

从一个国家的城镇化进程来看,在能源与资源消耗与提供的服务水平之间,上述关系具有普适性。当住宅面积还低于基本生活水平所需的面积,居民于住宅的需求还处于基本需求层面时,国家的住宅发展应该以增长居住面积、改善居住水平为主要目的,以追求小康阶段作为目标,这对于提高人民的生活质量十分的必要,由此产生的住宅能耗消耗的增长是合理而且必要的。但是,当居住面积已经达到小康水平,人民对于住宅的需求开始追求富裕与享受,此时再扩大住房的面积,边际成本就会急剧增加,一方面,对于资源和能源的消耗会急剧增大,由此巨大能耗消费增长所带来的生活质量提升有限。另一方面,对于中国这样的土地、资源能源匮乏,人口众多,面临着能源资源的巨大压力。美国、日本的发展都反映出随经济发展而相应出现的生活方式与住宅使用方式的变化,以及这种变化随之而来的住宅能耗的巨大增长。

我国十多年来持续的经济增长和人民收入的提高超过了美日发展期的增长速度,目前的住宅能耗状况和增长现象与美日当年的情况也很为接近。对中国城镇住宅能耗进行情景分析,假设到2030年,中国城镇人口发展到10亿,城镇居民由目前的2.7亿户增长至3.7亿户。

如果改变居住模式,户均面积达到200m^2/户,即使考虑空调、采暖和照明能耗强度不变的情况下,城镇住宅总能耗也会超过4亿tce。

如果维持目前居住模式,人均面积到2030年达到35m^2/人,城镇住宅面积总量达到350亿m^2,考虑空调、采暖和照明能耗强度不变的情况下城镇住宅总能耗为2.87亿tce。在此基准下,一旦强制所有住宅增加机械新风系统,总能耗将达到

3.94 亿 tce，而如果全时间全空间地使用空调采暖系统，总能耗将进一步达到 6 亿 tce。如果采用集中的生活热水系统，能耗又会再增加 0.95 亿 tce，如果城镇家庭普遍使用烘干机、电烤箱、热水洗衣机等大功率高能耗电器，则总能耗会高达 8.72 亿 tce。即使如此，这样的户均居住建筑能耗也只是约 3tce，折合 10000kWh 电力，基本上接近美国目前水平。所以与美国等发达国家现状比，这一数字并非不可能出现的天文数字，但从我国未来的能源发展和低碳要求来看，这种模式是不会出现的，因为还没达到这样的状况时，整个社会就已经会由于严重的能源紧缺、环境恶化以及国际社会的碳减排压力而陷入社会、经济和环境的诸多问题中了。所以，从保证我国社会经济的持续发展角度看，未来我国的建筑用能模式和用能总量是不能逾越的红线（图 3-39）。

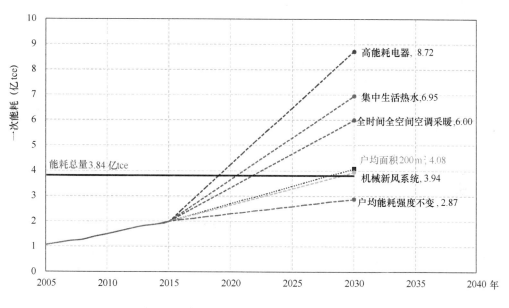

图 3-39 中国城镇住宅能耗总量情景分析结果

3.6.2 生态文明建设下的中国城镇住宅建筑服务系统

在工业革命之前，人类驾驭自然的能力还很有限，为了营造一个尽可能舒适的居住环境，就要根据所处地区的自然环境条件建造与之相适应的房屋，利用自然环境条件来营造舒适的室内环境。这就发展出我国北方地区民居"坐北朝南"，北京的四合院布局，徽居的天井，岭南西墙上有遮阳功能的蚝壳。几千年传承下来的传统建筑中可以找到丰富的经验、案例，这都是先人利用自然条件来营造舒适的室内环境所积累、传承下来的珍宝。当时也有一些通过能源驱动的主动措施。但这些措施只有当外界出现极端的环境状况，依靠自然条件无法满足室内需求时，才采取的主动调节手段。例如太阳落山后点亮灯具照明，冬季严寒开启各种取暖措施等。

工业革命以后，随着科学技术的进步，人类驾驭自然、改造自然的能力有了空前的提高。驾驭自然、开发挖掘一切自然资源为人类服务，通过主动的机械方式营造人类所需要的一切，这成为工业文明的基本出发点。从这一哲学理念出发，人类营造自己居住环境的思路也出现了变化：与自然相和谐、利用自然条件营造室内环境的思路转变为利用机械系统全面营造适宜的室内环境。这时，气候条件决定建筑形式似乎就不再成为基本原则，尽可能把室内环境与外界隔绝，尽可能切断室内外环境的联系，尽可能对室内环境实现全面的掌控成为现代建筑室内环境控制的要素。把室外采光全部隔绝才能有效地通过人工照明方式实现任何所需要的室内照明效果；把围护结构做到完全密闭，实现充分的气密性，才能完全控制室内外通风换气量和热回收状况；把围护结构做成热隔绝，才能避免室外环境对室内环境的热干扰，从而才可以通过采暖空调系统对室内的温湿度实现有效的调控。既然是全面的掌控，系统运行模式也就必然是"全时间、全空间"的集中和连续模式，以及"恒温、恒湿、恒氧"的效果。从这样的理念出发陆续发展出系统的技术手段，确实可以营造出任何所要求的室内环境状态，当居住者逐渐习惯于这种环境后，也可能会逐渐满足和欣赏这种服务效果。但是，这是以巨大的能源消耗作为代价的。前面图2-25给出的美、日两国在其社会与经济发展过程中出现的住宅建筑的能耗上涨情况就在某种程度上反映了这一变化。目前世界上发达国家与发展中国家住宅能耗的巨大差别也在一定程度上反映出这两种营造室内环境模式的理念在能源消耗上的巨大差异。

然而工业文明下营造理想的人居环境的这一模式现在受到人类所面临的资源与环境的挑战。有限的自然资源和环境容量现在看来很难为每个地球人提供这样的人居环境。近二十年提出的生态文明的理念告诉我们，必须协调人与自然环境的关系，必须在有限的自然资源消耗和环境容量下营造我们的人居环境。这就要求我们重新反思工业文明发展出来的营造人居环境的模式。人类是上万年间在自然环境条件下进化繁衍发展的，人所需要的环境状态一定是最接近人类生存发展过程中的自然环境的平均状态。因此自然环境的多数状态一定是当地人群感觉舒适的状态，无论何地，全年都有一半以上时间室外气候条件处在人体舒适范围内。这样，就至少要在这些时间内使室内与室外良好地相通，把室外环境导入室内，这时自然通风可能是营造室内热湿环境最好的途径。只有当室外环境大幅度偏离舒适带时，才真正需要采用一些机械方式来改善室内热湿环境。也只有这时才需要尽可能切断室外热湿环境对室内的影响，从而降低机械方式所需要承担的负荷。进一步，营造室内环境是为了满足居住者的需求，而不是为了满足房间的需求，当室内无人时，即使外界处于极端气候状态，是不是也就不需要维持其温湿度？人类可以短期地处于室外极端环境下，是否也就允许室内短期偏离舒适的温湿度环境从而使机械系统能够在居住者进入后启动，把室内热湿状况逐渐调整到所要求的状态？

这样，平衡有限的资源与环境容量，充分考虑人类的发展历史和人体自身的调节能力，未来的居室环境营造原则和调控策略应该是：

1）实现"部分时间、部分空间"的环境调控，满足居住者的各种不同需求；而不是任何试图实现"全时间、全空间"的室内环境调控。

2）具有可以改变性能的围护结构：在室外环境处在舒适范围时，可以实现有效的自然通风，实现室内与外界的充分融合；而在室外环境大幅度偏离舒适范围时，能够通过居住者的调节有效割断室内外的联通，实现围护结构较好的气密性、绝热性，从而使机械系统在很低的能耗水平下实现有效调控。

3）采用高效的环境控制系统，包括照明、采暖、空调、通风，可以实现分散的、高效的、快速的环境调控。

通过创新的技术实现上述三点，完全有可能在我国目前的建筑能耗水平下全面满足住宅室内环境调控的需要，解决好日益增长的对居住环境的需求和日益严峻的能源和环境的压力间的矛盾，实现满足生态文明建设要求的住宅建设。

3.6.3　中国城镇住宅建筑节能技术与政策路径

那么，我国的城镇住宅节能工作面临的关键问题即是：我们应该首先确定未来的服务水平，以此作为住宅建筑发展的要求，然后考虑如何通过技术创新，在实现这一标准的条件下尽可能降低能源消耗？还是首先确定未来的能源消耗上限，再发展各种创新技术,使得在不超过用能上限的前提下,尽可能获得更高的服务水平?这两种不同的思路对应于两种实施建筑节能工作的途径,实际上也对应着不同的人类对待自然的态度,是以"人定胜天"的思想,充分开发自然界,来服务人类需求,还是遵循人、自然、社会和谐发展这一客观规律,追求人、自然、社会和谐发展。

党的十八大政治报告给出了最好的回答,报告指出"必须树立尊重自然、顺应自然、保护自然的生态文明理念,把生态文明建设放在突出地位,融入经济建设、政治建设、文化建设、社会建设各方面和全过程",就是要根据生态容量确定我们所受约束的上限,一切发展都应以不越过这一上限为条件,在这一上限下谋求更好的发展。从这一原则出发,十八大政治报告中进一步具体明确节能工作要"控制能源消费总量"。从生态文明建设出发,中国城镇住宅的建筑节能工作应该首先确定未来建筑运行所允许的能源消耗总量,在不超过这一用能总量的前提下,通过技术创新,努力改善建筑物的服务水平,为使用者提供健康的、尽可能舒适的室内环境。这样的提法就与以往的"使室内环境标准达到国际先进水平,在满足这一标准的前提下,通过技术创新,尽可能降低运行能耗,实现节能"的提法完全不同。在以前"在满足服务标准下追求节能"的提法下,就会出现关于服务标准的无尽争论,就会出现"尽管能耗高,但达到更高的服务水平,因此用能效率高,节能显著"的论点和案例,就会按照很高的服务水平标准,计算出很高的能耗量,从而得到巨大的但根本不存在的"节能量"。而按照"在能耗上限下追求高服务水平"的提法,既可以避免关于服务标准的争论,又可以清楚地考核是否高能耗;参照用能上限,还可以清楚地得到真实的节能量。因此,我们的住宅建筑节能工作尽快从"在满足服务标准下追求节能"转变为"在能耗上限下追求高服务标准",这应该是贯彻落实十八大生态文明建设的重要举措,并且应作为今后建筑节能工作的基本出发点。我国的住宅建筑节能工作应该顺应我国居民的生活方式与使用模式,在认清现状的基础上,努力地通过各种技术创新来适应我国居民的各种生活方式,实现居民生活水平的提升和生态文明建设。

根据建筑能耗的总量和强度双控目标(具体详见本书第1章1.3节),用发展的眼光分析在落实各项技术措施情况下,城镇住宅用能各部门用能可以实现总量3.84亿tce的控制目标,具体目标见表3-15。

城镇住宅用能控制目标（不包括寒冷和严寒地区的冬季供暖） 表 3-15

城镇住宅	目前		规划	
	规模	强度	规模	强度
空调（严寒和寒冷地区）	90 亿 m²	2kWh电/m²	120 亿 m²	4kWh电/m²
空调（夏热冬暖和温和地区）	34 亿 m²	8.5kWh电/m²	80 亿 m²	12kWh电/m²
空调＋采暖（夏热冬冷地区）	95 亿 m²	8kWh电/m²	150 亿 m²	20kWh电/m²
家用电器	219 亿 m² 2.72 亿户	470kWh电/户	350 亿 m² 3.5 亿户	700kWh电/户
照明		5.6kWh电/m²		4kWh电/m²
生活热水		36kgce/人		45kgce/人
炊事		75kgce/人		70kgce/人
总用能	1.99 亿 tce	3.84 亿 tce		3.84 亿 tce

为了从各部分用能现状和特点出发，城镇住宅节能工作的主要任务为：

1) 规模控制：合理规划住宅建筑规模总量，对住宅单元面积进行控制，将城镇住宅总量控制在 350 亿 m²，人均住宅面积 35m²/人。

2) 生活方式：提倡和维持绿色生活方式与节约的使用模式，提倡"部分时间、部分空间"分散灵活的使用方式，避免由于建筑形式、系统形式、能源服务模式引起的生活方式改变为"全时间、全空间"。

3) 室内环境：给予居住者主动调节选择室内环境的能力，"随外界气候适当波动"营造室内环境，而不是强调使用者被动接受机械系统营造出的"恒温恒湿"环境。

4) 建筑形式：发展与生活方式相适应的建筑形式，反对那些标榜为"先进"、"节能"、"高技术"，而全密闭、不可开窗、采用中央空调的住宅建筑形式；大力发展可以开窗，可以有效自然通风的住宅建筑形式。

5) 能源系统形式：对夏热冬冷地区采暖、夏季空调以及生活热水这三项我国城镇住宅下阶段需求增加的重要分项，应该避免大面积使用集中系统，而应该提高目前分散式系统，同时提高各类分散式设备的末端灵活可调性、舒适度与能效，在室内服务水平提高的同时将严寒和寒冷地区的空调用电强度从现在的 2kWh电/m² 增长并维持在 4kWh电/m² 以内，夏热冬暖和温和地区的全年空调用电强度从现在的 8.5kWh电/m² 增长并维持在 12kWh电/m² 以内。

6) 家用电器：对于家用电器、照明和炊事能耗，最主要的节能方向是提高用能效率，例如节能灯的普及对于住宅照明节能的成效显著。对于家用电器中，有一些需要注意的：电视机、饮水机等待机会造成能量大量浪费的电器，应该提升生产标准，例如加强电视机机顶盒的可控性、提升饮水机的保温水平，避免待机的能耗大量浪费。对于一些会造成居民生活方式改变的电器，例如衣物烘干机等，不应该从政策层面给予鼓励或补贴，警惕这类高能耗电器的大量普及造成的能耗跃增。

7）政策机制与措施：进一步完善和落实有效推动住宅节能的政策标准与机制，例如《建筑能耗标准》、梯级能源价格等措施，借由市场手段来引导居民的节能生活方式与自发的行为节能，形成人人想节能、人人要节能的末端消费模式。

第4章 城镇居住建筑节能技术专题讨论

4.1 规划布局对住宅自然通风的影响

良好的自然通风是居住建筑能够在低能耗下获得较好的室内环境的关键。而实现好的自然通风的基础是建筑规划和单体建筑设计。小区内建筑的不同排布方式、单体建筑的不同形状与内部划分，会导致很不一样的自然通风效果。

按照平面形状特征，住宅可分为板楼和塔楼两大类。板楼是指长度明显大于宽度的住宅，比较典型的板楼采用一梯两户设计，低层住宅一般以条状板楼为主，而高层住宅中板楼所占的比率也是最高的，如图 4-1(a) 所示。塔楼是指外观像塔，长度与宽度大致相同的高层住宅，以共用楼梯、电梯为核心布置多套住房，高层塔楼的同层住户一般在 6 户以上，V 形、十字形、方形和蝶形等是比较常见的塔楼形式，如图 4-1($b \sim e$) 所示。

对于住宅建筑，板楼和塔楼各有优劣。板楼的面宽大，保证了良好的采光效果，南北通透的格局保证了良好的自然通风效果。塔楼的居住密度比板楼高，大多数户型为单侧开窗，采光和通风效果较差。但相对于板楼，塔楼具备建造成本低、抗震性能优秀、空间分割自由度高等优点，因此也成为人口密集的大城市中常见的住宅类型。

居住建筑的规划布局受地块形状、日照采光、设计理念等多种因素的影响。中国的住宅布局主要有"行列式"、"点群式"和"围合式"三种基本模式，当前的居住区建筑布局主要以这三种模式为基础进行组合搭配。

"行列式居住区"又称"板楼居住区"，是以条状板式建筑为主要住宅形式的居住区。板楼宽度约 18~20m，长度变化范围较大，一般在 40~120m 范围之间。传统的板式住宅一般多为 6 层的住宅建筑，近年来在人口密集的城市也出现了较多的超过 12 层的高层板楼。建筑排布根据条状建筑的走向呈整齐的行列式排布，如图

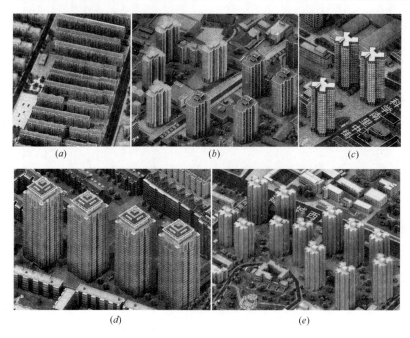

图 4-1 常见住宅形式

(a) 高层板楼住宅；(b) V 形塔楼住宅；(c) 十字形塔楼住宅；
(d) 方形塔楼住宅；(e) 蝶形塔楼住宅

4-2 所示。此类建筑布局日照及通风条件较为优越，有利于管线的敷设和工业化施工，是我国早期居住区的主要形式。目前在我国城市内，采用此种布局的小区仍占很高的比例。

图 4-2 行列式居住区

"点群式居住区"又称"塔楼居住区"，是以长宽比例接近 1∶1 的点式塔楼为主要住宅形式的居住区。塔楼长宽在 30～40m 范围内浮动，高度变化范围多为 12～24 层。塔楼多采用错落式布局方式进行排列，如图 4-3 所示，以利于不同建筑的采光及居住区的通风。塔楼居住区由于建筑占地面积小、空间分割自由度高、自由空间可实施绿化等优点，已成为目前较为广泛采用的一种建筑布局形式。

图 4-3　点群式居住区

"围合式居住区"是以板楼通过四周合围式的布局结构形成封闭或半封闭型居住区，如图 4-4 所示。形成围合的建筑多以板楼、直角形建筑或 U 形建筑为主。此类居住区以围合中心区域作为核心活动空间，通过若干个通道与外界发生联系。由于围合式布局的通风效果不佳，同时形成围合的建筑采光效果一般较差，因此目前此类布局的居住区在设计中所占比例较少。

图 4-4　围合式居住区

从通风的角度考虑，居住区中的建筑可能会对来流的空气形成阻碍和引导两种效应。对于行列式居住区，当条状建筑走向与来流风向呈垂直布置时，建筑对空气流动起阻碍作用，空气流动受到建筑的阻挡，从建筑的两侧与建筑的上方绕过建筑，在建筑两侧形成角隅效应，流速增加，在建筑后方形成三维漩涡，空气流通被阻碍，如图 4-5(a) 所示，此时条状建筑的高度和宽度均对建筑后方的气流方向产生影响；当条状建筑的走向与来流方向一致时，建筑对空气流动起引导作用，空气可以顺利地流过建筑之间的空间，带走建筑之间的热量和污染物，如图 4-5(b) 所示；当来流方向与建筑物的走向呈小于 90°的夹角时，空气流动呈引导与阻碍混合的模式。

对于点群式居住区，建筑对空气流动的影响主要表现为阻碍和引导的混合效应。由于点群式建筑的迎风面宽度较小，建筑阻碍空气流动后造成的空气流向改变较小，角隅效应较弱，空气沿两列建筑之间的走廊继续流动，又形成引导作用，因此表现为点群式建筑对空气流动是阻碍与引导的混合效应，如图 4-5(c) 所示。

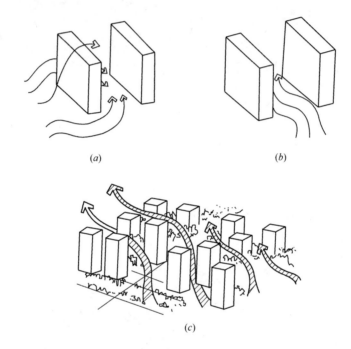

图 4-5 建筑对气流的作用
(a) 通风阻碍；(b) 通风引导；(c) 阻碍与引导混合

对于围合式居住区，建筑对各个方向的来流均起阻碍作用，其效果如同行列式建筑对气流的阻碍作用，从而导致居住区内空气流动不顺畅，尤其是处于围合中心的建筑与外界发生关系的通道较少，因此通风效果极差，是所有布局形式中最不利于夏季和过渡季自然通风的建筑布局。

在建筑风环境与人的关系中，通风与避风对人体的舒适性影响很大。在高温潮湿的气候区，虽然通风带来室外的热量，但通风带来的排汗及除湿效果是人抵抗酷暑所不可或缺的手段，全天的自然通风对满足人体的舒适性需求是十分重要的；在高温干燥的气候区，夏季营造舒适的室内环境的前提是减小高温时刻的通风与太阳辐射，避免通风带来的额外热量，并在夜间室外空气温度较低时大量引入自然通风，通过夜间的冷空气实现对建筑降温的目的，并且能通过围护结构蓄冷来改善日间的室内环境及降低空调能耗；在冬季干冷的气候区，建筑中采取措施避免通风带来的人体及建筑的热量过度损失，减小空气流动所带来的湿度降低是重要的考虑因素；在湿冷的气候区，在降低室内空气湿度的同时，还要考虑避免通风造成建筑和室内空间的过度热损失。因此，对于住宅建筑，在夏季需要通过建筑自然通风的有效组织，在不使用空调的情况下满足人体的舒适性需求，减少能源的消耗；在冬季，在满足适当的换气的条件下，采取适当的避风措施以减少建筑的能耗。

建筑布局排列通过影响建筑周边的风环境，改变建筑表面的风压分布，进而影响建筑的自然通风效果。在其他条件相同的情况下，建筑布局越密集、前后建筑间距越小，越不利于建筑的自然通风，自然通风换气量越小。建筑周边布局的密集程度可采用建筑密度 PAD 来表征（图4-6），根据《居住区规划设计规范》，高层住宅的建筑密度不得超过20%。

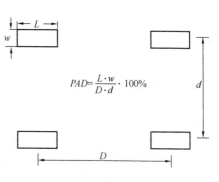

图4-6　建筑密度 PAD 的定义

图4-7给出了孤立建筑及5%、10%、15%和20%四种建筑密度下板式住宅（平面布局如图4-8所示）在1m/s气象风速下（1级风）的自然通风平均换气次数。可以看出，与通风换气最理想的孤立建筑相比，当建筑密度增大到20%时，也就是最密集的高层板式住宅的自然通风换气次数下降了36%。

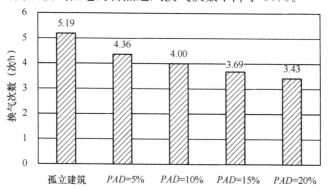

图4-7　不同建筑密度下四梯板式住宅的自然通风换气量

图 4-8　四梯板式住宅平面布局

图 4-9 所示为位于北京的两个建筑密度不同的住宅小区,其中图 (a) 所示为建筑布局相对稀疏的小区,(b) 为建筑密度较为密集的小区。在相同的自然通风策略下,b 小区的住宅的年均自然通风换气量将比 a 小区少 21%,即 b 小区的住宅的新风量仅为 a 小区的 79%。

图 4-9　北京地区两个不同密度的住宅小区

(a) 建筑密度为 5% 的住宅小区;(b) 建筑密度为 20% 的住宅小区

对于塔式住宅建筑,大多数户型为单侧开窗,不能形成穿堂风,因此通风换气效果相较板式住宅要差。图 4-10 给出了孤立建筑及 5%、10%、15% 和 20% 四种建

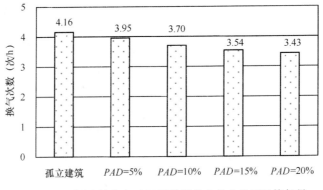

图 4-10　不同建筑密度下 V 形塔楼住宅的自然通风换气量

筑密度下 V 形塔楼住宅（平面布局如图 4-11 所示）在 1m/s 气象风速下（1 级风）的自然通风平均换气次数。可以看出，与通风换气最理想的孤立建筑相比，当建筑密度增大到 20% 时，也就是最密集的 V 形塔楼住宅的自然通风换气次数下降了 28%。

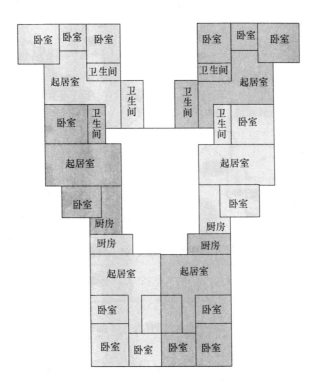

图 4-11　V 形塔楼住宅平面布局

图 4-12 给出了孤立建筑及 5%、10%、15% 和 20% 四种建筑密度下十字形塔楼住宅（平面布局如图 4-13 所示）在 1m/s 气象风速下（1 级风）的自然通风平均

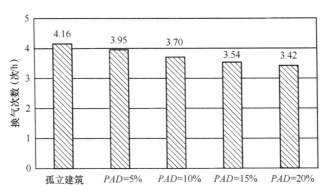

图 4-12　不同建筑密度下十字形塔楼住宅的自然通风换气量

换气次数。可以看出，与通风换气最理想的孤立建筑相比，当建筑密度增大到20%时，也就是最密集的十字形塔楼住宅的自然通风换气次数下降了17%。

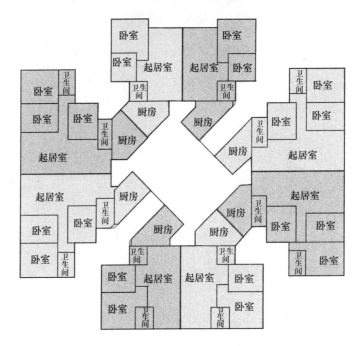

图 4-13　十字形塔楼住宅平面布局

图 4-14 给出了孤立建筑及 5%、10%、15% 和 20% 四种建筑密度下方形塔楼住宅（平面布局如图 4-15 所示）在 1m/s 气象风速下（1 级风）的自然通风平均换气次数。可以看出，与通风换气最理想的孤立建筑相比，当建筑密度增大到 20% 时，也就是最密集的方形塔楼住宅的自然通风换气次数下降了 22%。

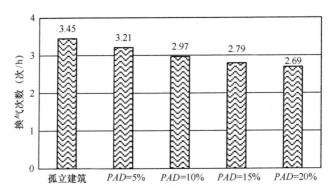

图 4-14　不同建筑密度下方形塔楼住宅的自然通风换气量

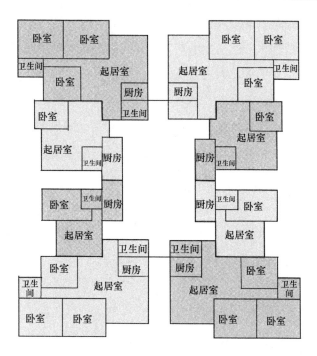

图 4-15 方形塔楼住宅平面布局

图 4-16 给出了不同建筑密度下上述板式住宅楼、V 形塔楼十字形塔楼和方形塔楼住宅在 1m/s 气象风速下（1 级风）的自然通风平均换气次数对比。从中可以看到，同一气候条件、同一自然通风策略下，不同平面布局的住宅建筑的自然通风换气次数差异较大。板式住宅由于房间门窗对位设置，风道短直顺畅，减少了挡风

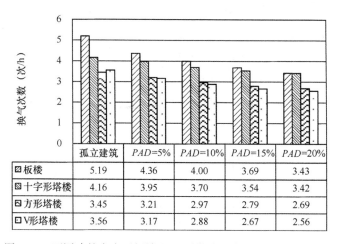

	孤立建筑	PAD=5%	PAD=10%	PAD=15%	PAD=20%
板楼	5.19	4.36	4.00	3.69	3.43
十字形塔楼	4.16	3.95	3.70	3.54	3.42
方形塔楼	3.45	3.21	2.97	2.79	2.69
V形塔楼	3.56	3.17	2.88	2.67	2.56

图 4-16 不同建筑密度下板楼和 V 形塔楼的自然通风换气量对比

面，很好地组织了建筑的穿堂风，能够使气流畅通无阻的进入室内空间，保证了室内在夏季和过渡季节通风的畅通。塔式住宅建筑由于多为单侧通风，不能形成穿堂风，因此通风换气量相比南北通透的板式住宅要小很多。而所有形式的塔式住宅建筑的平面布局均不利于建筑夏季及过渡季的自然通风，即使建筑布局密度非常稀疏的塔式住宅的自然通风换气效果也不定一会优于布局比较密集的板式住宅。因此，板式建筑是有利于夏季和过渡季自然通风的首选；而在冬季室外温度下降时，则可通过减少门窗的开启或将通透的厅堂封上门窗，阻挡冷空气的渗入和流通，增加建筑依据室外气候特点而应变的能力。

4.2 住宅建筑通风方式

住宅通风方式关系到住户的健康与舒适，以及建筑用能水平，承担着非常重要的作用。因为通风影响着室内的热湿环境，同样与室内空气质量息息相关。

通风换气对室内的热湿环境和供暖空调能耗有很大影响。当室外温湿度适宜时，通风换气可以有效排除室内产生的余热余湿，从而可以减少空气开启的时间，降低空调能耗。然而，当室外高温高湿或寒冷时，通风会造成室内热湿负荷或冷负荷，导致空调能耗增大。

通风还是通过引入室外空气排除室内各类污染从而维持良好室内空气质量的重要手段。通过引入足够的室外新风，可以排除室内 CO_2、VOC 等各类有害气体，保持室内环境健康。但是，当室外出现严重污染时，如雾霾天气，PM2.5 浓度超标时，通风换气会引入更多室外可吸入颗粒物进入室内。

因此，我们需要采用合适的通风技术来营造良好的室内环境（包括热湿环境和健康的需求），并且在满足环境需求的同时尽量降低建筑能耗。通过有效的技术手段，满足对于通风技术的三重要求：1）在需要通风换气时，可以实现较大的通风换气量；2）在不希望通风换气时，可以实现很好的气密性；需要适当通风量时，可以通过调节实现希望的通风换气量；3）能够对室内空气进行净化，如图 4-17 所示。下面我们将从实现通风的目的出发，依次分析六种通风技术的效果和适宜性。

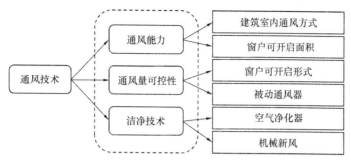

图 4-17 通风技术的三重要求

4.2.1 建筑室内通风方法

建筑自然通风的效果与建筑的形态特征、平面布局、门窗位置等都有很大关系。设计得好可以加强通风，反之则会对自然通风造成阻碍。

在平面布局方面，隔墙的布置应顺应空气流动方向，保证通风路径通畅，避免遮挡，以保证通风效果。对于平面布局复杂的户型，可以考虑采取矮墙、镂空隔断等方式，最大程度减少对通风气流的影响（图4-18）。

图 4-18 矮墙隔断（左图）与镂空隔断（右图）

在门窗位置的选择上，应当根据房间功能和主导风向进行选择，门窗开口尽量迎着主导风向，使得室外空气可以顺畅地通过门窗开口进入室内，流经各房间后排出。

此外，还可以考虑利用高耸空间的拔风效应，在建筑屋顶和通高的部分（如楼梯间、电梯井等）设置出风口，使经过室内加热的空气从屋顶排出，带走热量。

4.2.2 窗户的可开启面积

建筑自然通风的风量与窗户可开启的面积有直接关系。假设风速为0.2m/s，每小时经过 1m² 开启面积的新风量为 720m³/h。这个风量远远超过了目前市场上常见的家用新风机风量水平。

根据《住宅建筑规范》(GB 50386—2005),"每套住宅的通风开口面积不应小于地面面积的 5%"。以使用面积 100m² 的住宅为例,其所需要的通风开口面积不得小于 5m²。假设该住宅的窗墙比为 30%,则窗户面积为 30m²,即在利用窗户进行自然通风的情况下,至少要保证 1/6 的窗户面积可以 100% 打开。

4.2.3 窗户可开启形式

常见的窗户开启形式有平开窗、推拉窗、上悬窗、下悬窗,随着技术的发展,近几年又出现了下悬平开窗等复合开启方式窗户。窗户的开启方式对自然通风主要有三个方面的影响,即,可开启面积、可调节性以及通风感受(是否有吹风感)(图 4-19)。

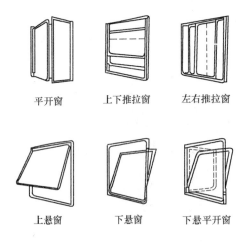

在可开启面积方面,平开窗可以实现完全开启,其可开启的面积比例几乎为 100%;推拉窗通常最多只能开启一半,可开启面积比例约 50%;悬窗的可开启比例最低,通常只有 30% 左右。在其他条件一样的前提下,开启面积越大,通风量越大,通风效果越好。

在可调节性方面,平开窗、推拉窗都可以根据需要选择开启程度,从而灵活控制风量;而悬窗的开窗角度通常是预设的,无法根据需要灵活调节。

图 4-19 常见的窗户开启方式

在通风感受方面,室外空气通过平开窗、推拉窗进入室内都会造成直吹,会产生明显的吹风感;而通过悬窗的风由于进入室内时存在一定角度,因而不会造成明显的吹风感,主观感受更舒适。

此外,窗户开启方式的选择还要考虑安全性和气密性。在高层建筑中,由于考虑到高空坠物的危险性,应避免使用平开窗。在气密性要求较高的建筑中,推拉窗由于很难做到高气密性,也应当慎用。

可见,不同开窗方式均有其优势与劣势,需要根据具体情况酌情选择。

4.2.4 房间自然通风器

开窗通风是补充新鲜空气和保证室内空气质量最简单的方式，但由于自然通风的风量大幅度波动，同时存在噪声、室外污染物（如可吸入颗粒物）浓度较高、雨季等恶劣的室外环境，因此很多情况下不适合开窗。我国传统的北方建筑中，有风斗装置（图 4-20），用于在寒冷冬季保证最小量的自然通风。而在欧洲已经有多种类行的自然通风器，相比于自然通风可以有效控制通风量，从而在供冷季及供暖季实现适量通风。然

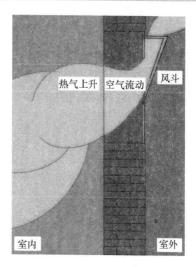

图 4-20 风斗示意图

而近年来商品房的建设中，北方的通风风斗已很少见，欧洲流行的各类可调控的房间自然通风装置，也很少引入我国。很多居住建筑在严寒的供热期和酷热的空调期往往处在两难状态：开窗通风，往往风量过大，影响室内温湿度环境；关闭外窗，室内又感到新风不足。因此，在房间安装可调控的自然通风装置，是解决这种问题的最佳选择。

房间自然通风器是安装在门框或窗框上的一个通风部件，一般由室内送风口、气流通道和室外进风口组成。根据安装的形式，可分为水平安装的房间自然通风器和垂直安装的房间自然通风器。图 4-21 为一个带吸声材料的水平式房间自然通风

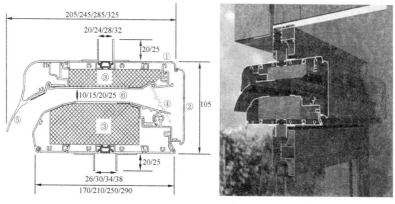

①吸声通风器外框；②可拆卸的内部送风口；③吸声部件；
④内部风量控制阀；⑤室外进风口；⑥气流通道

图 4-21 吸声自然通风器结构及外形图（水平式）

器结构示意图。图 4-22 为垂直式的房间自然通风器。相对来说,水平式的房间自然通风器使用更为广泛。这种通风在室内外热压、风压的作用下,将室外空气引入室内,满足室内基本的通风换气需求。有些自然通风器还具有隔噪、除尘的功能,减少室外噪声和粉尘进入室内。

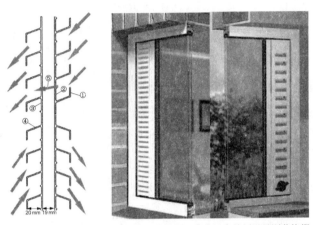

①室内送风口;②靠近室内侧风量调节格栅;③靠近室外侧风量调节格栅;
④室外进风口;⑤气流通道

图 4-22 垂直式自然通风器结构及外形图

我国住宅产业飞速发展,大量门窗外墙等新型围护结构部件相继引进和开发推广,然而在房间自然通风器方面却与欧洲相距甚远。考察、学习欧洲国家在这一方面的先进技术,在我国建立起这一产业,更好地改善我国居住建筑通风状况,是建筑部品产业需要高度关注和布局的大事。另一方面,在居住建筑相关规范和标准图集中引入这些通风产品,也是提高我国居住建筑品质的重要措施。

4.2.5 空气净化器

空气净化器是一种对室内空气进行循环净化的装置(图 4-23)。

市面上空气净化器有去除室内可吸入颗粒物和化学污染物(如 VOC)两种类型。

去除可吸入颗粒物的净化器,主要有过

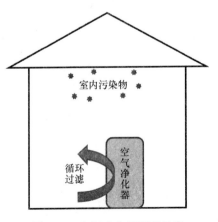

图 4-23 空气净化器原理示意

滤型和静电型两种。过滤型净化器一般配备高效过滤器，通过拦截、惯性碰撞、扩散、沉降以及筛分等方式，有效去除固态、液态和生物颗粒物，是目前室内净化器市场的主流产品。静电型则通过电晕放电使得颗粒物带电，使其吸附在内置的带有正负电荷的两块电极板上，从而达到去除微细颗粒物的目的。但是某些静电型空气净化器由于设计不当，容易在电晕放电的同时将氧气转化为臭氧，长时间开启可能造成臭氧超标。这些去除可吸入颗粒物的净化器对可吸入颗粒物的净化效率可以达到 $80\%\sim95\%$。实际上我们并不一定追求它的灰尘捕捉效率，而是追求它所提供的"洁净空气量"。洁净空气量是循环风量与过滤效率的乘积。室内的净化效果由净化器所提供的洁净空气量决定。

去除室内化学污染物的净化器，可分为物理吸附和催化氧化两种。物理吸附原理的空气净化器，将 VOC 等化学污染物吸附在活性炭等材料中，但是对于活性炭，必须定期再生还原，否则吸附的性能逐渐消失。催化氧化原理的空气净化器，通常采用钛纳米等材料的光催化技术，把进入净化器的 VOC 等有害气体转化为 CO_2 和水。实验表明，目前的光催化技术虽然可以有效消除 VOC，但其反应生成物中很可能有毒性远高于 VOC 的生成物，因此目前看来它不是解决 VOC 污染的有效途径。因此，依靠安装空气净化器去除室内化学污染物，目前看来尚不能满足要求。

因此，选择空气净化器不应追求全能型产品，空气净化器是去除室内可吸入颗粒物等物理污染物的有效手段。而排除室内的各类化学污染的最佳方式还是开窗通风。

4.2.6 机械新风系统

机械新风系统通过风机把室外空气送入室内，为房间提供新风量，为了保证空气质量，新风系统具有过滤装置，用于净化新风。

目前户式家用新风系统可分为单向流新风系统（图 4-24）和双向流新风系统（图 4-25）。单向流新风系统自然进风，强制排风；双向流新风系统，其进风与排风均为强制形式，但是当强制排风与室内排气扇均开启时，会增加房间渗风。

双向流新风系统可以加装热回收装置，目的在于节能，但是实际上居住建筑并不总是希望回收排风中的热量或冷量，只有当室外温度高于室内温度和室外温度显著低于室内温度时，通过换热回收排风的冷量或热量才有意义。此外还应防止在热回收环节，排风与新风之间出现渗漏，造成二次污染。

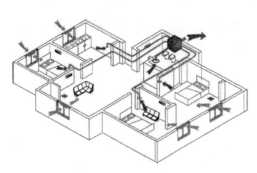
图 4-24　单向流新风系统示意图

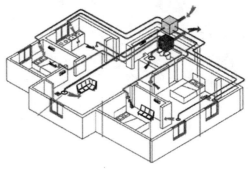
图 4-25　双向流新风系统示意图

出于噪声、建筑空间利用和造价的考虑，新风系统的风量都不会太大，机械新风系统的风量一般按照房间要求的最小新风量考虑，所提供的室外空气量仅为 0.5~1 次/h，因此一般是全年连续运行。在这个范围内，调节室内外通风换气量的意义已经不大。

同时，机械新风系统仍无法避免从外窗缝隙渗入室外空气，这些空气同样可携带室外污染物进入房间，而机械新风系统无法处理这部分污染物。因此在室外空气质量差的情况下，机械新风系统难以有效净化室内空气，仍需要空气净化器来解决这一问题。

由于新风系统积灰快，故应该定期清洗更换滤网，防止滤网成为二次污染源，确保新风系统可有效过滤。

4.3　被动房技术适宜性讨论

4.3.1　被动房概念

根据德国被动房研究所（Passive House Institute）给出的定义，达到以下标准的建筑可以称为"被动房"：

1) 单位采暖需求：单位居住面积（使用面积）每年采暖需求不超过 15kWh❶，

---

❶ 此处的 $15kWh/m^2$ 是指采暖热需求，并非终端能耗（燃气、电耗）或一次能耗。

或者单位面积采暖需求峰值不超过 10W。在需要主动制冷的气候区，对单位面积制冷需求的要求大致和上述采暖需求要求相同，只是可以额外增加少许制冷需求用于除湿。

2）一次能源需求：所有家用设备（采暖、热水及家庭用电）的总能源需求不超过每年每平方米居住面积 120kWh❶。按照德国电力的一次能耗折算系数（取 $PE=2.4$），它相当于 50 kWh 电耗❷。

3）气密性：必须通过实地压力测试（正压和负压测试）证实，在 50Pa 压力时（ACH50），建筑的单位小时换气次数低于 0.6 次/h，相当于正常情况下的换气次数为 0.03 次/h。

4）热舒适性：无论在冬季或夏季，所有居住区域都必须满足热舒适性要求，一年中高于 25℃ 的小时总数不得超过 10%。

从上面的概念可以看出，"被动房"概念主要从采暖需求、一次能耗、气密性、热舒适性 4 个方面对建筑性能提出要求。为了达到以上标准，被动房设计通常对建筑围护结构热工性能提出极高要求。"高保温、高气密"成为"被动房"的一大特点。被动房研究所给出的冷温带气候区建筑围护结构传热系数建议值为 $0.15W/(m^2K)$❸，同时要求 50Pa 时建筑渗风量少于建筑总体积的 0.6 倍❹。

在被动房概念引入中国的过程中，由于语言及文化差异，被动房概念存在着一些误读。例如，由于翻译等原因，"被动房"经常与"被动式太阳能建筑"混为一谈；也有不少人认为被动房可以脱离主动技术，这些错误认识有可能造成公众对"被动房"的误解。

"被动式太阳能建筑"（passive solar house）概念产生于 20 世纪 80 年代，与"主动式太阳能建筑"（active solar house）相对，主张最大可能利用建筑本身获得的太阳能来降低采暖能耗。常见的做法是大面积南向开窗、阳光房等。

而"被动房（passive house）"概念本身并不强调对太阳能的被动式利用，它

---

❶ 此处的 120kWh/m² 是指一次能耗，该值由不同能源对应的一次能耗系数（PE-factor）折算得到。

❷ 由于中国和德国电的制备路径不同，因此电的一次能源系数在中国与德国不同。由于建筑终端能耗主要是电，因而在中国应用被动房概念时，应以终端能耗（电耗）为基础，再折算出相应的一次能耗指标。

❸ 数据来源：被动房研究所官方网站 http://www.phichina.com/node/28。

❹ 数据来源同上。

对围护结构热工性能、能耗需求等提出要求，更接近于一个"能耗标签"而非一项具体技术，德国建筑节能相关理念发展如图 4-26 所示。

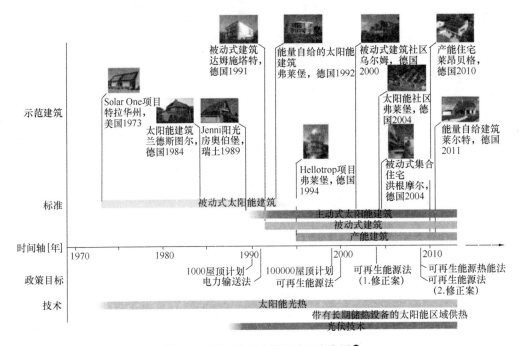

图 4-26　德国建筑节能相关理念发展❶

4.3.2　围绕被动房存在的争议

（1）技术路线问题

被动房概念的核心是通过加强围护结构保温与气密性，减少传热损失，从而降低建筑的能耗需求。这样的技术路线对于室内外温差大、围护结构影响显著的建筑采暖工况是合理的。

然而，室内存在各种发热源（如人体、设备等），当室外温度为 10℃时，住宅室内温度通常已超过 25℃，需要排热。由图 4-27 可知，不少城市全年有一半以上的时间外温高于 10℃，而高度保温和气密的围护结构，使建筑很难通过围护结构传热和渗风自然排热。这不但不能降低能耗，反而由于阻碍了建筑自然排热而不得

---

❶ 图片来源：M. Norbert Fisch, Thomas Wilken. 产能—建筑和街区作为可再生能量来源. 清华大学出版社，2015。

不借助于机械设备进行制冷,从而增加了能耗。由此可见,将被动房概念从采暖工况复制到空调制冷工况,在技术路线上是存在问题的。

在图 4-27 中,浅色区域(10~25℃)是可以不借助机械手段,利用建筑自身调节室内环境的室外温度范围。该区域的下限取决于建筑保温气密性带来的低温适应能力,围护结构保温气密性能越好,建筑在低温环境中减少散热保持室内温暖的能力就越强,浅色区域下限越低;而上限则取决于自然通风决定的高温适应能力,自然通风量越大,在高温环境下排出热量维持室内舒适的能力就越强,浅色区域上限越高。只有同时降低下限和提高上限,增大该区域的宽度(上限与下限之间的距离),才能降低建筑在全年中所需要的采暖制冷总能耗,实现节能。

(2) 气候适宜性问题

由于围护结构在采暖与制冷过程中对于能耗的不同影响,加强保温与气密性对于降低采暖能耗作用明显,但对于降低制冷能耗无明显帮助,甚至由于热量不能通过围护结构传热排出,造成空调制冷能耗上升。并且,不同的气候条件对建筑围护结构热工性能有着不同的要求。我国城市与德国城市气候对比如图 4-27 所示,在德国城市(如柏林)或我国位于严寒气候区的城市(如乌鲁木齐),以采暖需求为主,因而高保温高气密的被动房有助于采暖能耗的降低;反之,在我国南方城市(如广州),制冷需求大于采暖需求,此时应当依靠有效的遮阳和自然通风措施,辅

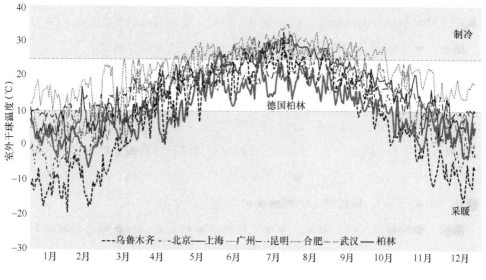

图 4-27 我国城市与德国城市气候对比(日平均气温)

助室内热量尽快排出，降低制冷需求。在这些地区强调"高保温高气密"使得原本可以通过开窗通风散热解决的问题都要借助于机械通风等设备完成，增加了设备电耗，背离了降低能耗的根本目标。

将被动房标准中的一次能耗指标按照德国电力的一次能耗折算系数（取 $PE=2.4$）折算成终端电耗，相当于 50 kWh/（$m^2 \cdot a$）。该用电水平高于我国上海一带的一般居住建筑（该地区采暖制冷主要依靠电力）。而按照目前的被动房技术，实际建成的被动房项目用电量很可能还会高于指标规定值。可见，在这些地区推广被动房概念并不能达到节能的实际效果。究其原因，一方面是我国居民"部分时间、部分空间"的节约用能方式；另一方面是该地区气候决定建筑需要良好的排热性能。而这正是被动房所不具备的。因此，在我国制冷需求与采暖需求同等重要、甚至更为重要的长江中下游及其以南地区，被动房概念并不适宜。

（3）新风系统能耗问题

被动房概念要求建筑在 50Pa 压力时（ACH50），单位小时换气次数低于 0.6 次/h。折算到常压，被动房换气次数限值约为 0.03 次/h。然而，居住建筑中每人每小时需要 30m^3 新风以满足生活需求。假设某住宅人均使用面积 30m^2，层高 3m，可算得该住宅满足最小新风量要求所需要的最小换气次数为 0.3 次/h。在常规的建筑中，围护结构渗风已经可以满足这个新风量要求；而被动房由于其气密性限制，渗风产生的换气量远远不能满足新风要求。同时，被动房设计要求尽量避免开窗通风，因此在被动房中必须使用机械新风系统以满足用户的新风要求。

根据《德国被动房设计和施工指南》，被动房新风系统的空气体积流量分 3 档调节，分别是 50%、80%、100%。设计中对新风系统容量的选择标准通常是比最小新风量需求大 30%。以一个 100m^2 的三口之家为例，最小新风量要求为 90m^3/h，新风系统设计送风量约为 120m^3/h。《德国被动房设计和施工指南》第 6.1 节的用户说明中要求当家中无人时，新风系统调至"基本运行"档，其余时候新风系统应保持"正常运行"，即被动房的机械新风系统应全年保持运行。

根据《德国被动房设计和施工指南》提供的数据，被动房新风系统输送单位体积空气流量的电耗约为 0.45W/m^3。计算可知，上述三口之家全年新风系统电耗约为 315kWh，相当于我国长江中下游地区居住建筑实际年总用电量（约 2000 kWh/户）的 16%。可见，被动房高气密性带来的机械新风系统能耗还是不容忽视的。

（4）建筑使用与实际能耗问题

在"被动房"的认证过程中，建筑的能耗水平是通过 PHPP（被动房设计包）计算。计算过程基于很多预设条件，而建筑的实际运行是一个复杂的过程，一旦建筑的实际运行不符合这些预设条件，就会出现实际能耗偏高的情况。例如，由于采用了高气密性的围护结构，被动房通风换气完全依靠机械通风系统，在降低采暖能耗的同时增加了一项"通风电耗"，在实际项目中，有可能出现通风能耗过高的问题。

被动房对用户使用提出了较为严格的要求。《德国被动房设计施工指南》❶ 第 6.1 章节要求住户"从 11 月到 3 月让窗户保持关闭状态"；"家中无人时，调到基本送风一档"。这些要求不符合人们的行为习惯，尤其是不符合中国人的生活习惯，因而在实际使用中容易造成使用模式与设计不符的情况，无法达到预期的节能效果。

德国 GWW 公司在两块相邻的基地上分别按照 EnEV2009 和被动房标准建造了两栋住宅楼，并对其建筑实际能耗进行了为期两年的监测❷。结果表明，尽管按照被动房标准建造的住宅楼采暖能耗相比 EnEV 标准建造的住宅楼降低了 1/3，但建筑总电耗接近后者的 4 倍。实测中发现，被动房的住户仍然会经常开窗，而且还会自行调大机械通风系统的通风阀增加风量。

（5）建筑类型选择问题

此外，关于被动房概念适用的建筑类型，也存在一些争议。有学者认为，被动房更适于室内热扰比较固定的居住建筑，对于室内热扰变化较大的建筑类型（如学校）则不适用。德国亚琛工大建筑能效与室内气候研究所教授 Prof. Dirk Müller 指出学校建筑不适宜套用被动房标准❸。因为上课时，教室突然坐满，需要的新风量瞬间上升，通风系统迅速过载，必须开窗通风。而开窗通风不符合被动房的设计理念。如果在学校建筑中套用"被动房"标准，容易造成设计与运行不符。

4.3.3 总结

被动房通过加强围护结构保温与气密性来降低采暖能耗的做法是值得肯定的。

---

❶ 贝特霍尔德·考夫曼，沃尔夫冈·费斯特著，徐智勇译. 德国被动房设计和施工指南. 中国建筑工业出版社，2004.

❷ 数据来源：《Stromfresser im Keller》. 德国《明镜周刊》Nr.31，第 45 页。

❸ 来源同上。

我国节能工作在这方面也有不少卓有成效的行动,例如对既有建筑外墙保温的改造等。但是,由于中德两国在气候条件、能源结构、用能习惯等方面都有很大不同,因此,被动房在我国并非处处适用。在供暖能耗为主的我国北方地区,采用被动房技术,通过加强围护结构保温和气密性,进一步降低供暖能耗,这应该是进一步开展建筑节能工作的有效方向;然而对于空调能耗为主的南方和全年有一半以上时间室外处于温和天气范围的长江流域,被动房可能不是进一步降低建筑能耗的有效途径,而且没有做好的话,很可能还会导致建筑能耗增加。在实际节能工作中,不应当一味追求"被动房"标签,而应根据实际情况具体分析,选择适宜的围护结构方案。

4.4 居住建筑集中式太阳能生活热水系统

4.4.1 集中式太阳能生活热水系统特点

集中式太阳能生活热水系统,是在家用太阳能热水器基础上发展出来的一种同时为多个用户制备热水的太阳能热利用系统。该系统除了有与家用太阳能热水器相同的主要部件,如集热器、贮水箱和辅助热源等,还要有将集中制备的热水输送到各个用户的管网,以及集热侧和供热侧的循环水泵。当前,集中式热水系统通常由开发商投资,设计施工方进行设计和安装,物业管理人员负责运营。图4-28是典型的住宅集中式太阳能热水系统示意图。

对比常规生活热水系统和户用热水器,集中式太阳能热水系统在热量采集、循环输送、末端供应等方面有以下特点:

与家用太阳能热水器相比,集中式系统为多个用户提供热水,由于各户用热时段不同,可以减少总的集热器安装面积,提高了太阳能装置的利用率;统一利用公共屋顶资源,避免公共资源使用权的纠纷;与完全由常规能源制备热水的设备或

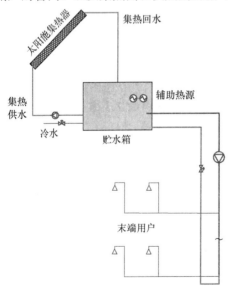

图4-28 集中式-集中辅热系统示意图

系统相比，增加了免费的可再生能源作为热源，理论上可以减少能源费用。

由于太阳能出现的不确定性，用户用热时段和需求量的不确定性，系统通常还需要辅助热源。与分散的太阳能热水装置最大的不同，是集中式系统增加了热源侧和用户侧之间的热水输送管道系统，下面着重讨论热水输运系统给集中式太阳能热水系统带来的不同。

集中式热水系统通过连接到各个用户的管网将集中制备的热水送到末端用户，为了保证公平性，避免部分用户用量过大而另一部分用户用不上水，集中式太阳能热水系统一般都在末端安装热水表作为计量装置，按照热水水量收费。而一旦按照水量计费，就要保证任何时候出水温度都能达到要求，并且没有放冷水的现象。为此，就要在用水末端和热源之间设立循环系统，并且要24小时连续循环运行，以使得在任何时候任何位置的末端用户都能即时得到热水。同时，为了在任何时候都保证水温要求，就只好设置辅助热源，当太阳能热源提供的水温达不到要求时，用辅助热源加热到要求的水温。热水在循环过程中不可避免有热量损失，运行时间越长、管网越长、保温性能越差，热量损失可能越大。

4.4.2 居住建筑太阳能热水系统能量平衡

（1）系统热量平衡关系

根据能量守恒定律，将集中式太阳能生活热水系统看成一个封闭的系统，其进出系统的热量平衡关系如图 4-29 所示。

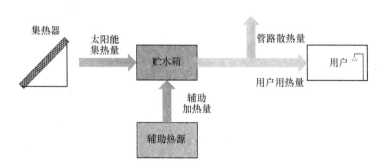

图 4-29 集中式太阳能热水系统热量构成

太阳能集热量＋辅助加热量＝用户用热量＋管路散热量

太阳能集热量主要由集热面积、集热效率、太阳辐照量和安装角度等因素决定，集热面积越大、效率越高和辐照量越大则太阳能集热量越大。集热效率随着集热器中介质温度升高而降低。

用户用热量由所使用的热水用量决定。而热水量完全是由使用者的状况决定，当太阳能系统所提供的热量不能满足用户需求时，就要有辅助热源提供。用户用热量可以由用户用水量乘以热水和冷水之间的温差得到。

系统散热量包括管网散热和贮水箱散热，受热水温度与环境温度的温差、管网规模及保温性能以及热水在管网中循环时间等因素影响，温差越大、规模越大、保温性能越差、循环时间越长都将使得系统散热量增加。

辅助加热量是系统为维持供热水温度而提供的，用户用热量或系统散热量增加，会使得辅助能源加热量需求增加。

上述热量中，用户用热量是系统需要保障的对象，减少辅助加热量是利用太阳能制备热水的核心目的，增加太阳能集热量是减少辅助加热量的措施，而系统散热量影响着实际节能的效果。

(2) 集中式太阳能热水系统能耗分析

调查发现，北京地区太阳能集中生活热水系统每吨热水价格在 25 元以上，有的甚至超过 40 元/t，如果其中 70% 为能源费，相当于每吨热水消耗燃气 7～11m^3，或者 35.8～57.3kWh。1t 热水温升 25℃ 所需要的热量为 105MJ（冷水温度 15℃，用户使用热水温度 40℃），采用燃气加热大概需要 3m^3，大概需要 7.5 元；采用电加热需要约 30kWh，电费只要 15 元左右，两种都低于集中热水系统热水价格。为什么会出现这样的情况呢？

研究选择了北京和赤峰目前正常使用的住宅集中太阳能热水系统进行测试分析。得到不同工程居民实际使用每吨热水的能耗，如表 4-1 所示。其中节能率指的是：(用户使用每吨热水需要的热量－实际辅助能源提供的热量)/用户使用每吨热水需要的热量。

这些系统设计太阳能保证率在 80% 及以上，如果没有散热损失，辅助热源只需要提供约 20MJ 以内的热量。而从实际情况看，实际每吨热水能源消耗量均大于每吨热水相应温升对能源的需求量，节能率为负值。这就表明，这些系统的散热量大于太阳能集热器的得热量。太阳能集热器得到的热量还不足以补充系统的散热损失，还要由辅助热源提供一部分热量补充散热损失。这样的话，太阳能系统还有什么用呢？

4.4 居住建筑集中式太阳能生活热水系统

实际太阳能热水工程能耗强度　　　　　　　　　　　表 4-1

地址	每吨热水实际能耗	实际每吨热水辅助加热能耗（MJ）	节能率	说　明
北京 1	3.5m³ 天然气	136.3	−20.3%	用天然气辅热，此处为燃气热量值，不含循环泵耗
北京 2	33.8kWh 电	121.7	−15.9%	采用地源热泵辅助加热，能耗为实测用电量
北京 3	3.04m³ 天然气	118.4	−12.8%	分为三栋住宅集中太阳能，用天然气辅热，此处为燃气热量值，不含循环泵耗
北京 4	3.65m³ 天然气	142.1	−35.3%	
北京 5	3.48m³ 天然气	135.5	−19.5%	
赤峰	32.6kWh 电	117.2	−11.6%	用电辅助加热，此处为电力值，含循环泵耗

集中式生活热水系统的散热量真的有这么大吗？以北京地区居住建筑集中式太阳能生活热水系统为例，参考实际工程的设计参数，分析一下为一个单元 18 层 36 户居民家庭提供热水的集中热水系统散热损失量。系统形式参照图 4-28。贮热水箱温度恒定为 60℃，系统全天 24h 为用户提供热水，假设全年管井温度不同季节内恒定（供暖季温度为 10℃，夏季温度为 20℃，春秋季 15℃），管道保温系数为 0.25 W/(m·K)，楼内管网长度为 180 m，系统全年管道散热量约 64.7GJ，这个散热量是一个什么样的量级呢？比较在不同用热水量下（人均日用水量，系统中居民的入住率），用户用热量和系统散热量关系如图 4-30 所示。

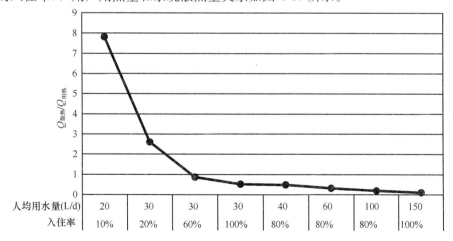

图 4-30　不同用热需求下系统用户用热量与散热量关系

从图 4-30 可以看出，当人均日用水量 20L，入住率 10%时，全年系统散热量是用户用热量的接近 8 倍，系统散热量远大于用户实际用热量；根据调查数据，我国居民人均日用水量约在 30L，大部分新建建筑入住率也在 40%~60%间，这两者的比值为在 1.30~0.87 之间，这是目前我国大部分集中式热水系统中热量关系的实际状况，也可以解释上述案例中，当太阳能保证率在 80%以上时（设计集热量/设计用户用热量），辅助加热量甚至超出了每吨热水需要的热量。当系统服务的用户用热水量增加，达到人均日用水量 150L，入住率为 100%时，用户用热量大大高于系统散热量，这样的情况下，集中热水系统才有较好的适用性。

由此来看，在我国当前居民用热水需求和建筑入住率情况下，集中式太阳能热水系统散热量与太阳能集热量基本在一个量级（在设计要求的保障率下），从热量关系看，系统并没有实现良好的减少常规能源消耗的目的。在这种情况下，集中式太阳能热水系统还能被认为是节能的系统吗？

从能源平衡关系分析，为了实现集中式太阳能热水系统的节能效果，首要的是减少管网的散热量，使得系统采集的太阳能能够更多的为用户提供热水，减少常规能源消耗量。

4.4.3 系统优化与评价

（1）系统的优化方向

集中式太阳能热水系统主要热量损失发生在热水循环过程中，有没有可能减少散热损失呢？从散热过程看，减少散热量最直接的方式是减少循环时间：当系统循环时间减少一半时，循环散热损失就只有原来的一半了。这也是在学校、工厂职工宿舍、部队营房等限定热水供应时间的地方，太阳能热水系统有较好的节能效果的主要原因。对于居住建筑集中太阳能热水系统，能否减少循环时间呢？

调查实际用户用热习惯，在全天不同时段，居民对热水需求存在较大差异。一项对全国不同地区居民洗澡习惯问卷（557 个样本）调查发现，近 88%的居民洗澡时段主要集中在晚上的 19：00~24：00。调查还发现，每人实际持续洗澡时间约在 10min，因而，单个用户实际用热持续时间很短。另外一项调查，对某栋住宅楼中 48 户居民各时段热水用量进行了实测跟踪（包括洗澡用热水，以及洗漱、做饭、洗碗等日常用热水），统计结果参见图 4-31。可以看出早上 6：00~9：00、中午

4.4 居住建筑集中式太阳能生活热水系统

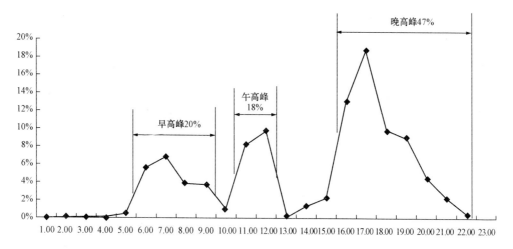

图 4-31 各时段生活热水用量分布

11:00～13:00、晚上 17:00～22:00 是热水使用高峰，分别占到热水用量的 20%、18% 和 47%。

从用户热水使用的习惯来看，即便是对应数十个用户的系统，也很少出现需要全天 24h 供应热水的情况。由此来看，在满足用户用热需求的情况下，如果能够在没用人使用热水时停止热水循环运行，在热水被连续使用的过程中也不需要热水循环，仅是在末端需要使用热水之前的几分钟启动循环泵，使管道内的冷水返回蓄热水箱就可以了。这样，热水循环泵运行的时间可以大大减少，循环管道的热损失也就可以大幅度降低。

兴悦能（北京）能源科技公司在北京望泉寺公租房应用了一种呼叫式恒温恒压太阳能热水系统❶，对减少集中太阳能热水系统循环时间有着显著效果。系统原理如图 4-32 所示。

该系统与其他集中式太阳能热水系统相比，最突出的特点在每个用户卫生间门外设置一个有灯光显示的呼叫按钮。用户用水几分钟以前按一下按钮，按钮灯开始闪动，表明循环泵已启动，当管路中的冷水全部置换为热水后，按钮灯改为长亮，此时就可以打开龙头使用热水了。采用立管入户的管路布置，在按钮灯长亮后，用户家中管道蓄积的冷水放水时间约 3～7s。当所有龙头关闭后循环泵延时 5min 自

---

❶ 李穆然. 望泉寺公租房太阳能热水工程案例. 建设科技，2016.16，p56-57.

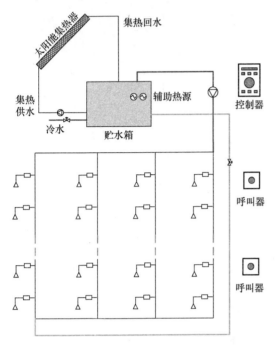

图 4-32　呼叫式恒温恒压的太阳能热水系统原理图

动关闭，大量减少了热水循环过程中的热量损失。

对于此系统的控制策略，还可以进一步优化：由于用户实际每次用热水量较少，当出热水后就可以关闭循环水泵了，这样可避免回水管内有热水散热，即可以不必延迟5min后停循环泵。或者将循环水泵安装在回水侧，只要测出水泵的温度高了，就可以关闭水泵，此时循环管内没有水流动，不影响用户用水。

从热量平衡关系来看，减少散热过程中热量损失是减少常规能源消耗最重要的途径。当然，加大集热器面积也可以减少常规能源消耗量，但这需要增大投资，增大安装空间。但是，怎样进行辅助加热却与怎样充分用好太阳能集热器有很大关系。如果在早上太阳辐射出现前，系统水箱温度已经达到设定温度（辅助热源提供），热水进入集热器，集热效率就会很低。水箱温度越高集热效率也就会越低（图 4-33），相比于真空管，平板集热器集热效率受水温影响更大。当贮热水箱中水温越高，在管网中热水与环境温差越大，系统散热量也会越大。

总结而言，集中式太阳能热水系统要特别重视系统散热量和辅助加热策略，优化系统形式和运行控制策略，达到减少常规能源消耗量的实际效果。

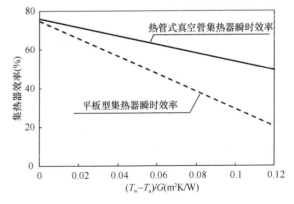

图 4-33　集热器效率与热水温度关系

G 为太阳辐射强度（W/m²）；T_w 为热水温度；T_a 为环境温度

(2) 太阳能热水系统评价

太阳能热水系统的评价指标和方法，对太阳能热水系统工程应用与发展有着十分重要的影响。通过指标的评价，对工程的方案设计、运行维护和收费机制等产生作用。

《可再生能源建筑应用工程评价标准》（以下简称《评价标准》）从系统性能、节能效果、经济性以及减排效果四个方面对太阳能热水系统进行了评价，主要包括8个评价指标，如表4-2所示。

太阳能热水系统工程评价指标 表4-2

序号	评价指标	要求
1	太阳能保证率	应符合设计文件的规定，当设计无明确规定时，应符合该标准中相应规定
2	集热系统效率	符合设计文件规定，如无明确规定时，符合 $\eta \geq 42$
3	贮热水箱热损因数	贮热水箱热损因数 Usl 不应大于 $30\text{W}/(\text{m}^3 \cdot \text{K})$
4	供热水温度	符合设计文件规定，如无规定为 45~60℃ 之间
5	常规能源替代量	应符合立项可行性报告等文件规定，如无，应在评价报告中给出
6	费效比	应符合立项可行性报告等文件规定，如无，应在评价报告中给出
7	静态投资回收期	应符合立项可行性报告等文件规定，如无，太阳能供热水系统不应大于5年
8	二氧化碳减排量、二氧化硫减排量以及粉尘减排量	应符合立项可行性报告等文件规定，如无，应在评价报告中给出

在上述指标中，太阳能保证率是目前衡量太阳能光热系统性能最重要的指标。《评价标准》中指出，太阳能热利用系统的太阳能保证率应符合设计文件的规定，当设计无明确规定时，根据不同地区太阳能资源情况给出最低保证率指标值；太阳能热利用系统的常规能源替代量和费效比应符合项目立项可行性报告等相关文件的规定，当无文件明确规定时，应在评价报告中给出。

从指标的定义来看，太阳能保证率着重强调了对太阳能的采集量，该指标可以通过扩大集热器面积、选择合适的集热器安装倾角、提高集热器效率等技术措施实现，对于建设方要求较为明确，且容易对设计方案进行检验。

然而，从实际工程应用来看，在保证率一样的情况下，实际系统能源消耗有着巨大的差别。从太阳能热水系统的热量平衡关系看，确定集热量并不能确定系统其他三项热量的关系，该指标对系统性能的评价存在不确定性。进一步，集热量大并不意味着常规能源消耗量少，因为除了用户用热水消耗的热量外，系统还有大量的散热损失发生在热水制备、输送和存储过程中，系统散热量在大部分系统中非常可观，使得系统难以实现大幅减少辅助加热量目标。

从节能的目标看，实际系统能源消耗量是对太阳能热水系统最直接的评价指标。每吨热水实际消耗的常规能源量（$Q_{吨}$）能够直接反映该系统节能性能，这里的每吨热水指的是用户实际使用的热水，而不是从锅炉或者集热器制备的热水。

每吨热水温升 25℃需要 105MJ 的热量，采用常规能源提供的热量（含水泵能耗）低于这个值时，可以认为利用太阳能实现了节能，节能率可以表达为：（常规能源提供热量－105）/105。

这个指标适用于各种形式的生活热水系统。例如，当系统采用电作为热源时，每吨水用电量低于 30kWh；当系统采用天然气加热时，天然气消耗（水泵电耗折算到天然气耗）低于每吨水 3m³，可以认为是节能的。

比较特殊的是热泵系统，此时既使耗电量少于 30kWh，太阳能系统仍有减少散热损失的空间，不能认为是太阳能系统节能，而是太阳能＋热泵共同实现了节约常规能源，还应进一步改善系统性能。

4.5 长江流域居住建筑采用地源、水源热泵采暖空调的适宜性

目前传统的长江流域住宅的采暖与空调方式，大多数居民使用的是传统的分体空调，也就是空气源热泵。而在近些年，长江流域的地水源热泵供热供冷系统在逐渐增多，而其是否适合于长江流域住宅的采暖与空调，仍然存在争议。本节通过 2011～2016 年期间对于长江流域住宅的地水源热泵供热供冷系统的测试调研案例，讨论地水源热泵系统在长江流域住宅建筑的适宜性。

在 2011～2016 年期间，清华大学建筑节能研究中心对长江流域的多个地水源热泵系统进行了采暖季与空调季测试调研。测试调研的对象如汇总表 4-3 所示，下面基于这些调查实测结果对这一地区采用地水源热泵的适宜性进行分析。

测试调研汇总表　　　　　　　表 4-3

	末端形式	测试调研小区	收费形式	测试调研时间
采暖	地暖	南京 A	按热量收费	2015 年 12 月～2016 年 3 月
		扬州 A	按热量收费	2016 年 1 月～2016 年 3 月
		扬州 B	按热量收费	2016 年 1 月～2016 年 3 月
	风机盘管	南通 A	按热量收费	2016 年 1 月～2016 年 3 月
		合肥 A	按热量收费	2012 年 11 月～2013 年 3 月
		湖北 B	按热量收费	2013 年 1 月～2013 年 7 月
		河南 A	按热量收费	2011 年 11 月～2012 年 3 月
空调	风机盘管	扬州 C	按面积收费	2014 年 6 月～2014 年 8 月
		南京 A	按冷量收费	2013 年 5 月～2013 年 9 月
		南通 A	按冷量收费	2014 年 7 月～2014 年 9 月
		扬州 A	按冷量收费	2014 年 5 月～2014 年 9 月
		扬州 B	按冷量收费	2014 年 5 月～2014 年 8 月
		扬州 D	按冷量收费	2014 年 5 月～2014 年 9 月
		湖北 B	按冷量收费	2012 年 8 月
	顶棚辐射	南京 B	按面积收费	2013 年 6 月～2013 年 9 月

4.5.1 实测的室内热状况和能耗状况

（1）采暖能耗

长江流域主要的采暖末端形式为地板采暖与风机盘管采暖两种形式，且两种末端形式的系统能耗差异大，图 4-34 为实测供暖季的小区平均供热量及系统耗电量，

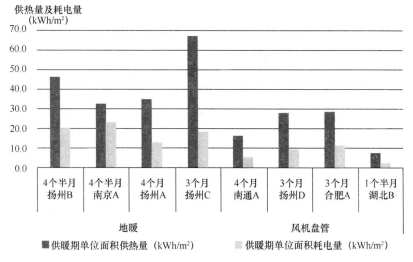

图 4-34　不同采暖末端的采暖季每平米供热量与耗电量对比图

按照供暖季单位建筑面积为指标，无论耗电量还是供热量，采用风机盘管末端的系统都低于地暖末端系统。

图 4-35 是调研末端为风机盘管的南通 A 小区 1551 户的冬季采暖单位面积耗热量图，该小区是按照消耗的热量来收取采暖费用的，由图可知，大部分住户的采暖季的耗热量水平在 6~12kWh 热量/m^2，这与长江流域的传统分体空调冬季采暖耗热量相当；小部分住户的采暖季耗热量大，其中耗热量最多的住户为 81kWh 热量/m^2，接近北方地区集中供热的耗热量强度。

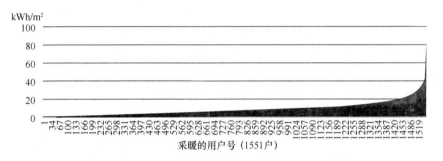

图 4-35　南通 A 小区住户冬季采暖单位面积耗热量

(2) 采暖室内空气温度

针对不同采暖末端的冬季室内空气温度，图 4-36 和图 4-37 分别为地板采暖和风机盘管采暖的冬季每日最低室温与每日开启采暖末端时最高室温统计分布图，地暖末端的每日最低室温与最高室温接近，可见地暖末端大部分情况下是全天开启

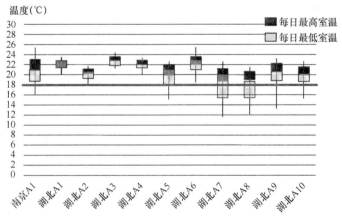

图 4-36　末端地暖的住户冬季每日最低室温与每日
开启采暖末端的最高室温统计分布图

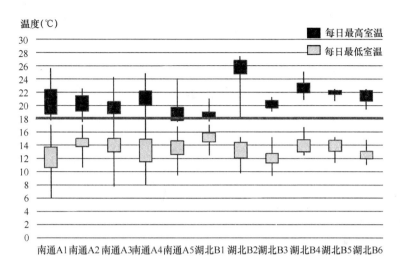

图 4-37 末端风机盘管的住户冬季每日最低室温与
每日开启采暖末端的最高室温统计分布图

的,且开启时的室温都在 18℃ 以上;风机盘管末端的每日最低室温与最高室温相差大,这表明风机盘管末端住户会在一天内手动关闭风机盘管,并且在开启时室内温度基本上高于 18℃。综合来看无论是地板采暖还是风机盘管采暖均能在需要的时候达到采暖室内设计温度 18℃,满足居民的采暖需求。

(3) 不同末端形式的调控模式

对于不同的末端设备,末端调节模式不同。地板采暖仅有一个总阀门,可以调节整个住户采暖的供暖水的流量,不能分房间调节。风机盘管末端住户可以手动开启关闭不同房间的采暖末端,调节方式有两种,一种是风机盘管装有调节通断阀门,若关闭风机盘管则风机盘管中采暖水停止流动;另一种是风机盘管只能调整风机开启与关闭,没有水的通断阀门,在关闭风机后热水在风机盘管中继续流动。

不同末端均能在冬季满足居民的采暖需求,但是二者的能耗差别大,主要原因是不同末端调节模式导致的不同采暖模式。地暖末端整个住户仅有一个总阀门,并且地板采暖若从无采暖情况下开启采暖直至整个房间达到采暖温度花费时间长,使得住户会选择整个采暖季一直开启地板采暖,形成"全时间全空间"的采暖模式,如图 4-38 地板采暖的典型户一周逐时室内温度曲线,该住户就是一直开启整户的地板采暖。风机盘管采暖末端可以分房间开启关闭采暖设备,在按照热量收取采暖费用时,住户会主动关闭无人房间的采暖末端,形成"部分时间、部分空间"的采暖模式,如图 4-39 所示,住户大部分时间是早上开启客厅的采暖风机盘管,晚上睡觉前关闭客厅的采暖风机盘管,卧室的采暖设备基本上不开启,仅在 2 月 18 日夜间开启了 1 个 h。

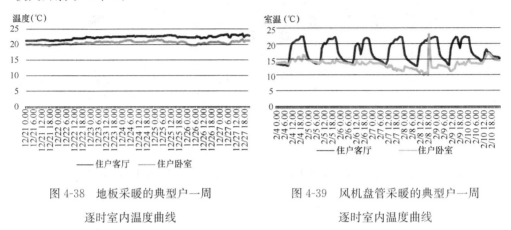

图 4-38　地板采暖的典型户一周
逐时室内温度曲线

图 4-39　风机盘管采暖的典型户一周
逐时室内温度曲线

住户手动开启关闭末端风机盘管形成的"部分时间、部分空间"的采暖模式是末端为风机盘管的系统耗热量低的最主要原因。

对于风机盘管采暖模式,图 4-40 是实测的四户典型住户在 2014 年 1 月 7 日这一天内风机盘管的开启时间统计。调研的小区住户末端采用无电磁阀的风机盘管,水量无调控。该小区根据实测的风机盘管风机运行的高、中、低速时间,分别按照不同价格收费,风机停止时免费。风机盘管处于高中低档是由住户自行选择。由于是根据风机盘管开启状况收费,因此尽管是小区集中供暖,几乎所有的住户也都是按照"部分时间、部分空间"的模式运行自己的风机盘管,即住户手动开启关闭风

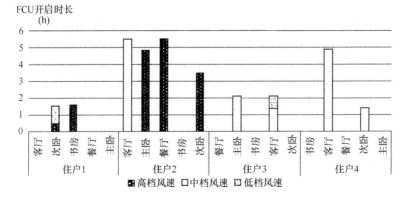

图 4-40　四户典型住户 1 月 7 日风机盘管开启时间统计

机盘管。可见，住户开启采暖末端的时间很短，完全不是设计工况所依据的全天24h运行的工况，并且不同住户对于采暖设备的使用习惯差别巨大，但大多数风机盘管的实际开启时间都小于6h/天，也就是开启时间不到25%。

图4-41是1月1日～1月31日同一小区内的三户住户的风机盘管运行总时长的统计值，其中住户A是该小区风机盘管运行总时长最长的住户，其开启时间最长的房间为餐厅，餐厅的风机盘管总运行时间为328h，占1月总时长的44%；住户B的风机盘管运行时长为小区平均水平，其开启时间最长的房间为客厅，客厅的风机盘管总运行时间为88h，占1月总时长的12%；住户C是该小区风机盘管运行小时长最短的住户，其开启时间最长的房间为次卧，次卧的风机盘管总运行时间为5.1h，占1月总时长的0.7%。图4-42是这三户住户1月内风机盘管开启时长最长的一天的小时数统计图，三个住户开启时间差异大，且在开启时间最长的一天各住户也是"部分时间、部分开启"的采暖模式。图4-41和图4-42说明该小区的大部分住户仅在房间有人的时候才开采暖设备，属于典型的"部分时间、部分空间"的采暖模式。

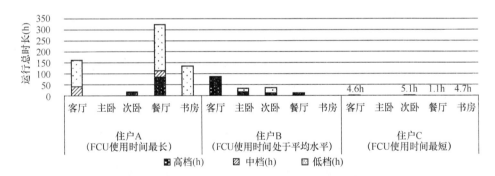

图4-41 1月1日～1月31日同一小区内的三户住户的FCU运行总时长图

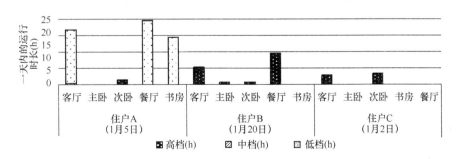

图4-42 同一小区内的三户住户的FCU运行最长的一天运行时长图

（4）采暖住户满意度

在测试地水源热泵系统的同时，于2015～2016年冬季对于南京、南通、扬州三个地方的地水源热泵供暖的小区进行了问卷调研，调研问卷76份，主要问卷调研了住户室内热感觉及对于小区地水源热泵系统与传统分体空调的认识问卷调研分布情况如表4-4所示。如图4-43所示，小区地水源热泵供暖系统下，存在7%的住户反映有过热情况，36%住户感觉冷。

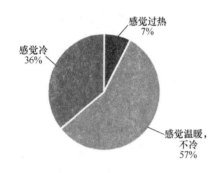

图4-43 住户室内热感觉调研结果

图4-44是不同末端住户对于系统形式变化的反馈，末端为风机盘管的住户45%认为还是原来的分体空调好，55%的用户觉得现在小区风机盘管采暖好。可见在末端为风机盘管系统的时候，相比于原来分散的分体空调方式，住户反映上是差不多的，而末端改为地板采暖者则大多数认为有所改善。

在实际调研中，居民也指出了风机盘管与分体空调系统的区别，主要区别如下：

1）小区集中的地水源热泵系统，末端为风机盘管系统的冬季采暖时，开启存在一定延迟；分体空调延迟更小。这里主要原因是末端风机盘管的出风口设计不佳，导致室内气流组织不好，让住户感受是存在延迟性。

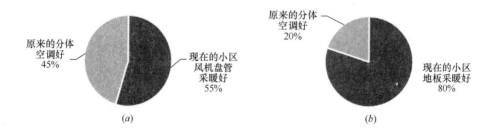

图4-44 不同末端住户对于系统形式变化的认知反馈
(a) 末端为风机盘管的住宅用户反馈；(b) 末端为地暖的住宅用户反馈

2）风机盘管系统的室内噪声大于分体空调系统的室内噪声；分体空调的室外噪声较大，不过对于居民影响较小。

末端为地暖的住户20%认为原来的分体空调好，80%现在的地板采暖更好。

可见末端变为地板采暖后,可以一定程度上提高用户的热舒适。

问卷调研分布情况　　　　　　　　　　　　　表 4-4

末端形式	末端调节方式	收费方式	小区地点	问卷数量
冬夏均为:风机盘管	各个房间风机盘管通断调节	按照冷热量收费	南通 A	33
冬季:地板采暖; 夏季:风机盘管	冬季:地暖总阀门水量调节; 夏季:各个房间风机盘管通断调节	按照冷热量收费	南京 A	21
			扬州 A	11
			扬州 B	11

(5) 空调能耗

长江流域的空调末端形式主要为风机盘管末端,少量系统使用的是顶棚辐射+新风末端,两种末端形式的系统能耗差异大。图 4-45 为实测空调季的小区平均耗冷量及系统耗电量(其中顶棚辐射+新风系统的末端新风风机能耗没有归入电耗中),供冷季单位面积耗电量风机盘管末端的系统整体低于辐射天棚的末端系统。供冷季单位面积供冷量,风机盘管的系统为 11.5~24.8kWh/m^2,顶棚辐射+新风末端为 65.7~80.4kWh/m^2。

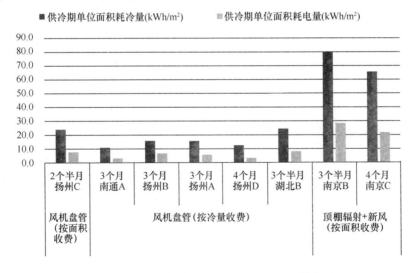

图 4-45　不同空调末端的供冷季单位面积电耗与供冷量对比图

图 4-46 是调研末端为风机盘管的南通 A 小区 1592 户的空调季单位面积耗冷量图,该小区是按照消耗的冷量来收取空调费用,由图可知,大部分住户空调季的耗冷量水平在 10kWh 冷量/m^2 以下;小部分住户的空调季耗冷量大,其中耗冷量最

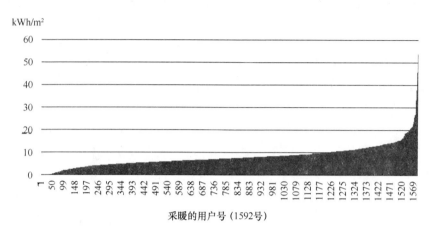

图 4-46　南通 A 小区住户夏季空调单位面积耗冷量

多的住户为 54 kWh 冷量/m²。

(6) 不同末端形式的空调开启模式

末端为顶棚辐射＋新风的系统，为了防止末端住户的顶棚发生结露，整个小区的新风系统要一直开启，连续运行。末端的住户没有主动调节的手段，则只要小区冷站开始供冷，住户房间内就是"全时间，全空间"供冷模式，并且每户的全时间运行的新风系统耗冷量也是非常大的一部分。所以顶棚辐射＋新风的系统能耗普遍高于末端为风机盘管的系统。

末端为风机盘管的系统，有两种收费形式，一种为按照实际用量收取空调费用，另一种为按照面积收取空调费用。

对于末端为风机盘管的系统，按照实际用量收取空调费用，住户会主动关闭无人在的房间的风机盘管。图 4-47 是实测的 4 个典型住户在 2012 年 7 月 12 日这一天内风机盘管的开启时间统计。调研的小区住户末端采用无电磁阀的风机盘管，水量无调控。该小区按照风机盘管实际运行状况收费，也就是根据实测的风机盘管风机运行的高、中、低速时间，分别按照不同价格收费，风机停止时免费。风机盘管处于高中低哪一档是由住户进行选择和调节。由于是根据风机盘管开启状况收费，因此尽管是中央空调，几乎所有的住户会根据需求手动开启关闭风机盘管。如图 4-47 所示，住户开启空调末端的时间普遍较短，完全不是设计工况所依据的全天 24h 运行的工况，并且不同住户对于空调的使用习惯差别巨大。

图 4-48 是该小区在住户"部分时间、部分空间"的空调模式下的 7 月 12 日的

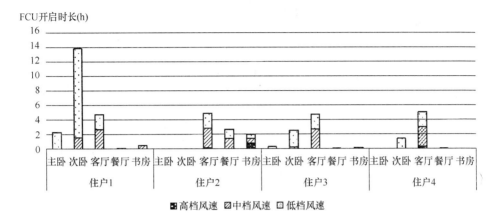

图 4-47　4 个典型住户一天内风机盘管的开启时间统计

室内温度曲线,可见住户仅开启所在房间的空调,离开房间则手动关闭空调。

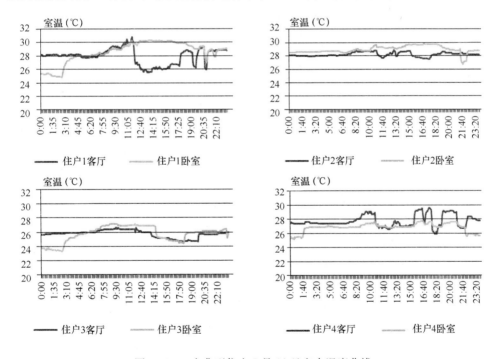

图 4-48　4 个典型住户 7 月 12 日室内温度曲线

图 4-49 为 2012 年 7 月 1~20 日该小区内各房间类型空调末端开启时间的统计结果。其中住户 A 是该小区风机盘管运行总时长最长的住户,其开启时间最长的房间为主卧,主卧的风机盘管总运行时间为 289h,占 7 月 1~20 日总时长的 60%。

住户 B 的风机盘管运行时长为小区平均水平，其开启时间最长的房间为客厅，客厅的风机盘管总运行时间为 81h，占 7 月 1～20 日总时长的 17%。住户 C 是该小区风机盘管运行时长最短的住户，其开启时间最长的房间为客厅，次卧的风机盘管总运行时间为 1.8h，占 1 月总时长的 0.4%。图 4-50 是这三户住户 1 月内风机盘管开启时长最长的一天的小时数统计图，在开启时间最长的一天内三户住户的开启模式也是"部分时间、部分空间"的空调模式。图 4-50 和图 4-51 说明该小区的风机盘管在夏季大部分时间关闭，末端的运行模式与分散空调完全相同。

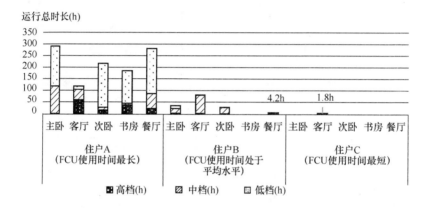

图 4-49　7 月 1 日～7 月 20 日同一小区内三户住户的 FCU 运行总时长图

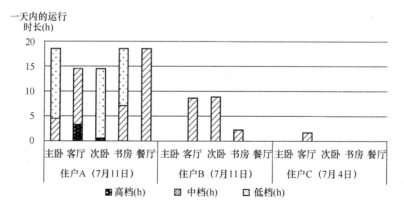

图 4-50　同一小区内三户住户的 FCU 运行最长的一天运行时长图

对于末端为风机盘管的系统，按照面积收取空调费用，虽然末端可调，但是其末端用户由于没有经济因素的考虑，则不一定会主动手动关闭无人在的房间空调末端。

在夏季空调测试中我们对扬州两个相同区域的两个不同收费形式的小区进行了为期一周的测试，两个小区末端形式均为风机盘管系统，其中 A 小区目前按照面积收费，B 小区按照冷量收费。图 4-51 是两个小区所有住户的平均供冷负荷曲线，两个小区在室外气象相同的情况下，末端均为风机盘管的系统，但单位面积的实际耗冷量差别大，按照面积收费的小区供冷负荷为按照冷量收费的小区供冷负荷的 3~4 倍。可见虽然末端可调，按照面积收费时，用户的冷量消耗会变大。

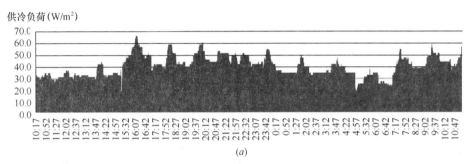

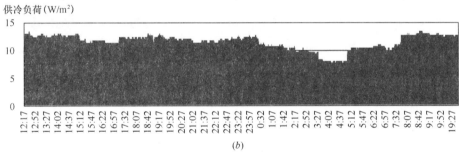

图 4-51　不同收费方式的扬州两个小区 8 月 15 日中午~8 月 16 日中午供冷负荷曲线
(a) 按照面积收费的小区供冷负荷曲线；(b) 按照冷量收费的小区供冷负荷曲线

最后综合对比顶棚辐射+新风末端的用户以及两种收费形式下的风机盘管末端的耗冷量情况，图 4-52 所示为三种形式的小区在相似室外气象情况下的一天小区单位面积累计冷量。前两者的耗冷量远大于末端为按照冷量收费的风机盘管末端系统的耗冷量。

这说明只要末端实施合理的收费方式，并且末端具备不同房间的调节和关闭能力，住宅就一定会按照分散方式的"部分时间、部分空间"模式运行，这是目前绝大多数住宅住户的实际选择。

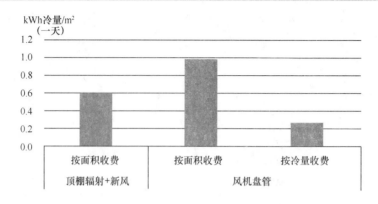

图 4-52 不同收费方式及末端的单位面积累计冷量对比图

4.5.2 热泵系统能耗性能

本节主要讨论末端为风机盘管的热泵系统能耗性能情况。图 4-53 是末端为风机盘管的不同小区采暖季每平方米耗电量与系统平均供暖的系统能效比（EER），主要区别是末端的风机盘管是否有通断阀门。其中有通断阀门的系统采暖季平均 EER 在 2.4～3.1 之间，而无通断阀门的系统采暖季平均供暖 EER 显著低于有通断阀门的系统供暖 EER。图 4-54 是末端为风机盘管的不同小区供冷季每平方米耗电量与系统平均供冷 EER 图，有通断阀门的系统供冷季平均供冷 EER 在 2.4～3.7 之间，而无通断阀门的系统供冷季平均供冷 EER 显著低于有通断阀门的系统供冷 EER。

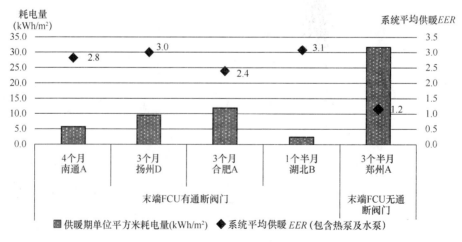

图 4-53 末端为风机盘管的不同小区的采暖季每平方米耗电量与系统平均供暖 EER

4.5 长江流域居住建筑采用地源、水源热泵采暖空调的适宜性

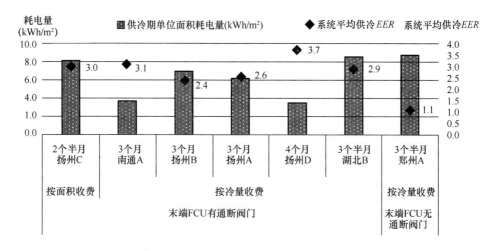

图 4-54 末端为风机盘管的不同小区供冷季每平方米耗电量与系统平均供冷 EER

长江流域地源、水源热泵系统从冷热源角度看，在设计工况下，其热泵的效率是高于空气源热泵的效率（传统的分体空调）。但是通过调研发现对于风机盘管末端的系统，其冬夏的能效比 EER 与传统分体空调的能效比 3.0 相当，部分系统的能效比低于传统分体空调的能效比 3.0。下面从热泵性能和循环水泵运行电耗两方面讨论热泵系统能耗性能。

(1) 热泵机组能效比 COP 的讨论

末端为风机盘管的系统，在按照热量收费的情况下，住户会主动调节末端风机盘管的开启与关闭，形成了"部分时间、部分空间"的采暖空调模式，整个小区的冷热负荷与设计时的"全时间全空间"的负荷完全不同。图 4-55 为三个小区整个采暖季的不同供热负荷的运行小时数图，可见各个小区的供热负荷都长期处于低负荷率的情况下。由于小区是集中供暖，热泵机组在整个供暖季一直开启。对于图 4-55 中河南 A 小区，长期运行的单台热泵容量大于供热负荷，则对于这台热泵一直处于部分负荷工况下运行，所以在图 4-56 中，河南 A 的实际供热 COP 远小于额定供热 COP。对于图 4-55 中湖北 B 小区与南通 A 小区，有不同大小的容量的热泵匹配运行，在不同工况下提高了热泵机组的负荷率，所以在图 4-56 中，湖北 B 与南通 A 热泵供暖季平均 COP 与额定供暖 COP 接近。

在"部分时间、部分空间"模式下，小区供冷供热负荷长期处于低负荷，在实际工程中将空调采暖负荷与热泵机组容量匹配运行，设计与运行难度都较大，导致

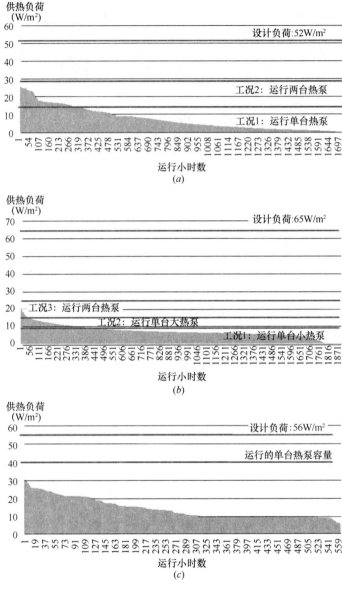

图 4-55　三个小区整个采暖季的不同供热负荷的运行小时数图
(a) 湖北 B 供热负荷；(b) 南通 A 供热负荷；(c) 河南 A 供热负荷

大部分系统的热泵供暖季供冷季的平均 COP 都低于额定工况 COP，使得冷热源上失去了对于空气源热泵 COP 上的优势。

(2) 循环水泵运行电耗的讨论

长江流域的地源、水源热泵采暖空调系统是小区集中系统，其与传统分体空调

4.5 长江流域居住建筑采用地源、水源热泵采暖空调的适宜性

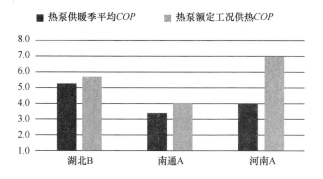

图 4-56 热泵供暖季平均 COP 低于热泵额定工况供热 COP

相比多了循环水泵运行电耗,所以循环水泵运行电耗是影响热泵系统能效比的重要因素。

在住户"部分时间、部分空间"的采暖空调模式下,小区整体采暖空调负荷低,此时若不合理调节水系统,会导致循环水泵运行电耗大的问题。

住户末端风机盘管设备有两种形式,一类是无通断阀门调节,在住户关闭风机盘管风机时,空调水被旁通,水系统流量保持不变;另一类是有通断阀门调节,在用户关闭风机盘管时,空调水阀门关闭,水系统流量会减小。图 4-57 是不同小区供冷季空调水供回水温差分布图,其中无通断阀门的河南 A 小区的系统供回水温差明显小于其他小区的供回水温差。图 4-58 是实测的供冷季水泵运行电耗与热泵运行电耗的比例图。住户末端设备无通断阀门的情况下,在空调负荷低时,水系统流量保持在满流量状态,则水泵在低负荷时电耗占总体电耗大,最终导致系统整体

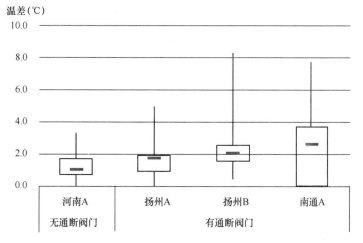

图 4-57 不同小区供冷季空调水供回水温差分布图

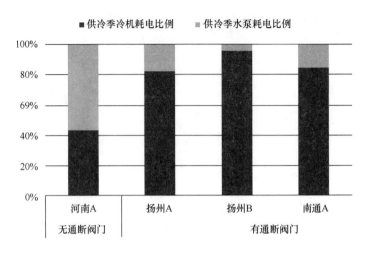

图 4-58 末端风机盘管无通断阀门与有通断阀门的水泵电耗对比图

效率低。在末端住户可主动调节通断阀门的情况下,在空调负荷低时,水流量会下降,水泵电耗降低。

(3) 热泵系统能耗性能总结

末端住户在"全时间全空间"采暖空调模式下,消耗热量冷量多,最终系统能耗高。末端住户在"部分时间、部分空间"采暖空调模式下,消耗热量冷量少,但是由于长期负荷率低,并且由于空调采暖负荷与热泵机组容量匹配运行,设计与运行难度都较大,导致大部分系统的热泵供暖季供冷季的平均 COP 都低于额定工况 COP,使得冷热源上失去了对于空气源热泵 COP 上的优势,加上集中系统的输配水系统电耗,整个系统的 EER 与传统分体空调的能效比 3.0 相当。在低负荷情况下,当运行的热泵容量偏大,水系统流量不减小的情况下,系统能效比 EER 低于传统分体空调。

4.5.3 地水源热泵系统与传统分体空调(空气源热泵)对比

对于长江流域采暖与空调方式,目前居民多使用传统分体空调(空气源热泵)进行采暖与空调。本节将主要从能耗、居民和经济角度,对地水源热泵系统与传统分体空调(空气源热泵)进行对比分析。由于在以上讨论中发现,辐射末端形式如冬季地板采暖与夏季辐射顶棚+新风系统能耗均大于末端为风机盘管的系统能耗,表 4-5 是仅针对末端为风机盘管的地水源热泵系统与传统分体空调的综合对比表格。

末端为风机盘管的地水源热泵系统与传统分体空调的综合对比表　　　表 4-5

综合对比内容		末端为风机盘管的地水源热泵系统（按照热量收费）	传统分体空调
能耗角度	供暖季单位面积电耗	2.5~11.9kWh/m²	1.9~5.3kWh/m²
	供暖季系统 EER	2.4~3.1	3.0
	供冷季单位面积电耗	3.5~8.1kWh/m²	2.3~6.3kWh/m²
	供冷季系统 EER	2.4~3.7（多数处于3.0以下）	3.0
	系统能耗控制难易程度	困难（从冷热源、输配系统到末端住户调节上都给出了良好的系统运行策略）	简单（控制环节少，只需控制空调设备质量）
居民角度	室外机	无室外机	有室外机
	室内噪声	部分风机盘管室内噪声较大	无噪声
	室外噪声	无	室外噪声较大
	室内热感觉	满足基本需求	满足基本需求
经济角度	初投资	初投资大（地埋管及输配管网初投资巨大）	初投资较小
	运行费用	运行费用多（除支付机组电费外，还需支付系统设备维护费用、人员运行费用）	运行费用少（仅支付机组电费）

长江流域地源、水源热泵系统从冷热源角度看，在设计工况下，其热泵的效率是高于空气源热泵的效率（传统的分体空调），这也是各地大力推广地源、水源热泵系统在居住建筑中的原因。

长江流域居住建筑的地源、水源热泵系统是小区规模的集中系统，末端形式主要为辐射末端与风机盘管末端，收费形式有按照面积收费与按照冷热量收费。

其中辐射末端缺乏调节性，使得住户采暖空调模式变为"全时间全空间"模式，虽然舒适性有一定的提高，但是消耗冷热量大，导致采暖空调能耗高。

末端为风机盘管的住户，若按照面积收费，在住户缺乏末端调节的主动性时，也会使得末端采暖空调模式变为"全时间全空间"模式，导致采暖空调能耗高。

末端为风机盘管的住户，在按照冷热量收费时，住户在费用与舒适性上会进行平衡，会主动调节末端，主动关闭无人房间的末端设备，形成"部分时间、部分空间"采暖空调模式，此时消耗的冷热量与传统分体空调无差异。但是"部分时间、部分空间"的采暖空调模式下的采暖空调负荷率长时间处于较低水平,热泵机组匹配调节困难,导致热泵机组 COP 达不到设计工况 COP,没有了冷热源效率高的优势,再加上输配系统能耗高,导致最终地源、水源热泵系统平均效率与传统分体空调相当,最终的采暖空调能耗也与传统分体空调相当。

末端为风机盘管的住户,在按照冷热量收费的地水源热泵系统与传统分体空调的电耗及系统能效比如图4-59与图4-60所示。对于空调方式,如图4-60所示,分体空调供冷季电耗在 $2.3\sim6.3kWh/m^2$,末端为风机盘管的系统供冷季电耗在 $3.5\sim8.1kWh/m^2$。从能耗上,末端为风机盘管系统的能耗与分体空调相当。对于采暖方式,如图4-61所示,分体空调采暖季单位面积电耗在 $1.9\sim5.3kWh/m^2$,末端为风机盘管的系统采暖季单位面积电耗在 $2.5\sim11.9kWh/m^2$。从能耗上,末端为风机盘管系统的能耗略高于分体空调。

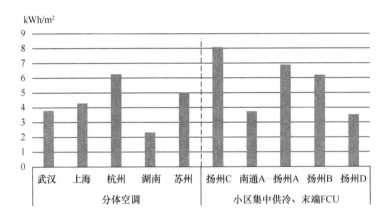

图 4-59　分体空调与地源热泵系统空调电耗对比

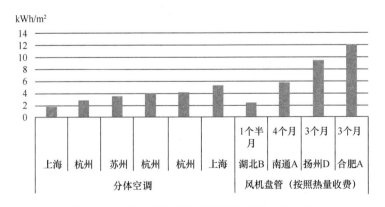

图 4-60　分体空调与地源热泵系统采暖电耗对比

从系统能耗控制难易程度上来看，集中系统的设计运行难度较大，需要系统从冷热源、输配系统到末端住户调节上都给出好的系统运行策略。而传统的分体空调系统能耗控制简单，只需要控制分体空调出厂的设备质量，在居民传统的"部分空间、部分时间"的使用模式下，就可以达到低的能源消耗。

从居民的角度来看，分体空调存在室外机，从建筑外观上可能会略差于集中系统，但是实际上也存在对于分体空调室外机与建筑物外观融合的建筑设计方案，所以在这点上二者没有差别。在调研中，居民反映较多的是部分风机盘管在开启时会造成室内噪声偏大的问题。其次是相对于集中系统，传统分体空调的室外机噪声也是一个影响居民感受的因素。从室内热感觉来看，两个系统均能满足住户室内的基本需求，这在主观问卷的调研中也得到了二者满意度相一致的结果。而在集中系统的居民访谈调研中发现，在供暖季集中供暖存在一定的延迟情况。

从经济角度来看，住宅地水源热泵系统的采暖空调系统的初投资和运行费用均大于传统的分体空调。初投资大的主要原因是地埋管及输配管网初投资巨大，而运行费用大的原因是除支付机组电费外，还需支付系统设备维护费用、人员运行费用。

综合以上对比来看，长江流域居住建筑采用地源、水源热泵采暖空调系统，只要末端实施合理的收费方式，并且末端具备不同房间的调节和关闭能力，住宅就一定会按照分散方式的"部分时间、部分空间"采暖空调模式运行，在热泵与水泵系统设计运行良好的情况下，也是一种合适的采暖空调方式。但在实际采用该系统时，考虑到设计运行的难度大，且经济性差，地水源热泵系统在长江流域住宅建筑的适宜性仍然值得商榷。

4.6 中深层地热源热泵供热系统

近年来，随着勘探技术和地下换热装置的研发，各种深度的地热能逐渐被发掘。其中，对于深度在2km到3km，岩层温度70～100℃左右的中深层地热能，之前由于开采难度较大且温度无法达到发电的要求，实际利用较少。对于这部分中深层地热能，如果能通过密闭换热装置从中取热，在不破坏地下环境的前提下作为热泵机组的低温热源，可使得热泵机组运行在更小压缩比的高效工况，从而实现供热系统节能。近年来,从我国陕西西安等地逐渐发展起来一类中深层地热能热泵供热技术,经自主研发和工程实践取得一定成果,对推动建筑节能、高效清洁供热具有应用前景。

4.6.1 中深层地热源热泵供热技术简介

中深层地热源热泵系统结构示意图如图4-61所示。由中深层地热能密闭取热孔,热源侧水系统,热泵机组和用户侧水系统组成。

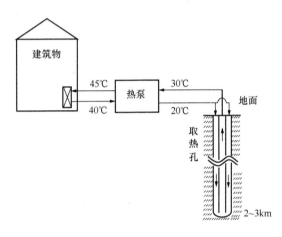

图4-61 中深层地热源热泵系统示意图

中深层地热能热泵供热系统与常规地源热泵系统相比,最主要的区别在于其采用钻孔、下管、构建换热装置等技术措施,从地下2km到3km深、温度在70～90℃、甚至更高范围的岩石中,提取蕴藏其中的地热能作为热泵系统的低温热源,即图中所示的中深层地热能密闭取热孔。作为系统技术核心的中深层地热能换热装置,通常采用套管结构:换热介质在循环泵的驱动下从外套管向下流动与周边土壤和岩石等换热,到达垂直管的底部后,再返回内管向上流出换热装置。换热介质在外套管向下流动的过程中,一方面通过外管管壁与土壤岩石等进行换热;另一方面也会通过内管管壁与向上流动的换热介质进行换热。而从内管向上流动返回的已被加热的换热介质在流动中又会被向下流动的换热介质冷却,使其温度降低。由于采用密闭换热装置能对地下环境产生最小的影响,并保证系统长期稳定运行,因此其换热装置的密闭性与稳定性也要求较高的工程技术工艺。

根据对已投入运行的实际系统实测,冬季中深层地热能换热装置出水温度可以稳定在30℃以上,一些工程甚至更高,具体原因与换热装置设计和性能以及取热孔实际地质条件有关。对于热源侧水系统,由于中深层地热能取热装置管路长、流动截面积小,为避免过大的水泵电耗,通常热源侧设计循环温差为10K左右。此外,由于中深层地热能温度较高,只用于冬季供暖需求,不能作为夏季供冷需求,这也是与其他常规地源热泵系统的区别。

除此以外，中深层地热源热泵技术与常规地源热泵技术相似，都是通过热泵机组将热源侧的热量，进一步提升到较高的温度水平，再释放至用户侧，为建筑物供暖。用于居住建筑，其室内末端搭配地板采暖较好，因为地板采暖所需供水温度较低，这样热泵机组效率高。如果建筑物内采用常规散热器或风机盘管等末端形式，需要的供水温度要高于地板采暖系统的供水温度，这就会使系统的能效有所降低。

4.6.2 实际工程案例的运行能耗实测调研

近年来，陕西省以及我国北方部分城市已经建成多个中深层地热源热泵供热系统，并从2013年冬季起投入使用。通过对其中部分系统实际能耗进行调研和测试，表4-6为所调研项目的基本信息，均位于陕西省西安市及其周边地区。

中深层地热源热泵系统项目基本信息　　　　表4-6

项目名称	项目A	项目B	项目C	项目D
建筑功能	住宅	住宅	住宅	住宅+商业
建筑面积（m²）	20600	43500	56000	37800
实际供暖面积（m²）	6000	18700	38000	7560
入住率	0.29	0.43	0.68	0.2
热源形式	中深层地热源热泵供热系统			
取热井个数	2	3	5	3
末端形式	辐射地板			住宅：辐射地板 商业：风机盘管

其中项目A为住宅小区，共三栋楼，每栋七层；项目B为住宅小区，共两栋楼，每栋24层；项目C为住宅项目，共21栋住宅楼和1栋办公楼；项目D为商住结合的项目，共28层，其中1~6层为商业区，目前尚未营业，7~28层为住宅区。上述项目冬季采用中深层地热源热泵系统进行供暖，居住区域末端均为辐射地板，实现了较低的冷凝器侧温度。

对这四个投入实际运行的项目在严寒期进行48h以上的连续监测，得到测试期系统平均运行性能，如表4-7所示。

实测系统运行性能　　　　　　表 4-7

项目名称	项目 A	项目 B	项目 C	项目 D
平均室外气温（℃）	−0.5	−3.0	−0.8	3.1
平均室内温度（℃）	23.1	20.2	22.4	21.4
平均热负荷（W/m²）	54.5	30.6	46.7	49.1
热泵机组 COP	5.85	4.71	4.35	4.96
系统综合 COP	3.91	3.28	3.61	3.35

其中项目 A 系统综合 COP 最高，为 3.91，项目 B 系统综合 COP 较低，为 3.28。四个项目在 2015~2016 年供暖季整体能耗数据如表 4-8 所示。

四个项目供暖季累积单位建筑面积供热量及耗电量　　表 4-8

项目名称	项目 A	项目 B	项目 C	项目 D
单位面积供热量（GJ/m²）	0.43	0.23	0.36	0.25
单位面积耗电量（kWh/m²）	30.5	17.6	28.2	20.4

其中项目 A 单位面积耗电量最高，为 30.5kWh/m²，项目 B 单位面积耗电量较低，为 17.6kWh/m²。由此可见，对于同一个供暖技术，在同一地区为居住建筑进行供暖，在系统设计、施工、运维、管理水平不同的情况下，系统运行性能也会存在较大差别。这其中既有中深层地热源热泵供热技术亟须完善的原因，也有建筑物围护结构、庭院管网敷设与平衡调节、楼内管网及末端用户调节等方面的原因，需全面考虑、系统解决。

4.6.3　中深层地热源热泵供热技术特点

1) 对地下环境基本无影响，可应用范围广。我国地热资源丰富，该技术采用地下 2km 至 3km 深的中深层地热能作为热泵低温热源，通过地埋管换热装置提取热能，无需提取地下水，对地下水资源无影响。同时，取热孔径小，对地下土壤岩石破坏小，因此该技术对地下环境基本无影响。其次，由于该技术热源侧取热点较深，基本不受当地气候环境影响，适用于我国各个气候区应用。初步测算，对于全球主要大陆地区，均有采用这一中深层地热能热泵供热的可能性，是否经济适用，则取决于当地能源价格、气候条件、建筑物保温性能等因素。

2）适用于居住建筑供暖，夏季无需向地下补热。对于我国北方城乡居住建筑而言，解决其供冷和采暖需求的合理方式之一，是各户在夏季采用分体空调，根据实际需求独立调控，满足各自的供冷需求；而在冬季采用集中供暖系统，避免燃烧散煤，实现高效清洁供热。如果采用常规的地源热泵系统只在冬季为居住建筑进行供暖，在夏季需要对土壤进行补热，以避免由于全年取热、排热不平衡导致土壤温度逐年下降，导致系统运行能效降低甚至无法运行的情况。如果采用中深层地热源热泵技术，由于热源侧取热于地下中深层地热能，其热量直接来自于地球内部熔融岩浆和放射性物质的衰变过程，有源源不断的热量补充到中深层地热之中，能够根本上解决补热的问题。经计算，如果地埋管间距在 20m 以上，经过一个供暖季的取热，地下土壤平均温降小于 2K，在供暖季结束后四个月即可恢复，保证热泵系统长期高效的运行，很好地适应了居住建筑的用能特点。

3）换热孔出水温度较高，取热量较大。已有实际工程实测结果表明，单个取热孔循环水量为 20～30m^3/h 时，热源侧最高供水温度能达到 30℃，受取热孔当地具体地质条件及取热孔实际深度的影响，单个取热孔的取热量可达到 250～350kW，平均每延米取热量可达到 120～180W/m，个别项目甚至更高。这样，当热泵机组热源侧循环水设计供水/回水温度 30/20℃时，热泵蒸发温度在 15℃以上；当末端是地板采暖系统时，用户侧供回水温度为 42/37℃，热泵冷凝温度可以在 45℃或者更低一些。当末端采用常规散热器或风机盘管时，供回水温度要求在 45～50℃，热泵冷凝温度达到 48～53℃。即无论搭配何种末端形式，采用该技术的热泵压缩机与常规的浅层地源热泵系统相比，都运行在一个压缩比更小的工况下，机组 COP 更高。工程案例实测也表明，应用中深层地热源的热泵机组制热 COP 能达到 5～6，供热系统的综合效率 EER 能达到 3～4（包括热源侧循环泵和用户侧循环泵的电耗），具体系统效率取决于系统设计、施工、调适和运行管理水平。而常规的浅层地源热泵系统实测系统综合效率 EER 集中在 3 左右。可见，得益于高温的热源，中深层地热源热泵供热系统具有更高的运行能效，是实现高效清洁供暖、推动建筑节能的重要途径。

4）热源侧地埋管占地面积小，开采位置选择灵活，可构建更加灵活调节的集中供热系统。该技术热源侧地埋管纵深较大，但横截面积较小，包括回填区直径仅为 0.25m 左右，与普通下水道井大小相似，开采位置灵活，方便在建筑红线内或地下室进行开采。对于一根取热孔，配合一台额定制热量为400kW左右、压缩机功率小于100kW的模块化热泵机组，就能承担12000m²左右建筑物的供热。在居住小区中，利用该系统热源侧换热装置占地面积小的特点，可以将传统的集中能源站的形式改为半集中式供热系统，就近输配供暖循环水，降低了用户侧输配能耗，还能够很大程度上缓解庭院管网漏热严重以及水力不平衡的问题。

由此可见，采用中深层地热源热泵技术，对实现居住建筑高效清洁供暖具有重要意义。

4.6.4 值得注意和持续改进的事项

虽然中深层地热源热泵系统相比于常规的浅层地源热泵系统具有较多优势，但是在实际应用过程中，切勿盲目推进、一哄而上，避免重蹈之前我国北方某些城市大面积推广地源热泵的覆辙。

1）建造难度大，成本高。中深层地热源热泵供热系统的核心，是热源侧地埋管换热装置，其埋深通常为2km左右。在已有实际工程的地埋管换热装置钻孔过程中，遇到过岩层硬度大、压力高等具体困难，大幅度增加施工周期和成本。同时，在地埋管换热装置安装过程中，需要保证内外套管分别密闭连接，技术要求高。目前实际工程中，由于地质结构不同、钻孔难度和工艺不同、钻孔施工过程中不可预见因素等，以每换热深孔计，其初投资在一百万到五百万人民币之间不等，高于常规的浅层地源热泵系统，虽然运行能耗较低，但投资回收期仍然较长，需政府在初投资方面给予优惠政策和支持。另一方面，由于地埋管开采难度大，在开采时搭建井架、安装打井设备工序繁琐，并且费用较高，因此在开采时，适宜多开采几口取热井，避免仅开采一口取热井导致初期搭建井架费用的浪费。

2）系统设计仍有优化空间，系统运行效率存在进一步提升的可能。虽然中深层地热源热泵供热技术具有利用高温热源的优势，但经过实测和调研发现，在实际工程中仍然存在常规热泵系统普遍存在的问题，在系统设计、设备选型、运行策略等方面，仍具有大幅度提升系统能效的空间。例如：

①由于供热负荷计算偏大，导致热泵机组选型偏大，使得实际运行过程中热泵机组负荷率较低，运行效率不高；

②热泵机组按设计供水温度60℃选型，压缩机额定压缩比较高，而实际运行

过程中供水温度 45℃ 已足够满足建筑物供热需求,即压缩机并不需要很大的压缩比,导致压缩机热力完善度不高;

③供暖循环水输配过程中仍存在庭院管网、楼内管网漏热、末端用户水力失调等常规系统的问题,导致实际供热量高于用户实际需求,存在能耗浪费的情况;

④实测各工程项目热源侧供水温度存在一定差异,其具体原因一方面与换热装置所在具体地质条件有关,另一方面地埋管换热装置的实际效能也有待提升;

⑤供热系统的水泵选型,包括用户侧水泵、热源侧水泵扬程选型往往偏大,部分供热管网中存在不合理阻力,导致系统输配能耗偏高等。

以上问题限制了中深层地热源热泵供热技术发挥其热源温度高的优势,值得进一步研究和在实际运行中及时维护和再调适。想要降低这一系统能耗,需从降低管网漏热与平衡、提升取热装置换热效果、提升热泵主机能效以及降低水泵电耗四个关键环节入手开展研究,值得注意的技术要点包括:

①对于居住小区建筑,在对系统进行设计和选型时,需要考虑入住率一开始可能并不高的情况,避免一开始就使用大系统,导致运行过程中难以调节,系统整体效率不高,可以考虑事先预留机房位置,根据入住率变化逐渐加装机组;

②尽可能采用低温供热末端方式,如地板采暖,而在系统运行过程中,根据末端实际负荷调整供水温度,从而降低热泵机组冷凝温度,提升热泵机组 COP;

③用户侧供热系统庭院管网规模不宜过大,避免输配过程中管网漏热严重或者存在水力失调等问题;

④用户侧供回水温差控制在 4~5K 左右即可,可通过加大管径和减少阻力部件来减少管道系统阻力,从而通过低扬程来避免循环水泵能耗过高;

⑤对于热源侧地埋管换热装置,可研发更高效的换热器结构,优化流量搭配,提升地埋管换热装置能效,并降低热源侧水泵能耗。

中深层地热源热泵供热技术充分利用温度较高的低温热源,为系统提供了稳定高效的运行环境,在节能减排、清洁高效方面具有显著特点和优势,因此短短几年时间里,在陕西、山东、天津、河北、山西、安徽等地均有这一技术的示范工程建设。但必须要看到这一技术和系统的复杂性和特殊性,特别是在系统设计、设备选型以及运行管理等方面仍然需要大量细致的工作,需要引起工程设计、施工、运维人员的高度重视,既需要各级政府的支持鼓励,又切不可盲目快上。建议通过对实际系统运行过程的用电量、供热量和效率等指标进行长期连续监测和评价，对于确实运行能耗低、效率高的系统给予相应的奖励，或在价格、税收等方面给予优惠。如果通过各方共同努力，使得这一由我国工程技术人员自主创新发展的中深层地热源热泵供热技术得到健康发展，不仅可以有助于推进我国北方城乡清洁高效、低能耗供热，而且未来在"一带一路"沿线国家和地区也有广阔的应用前景。

4.7 家电能耗情况及问题分析

4.7.1 家电能耗情况现状及实例

(1) 家电能耗情况现状

我国各种新型家电不断推出，家电拥有率逐年增加，使用时间也在增长，这将不可避免地导致住宅能耗的增长。本节以实际测试数据为依据分析家电能耗的用能特点，并提出节能措施。

图 4-62 将北京市 22 个住宅区共 8571 户家庭的年耗电量按由高到低排序绘制。住户年用电量最高值为 17047kWh，平均值为 1689kWh，最高值约是平均值的 10 倍，居民用电量呈现不平衡的分布形式。大约 90% 的住户年用电量低于 3000kWh。

将这些家庭按照耗电量的大小分为高耗电量、中等耗电量和低耗电量三类。其中，高耗电量的家庭指年耗电量大于 7000kWh 的家庭，占总体样本数量的比例较低，不足 1%；低耗电量的家庭年耗电量小于 2000kWh，占总体的 66%；约 33% 的家庭年耗电量属于中等耗电量，年耗电量在 2000~7000kWh 之间。

图 4-63 将上述 22 个住宅区的家庭空调年平均耗电量绘制成柱状图。空调年平均电耗为 160.4kWh/户，约占年平均电耗的 9.5%。不同小区的空调年平均电耗分布十分不均匀，统计结果表明，空调能耗与建筑节能形式并不相关，而是受家庭收入的影响较大。呈现出小区档次越高、生活水平越高，空调能耗越高的趋势。空调使用时间主要为夏季，其余时间均为关闭状态，与其他耗电电器相比，虽然运行时间较短，但空调电耗占当时的总电负荷的比例较大，不容忽视。

(2) 家电能耗情况实例

为探究能耗家庭的用电情况，本文以北京市两户住宅为例对他们一年的用电量

4.7 家电能耗情况及问题分析

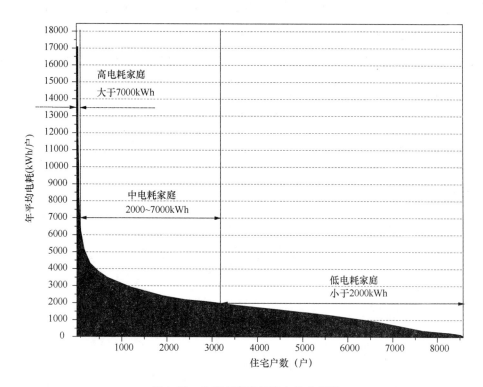

图 4-62 北京市家庭年耗电量分布图

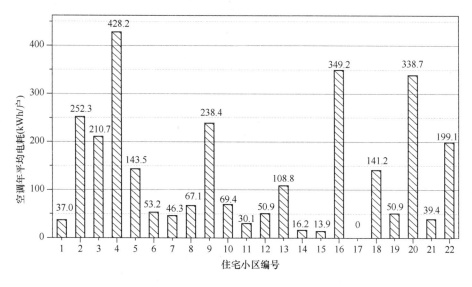

图 4-63 北京市家庭空调年耗电量分布图

进行统计分析。表 4-9 介绍了实测住户的家庭结构，表 4-10 和表 4-11 是对这两户住宅中各家用电器年耗电量的实测结果，其中其他项的耗电主要包括饮水机、油烟机、消毒柜等其他家电。由于各家电使用时间不同，将所有家电一年内的总耗能量实测统计后，一年以 365 天计，利用总能耗除以天数得到各家电的日平均能耗。

住户家庭结构　　　　　　　　　　　表 4-9

住宅编号	成员	年龄	性别	职业	工作日
1	父亲	47	男	医生	周一～周五
1	母亲	47	女	护士	周一～周五
1	女儿	20	女	学生	周一～周五
2	丈夫	34	男	销售	周一～周五
2	妻子	29	女	学生	周一～周五

1) 住宅 1

表 4-10 是住宅 1 各家用电器的耗电量统计表，日均耗电量 11 度。从图 4-64 中可以看出，全年能耗中其他项所占比例最大（36.9%），其次是炊事和热水（33%），可见除了一些普及的家电以外，此住户其他类型家电数量较多且功耗大，如消毒柜、饮水机等。电视和空调项分别排在第三和第四，洗衣机能耗最小（0.05%），主要是由于此住户节约意识较好，洗衣机仅用其甩干功能，全年总能耗不到 2kWh。

住宅 1 各家电年能耗情况统计表　　　　　　　　表 4-10

种类	洗衣机	照明	冰箱	电视	电脑	空调	其他	炊事热水	总能耗
能耗 (kWh/a)	1.9	73.4	179.8	473.3	201.6	279.1	1482.1	1325.1	4016.1
日平均能耗 (kWh/d)	0.01	0.2	0.5	1.3	0.6	0.8	4.1	3.6	11.0
功率 (W)	345		254	150	160	1895			

2) 住宅 2

表 4-11 是住宅 2 各家用电器的耗电量统计表，日均耗电量 9.4kWh。从图 4-65 中可以看出，住宅 2 炊事＋热水能耗最高（38.5%），其次是鱼缸（21.4%），然后分别是其他项（12.3%）和电脑（8.8%）电视（5.8%），空调能耗仅占到 3.7%，

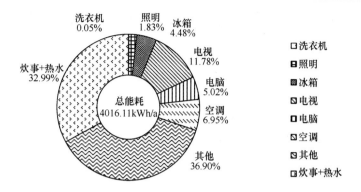

图 4-64 住宅 1 各家电年能耗情况分布图

仅高于照明和洗衣机能耗。

住宅 2 各家电年能耗情况统计表　　　　表 4-11

种类	洗衣机	照明	冰箱	电视	电脑	空调	鱼缸	其他	炊事热水	总能耗
能耗 (kWh/a)	26	68.2	229.9	200	303.3	127	737	423	1324	3439
日平均能耗 (kWh/d)	0.1	0.2	0.6	0.6	0.8	0.4	2	1.2	3.6	9.4
功率 (W)	345		141.7	150	160	2200	18.4			

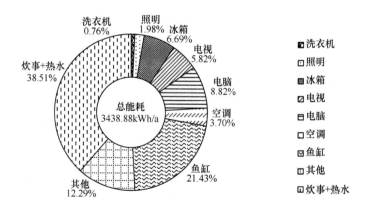

图 4-65 住宅 2 各家电年能耗情况分布图

对比图 4-64 和图 4-65 可以发现，住宅 1 中的其他能耗远大于住宅 2，其原因是住宅 1 中其他类型家电数量较多且功耗较大，如饮水机、消毒柜等；而住宅 2 的冰箱能耗则要高于住宅 1 是由于住宅 2 的冰箱本身功率较大，住宅 1 购买的是有能耗标志的新型节能冰箱。住宅 1 的空调和娱乐包括电视、电脑、鱼缸等能耗也均高于住宅 2，这与住户平时用能习惯也有很大关系。除了炊事热水，其他能耗和娱乐分别占住宅 1 和 2 总能耗的比例最大。因此，家电电器数量和使用形式对住宅用能具有极其重要的影响。

4.7.2 几种典型电器能耗情况

（1）洗碗机

洗碗机是自动清洗餐具的设备。目前在市面上的全自动洗碗机可以分为家用和商用两类。图 4-66 所示为日本洗碗机两天的工作期间瞬时耗电变化趋势图。洗碗程序为先将洗碗用的水加热，然后将餐具消毒，再进行清洗，最后烘干。由图可以看出，加热、消毒、烘干耗电为洗碗机的主要耗电功能。经统计计算，该洗碗机洗碗一次的耗电量约为 0.5 度，其中加热及烘干功能的电耗约为 0.4 度，达到了总耗电量的 80%。因而，在未来洗碗机的生产中，应当改进洗碗机的烘干功能，降低烘干所带来的能耗，同时在使用洗碗机时，最好在洗涤程序之后使用自然风干，减少烘干所带来的电耗。目前我国市面上销售的洗碗机运行时间在 1h 左右，其洗涤时间约为 25min，洗涤功率为 150W 左右，烘干时间约为 35min，而烘干功率则有 1500W，洗碗机运行一次约耗 1 度电。

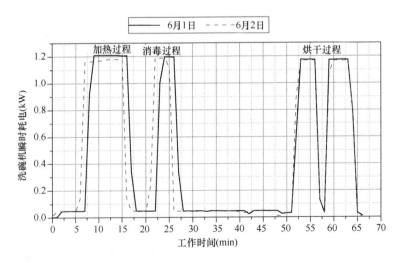

图 4-66　某洗碗机工作期间瞬时耗电变化曲线图

(2) 烘干机

衣物烘干机是洗涤机械中的一种，一般在水洗脱水之后，用来除去服装和其他纺织品中的水分。日常电器使用中，大部分家庭使用洗涤烘干一体机，烘干机的功率较大，认为是能耗较高的电器。图 4-67 为某台烘干机一次烘干过程中瞬时耗电变化趋势图，由图可看出烘干机在烘干过程中功率波动较大，最大工作功率为 891W，工作一次耗电量为 0.33kWh。

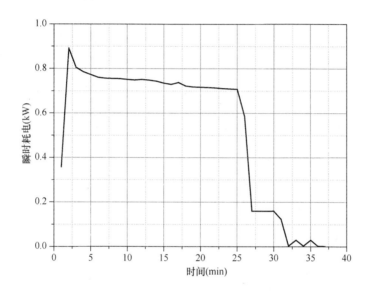

图 4-67 某烘干机一次烘干过程瞬时耗电变化趋势图

(3) 温水马桶盖

温水马桶盖用于医疗和老年保健，设置有温水洗净功能。现在市场上售卖的马桶盖集便盖加热、温水洗净、暖风干燥、杀菌等多种功能于一体，越来越多的家庭开始购买并使用温水马桶盖。温水马桶盖的功率并不算大，但是，由于温水马桶盖在不使用的情况下仍然需要待机加热，导致耗电量较大。

图 4-68 所示为一住宅温水马桶盖逐月耗电量统计图，由柱状图可以看出，温水马桶盖耗电量与月份有一定的关系，这是由于冬季气温较低，马桶盖的待机温度和水温比夏季高，因而在 12~4 月期间温水马桶盖的耗电量较大，统计一年的耗电量为 219.6kWh，其用电量与空调相当，属于能耗较高的电器，建议尽量不使用或尽可能减少其待机时间。

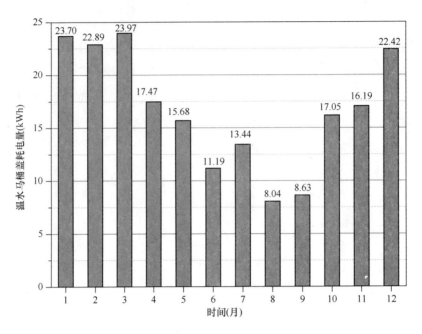

图 4-68 某家庭温水马桶盖一年内逐月耗电量统计图

(4) 饮水机

饮水机是将桶装水升温或降温方便饮用的设备。随着技术的不断成熟,饮水机越来越普遍地应用于家庭生活中。图 4-69 为超高耗能饮水机的实测实例。为了维

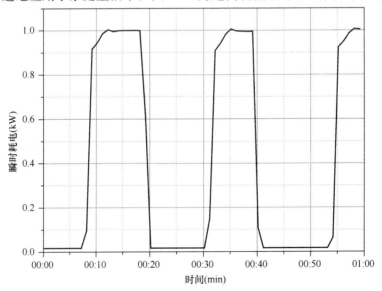

图 4-69 饮水机工作一小时瞬时耗电变化图

持水温 80~90℃之间，几乎每小时都要进行 2~3 次的间隔保温加热，每次加热过程约为 10 分钟，每次耗电约 0.016kWh。若一整天不关闭饮水机，则一台饮水机循环保温加热过程 48~72 次，共消耗电能约 0.77~1.15 度。不使用饮水机时的间断加热保温使得饮水机在待机状态下的能耗十分巨大，估值日均 1 度，全年能耗几乎接近全家的空调能耗。因此改善饮水机保温是十分必要的。

（5）景观鱼缸

在前述家电能耗实例中，住宅 2 的鱼缸耗电量巨大，总耗电量达到了 737.0kWh/a，耗能之大远高于日常所认为的空调、洗衣机等电器的能耗。如图 4-70 所示为景观鱼缸一年内的逐月耗电量，室内温度与耗电量成反比关系。景观鱼缸虽然美观，但是在使用过程中的耗能巨大。

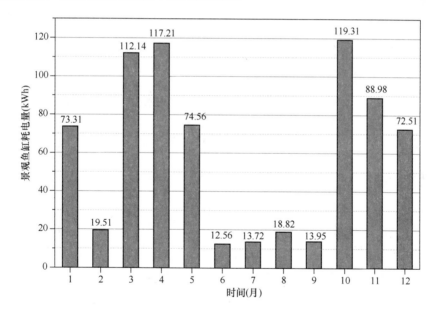

图 4-70 某家庭景观鱼缸一年内逐月耗电量统计图

4.7.3 存在待机能耗的家电情况

（1）待机能耗概况

"简单、方便、智能、人性化"已经成为家用电器发展的一个方向。在这种趋势下，越来越多的家用电器拥有了待机功能。中南大学能源科学与工程学院周子民教授指出，遥控开关、持续数字显示、网络唤醒、定时开关等各种待机功能在让电器用起来更为方便的同时,也给电器增加了一项额外能耗——待机能耗。电器在待机状态因为长时间通电白白浪费了大量能源,它与产品在使用过程中产生的有效能耗不同,待机能耗基本上是一种能源浪费。

本文通过实际测定,得到了一些常用电器的待机电耗。住户1这方面的节约意识较强,有待机能耗的电器仅是电视和电脑,平均待机功率分别是1.4W和3W,按一年365天算,一年能耗分别是12.2kWh和26.4kWh;住户2有待机能耗的电器相对较多,平均待机功率分别是电视5.8W、照明0.5W、洗衣机0.8W、空调0.4W和电脑5.9W,一年能耗则分别是50.8kWh、4.1kWh、7kWh、3.3kWh和52kWh。现在家电普及率较高,户均拥有量越来越高,种类也越来越多,待机能耗越来越大。

(2)家电用能情况总览

家用电器是日常生活必不可少的生活工具,随着技术发展,家电种类越来越多,家电的耗能量也越来越大,表4-12总结了本文中两家实测住户年耗电较大的常用家用电器情况,同时补充了其他一些常见家电耗电状况。

实测家用电器年耗电量一览表　　　　表4-12

项　目	总耗电量 (kWh)	功率 (W)	使用时间 (h)	日平均耗电量 (kWh)	待机电力 (kWh)
电视	200.0	150	1095	0.55	50.8
电脑	303.3	160	1460	0.83	52.0
冰箱	229.9	141	8760	0.63	
空调	279.1	2200	2190	0.76	3.3
炊事+热水	1325.1			3.63	
鱼缸	737.0	18	8760	2.02	
温水马桶盖	219.6	400	8760	0.60	190.2
饮水机	438	420	8760	1.2	365
照明	69.2			0.19	
洗衣机 (无烘干)	26.0	345	75	0.07	7
洗衣机 (有烘干)	130.3	洗涤:150 烘干:1700	145	0.36	7
烘干机	12.3	1000	70 (2次/周)	0.03	
洗碗机	182.5	烘干功率 1500		0.50	

4.7.4 小结

住宅节能主要任务之一是避免住宅家电能耗随建设规模增大和生活水平提高造成的大幅度增长，减少由此给我国能源供应带来的沉重压力。因此，为了实现住宅建筑的节能目标，如何控制降低家电能耗是亟待解决的一个问题。针对该问题，存在以下几个主要措施：

（1）提高家用电器能效

一方面，生产厂家需要提高各类家电产品效率，如 LED 照明、节能型彩电、高效冰箱、高效空调器以及高效电炊具等。另一方面，鼓励推广节能家电并通过市场准入制度，限制低能效家电产品进入市场；大力推广节能灯，对白炽灯实行市场禁售，对降低家电能耗也有重要作用。

（2）建立新型家电检测标准

现有很多新型电器为了满足使用要求，总要处于开启状态，如饮水机、温水坐便器等。对这类家电，应尽快建立产品标准，并开展节能星级认定，这样可能会产生节能的好产品。例如饮水机，实际只要在热水箱增加保温，就可以做好。关键是缺少检测标准，厂家就不会追求节能，造成在这个领域中的用能"黑洞"。

（3）尽可能降低家用电器待机能耗

对于具有待机功能的家用电器而言，处于待机状态下并非没有电耗的产生。相反，实际生活中一些电器的待机功能还在家庭总能耗中占到了不容忽视的一部分，需要引起足够的重视。其实，待机行为与用户平时的节能习惯有非常大的关系。及时关闭各种不使用的家电，避免待机造成的浪费；避免或降低电视、机顶盒等设备的待机耗电；开发零待机电耗或低待机电耗的家电装置，都会对住宅节能做出很大贡献。

（4）不鼓励高能耗电器的使用

对于我国居民生活方式来讲，高能耗电器可以分为两类：一类是日常生活常用的高能耗电器，例如饮水机、温水马桶盖等；另一类高能耗的家电并非是一种普遍性的日常需求，例如烘干机、洗碗机等。

所有这些高能耗电器的耗电量非常惊人，一般情况下，按照一个家庭有两个马桶计算，日均耗电量为 1.2kWh，约相当于一台普通冰箱日耗电量的 2 倍。如果大量普及这类高能耗的电器或者这类电器连续使用时，将造成我国住宅用电的大幅攀升。

因此，对于日常常用的高能耗电器，一方面急需提高这类电器的能效等级方面的规范，定义类似电冰箱等电器的能效等级标准，鼓励生产低能耗的电器；另一方面鼓励使用者养成随用随开的好习惯，这在一定程度上也能降低能耗。对于日常非必需的高能耗电器，应该限制这类高能耗家电产品的生产和进口，采取不鼓励、不支持的态度，控制拥有率的大幅度上涨。

第5章 城镇居住建筑相关政策专题讨论

5.1 我国太阳能热水的发展推广和相关政策的作用

5.1.1 我国太阳能热水发展历史

我国目前是世界公认最大的太阳能热水器市场和生产国。从20世纪90年代以来,太阳能热水技术逐步进入居民家庭,目前已形成拥有自主知识产权、生产规模全球最大的绿色朝阳产业。在不到三十年的历史中,从政策机制、市场形势和技术类型等方面分析,太阳能热水发展历程可以分为三个阶段:

第一个阶段(20世纪90年代至2006年),太阳能热水器初步进入市场,市场自然发展,技术水平不断提高,太阳能热水器逐渐得到用户认可。这个过程中,太阳能热水技术以太阳能热水器为主,城乡居民自愿安装,从国家到地方基本没有扶持太阳能热利用的政策,一些地方甚至还因影响建筑美观的原因,限制太阳能热水器的安装。但这段时间我国太阳能热水技术从无到有,初步形成了产业布局,从1998年到2006年,集热器年产量从350万m^2增长到1800万m^2,保有量从1500万m^2增长到9000万m^2。

第二个阶段(2006~2014年),从国家层面到地方陆续推出相关节能政策,例如,2006年颁布的《建设部 财政部关于推进可再生能源在建筑中应用的实施意见》中明确提出要"大力进行扶持、引导"太阳能热水利用技术,使其尽快达到规模化应用,通过包括"在建筑应用的政策法规、技术标准引导,以及示范工程和技术推广",降低技术及价格门槛,加快普及步伐,带动相关材料、产品的技术进步及产业化。深圳市于当年印发的《深圳经济特区建筑节能条例》,明确要求"具备太阳能集热条件的新建十二层以下住宅建筑,建设单位应当为全体住户配置太阳能热水系统",此后,各省市纷纷颁布强制政策。这个阶段市场迅速发展,涌现出大量的太阳能热水企业，太阳能热水技术以太阳能热水系统为主（指一套系统服务多个用户），形成设计、安装、施工和运维的产业链，太阳能集热器面积大幅增长，技术水平发展减缓；同时，太阳能热水器在农村得到较好的发展，年总产量一度达到6360万 m^2（2013年），保有量也达到了4.14亿 m^2。

第三个阶段（2014年至今），国家对太阳能热水技术的补贴或奖励基本到位，一些地方开始取消或调整强制安装政策。在此之前，开发商对安装太阳能热水系统的热情降低，一些太阳能热水系统安装后并未运行，甚至出现为应对验收而租赁太阳能热水系统的现象。2014年，太阳能热水工程市场大幅萎缩，年产量降到了5240万 m^2，相比2013年下降17.6%，一些太阳能热水企业开始转向生产其他产品。

从20世纪90年代至今，太阳能集热器产量市场表现如图5-1所示。图中可以看出政策实施与市场发展存在相应的关系，尤其是2006年后，强制安装政策在各地逐步推行，太阳能集热器集热面积年产量和增加量都在快速增长。到2014年，产量和增加量都出现了快速下滑，从统计数据看当年的新建建筑面积并没有显著下滑，而集热器产量和增加量都出现减少。

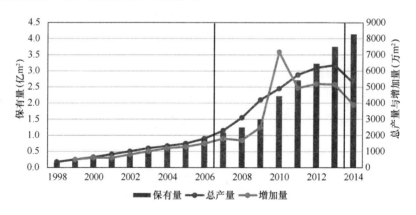

图 5-1　太阳能集热器产量与保有量

概括而言，上述三个阶段技术、市场和政策的关系表现为：1）第一个阶段，技术自发发展应用，良好的实际效果赢得了市场认可；2）政策激励下，市场快速发展，主要技术形式发生转变，产品实际性能缓慢发展；3）集热器市场明显下滑，原有激励或强制政策逐步到期，太阳能热水技术市场认可度降低。

为什么会出现这样的现象呢？下面从已有政策条件、技术应用与市场需求等方面进行分析。

5.1.2 政策支持与市场问题分析

自 2006 年以来，国家和地方层面出台了一系列法律法规、相关标准，引导和推动太阳能热水技术的应用，这些政策涵盖宏观发展目标、政策支持对象和财政激励措施等方面，体现了对太阳能热水技术发展的高度重视。图 5-2 为国家层面的相关政策。

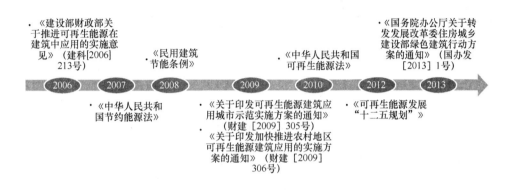

图 5-2 太阳能热水技术应用相关政策

2009 年颁布的《关于印发可再生能源建筑应用城市示范实施方案的通知》，以城市为单位申请可再生能源建筑应用示范工程，每个示范城市 5000 万元为基准，根据 2 年内应用面积、推广技术类型、能源替代效果、能力建设情况等因素综合核定，各个城市在拿到示范补助后。从 2009~2012 年，一共组织了 4 批可再生能源建筑应用相关示范工作，约批复了近 80 个示范城市。各个城市根据当地的实际情况对太阳能热水项目按照建筑面积进行补贴，对于太阳能热水系统补贴金额约 30 元/m^2，其中利用专项经费与地方配套比例约 1∶1，补贴对象为项目承担单位（比例≥90%）和配套能力项目申报单位。

据不完全统计，迄今为止，深圳、北京、江苏、安徽和山东等 21 省 50 市出台了强制在新建建筑中推广太阳能热水系统的相关法规或政策，强制推广的地区主要集中在东、中部地区。对于强制执行建筑范围，大部分规定为 12 层，其中个别城市规定在 18 层。一些省市的相关政策文件、执行年份以及强制范围整理如表 5-1 所示。

各地强制安装太阳能政策文件及强制安装楼层　　　　　　　表 5-1

地方	文　件	施行日期	强制安装范围
北京	《北京市太阳能热水系统城镇建筑应用管理办法》	2012.3.1	12 层及以下
江苏	《江苏省关于加强太阳能热水系统推广应用和管理的通知》	2008.1.1	12 层及以下
广东广州	《广州市绿色建筑和建筑节能管理规定》	2013.6.1	12 层及以下
广东珠海	《珠海市建筑节能办法》	2009.8.1	12 层及以下
广东深圳	《深圳经济特区建筑节能条例》	2006.11.1	12 层及以下
安徽	合肥市促进建筑节能发展若干规定	2012.2.1	18 层及以下
福建	《关于加强民用建筑可再生能源推广应用和管理的通知》	2010.1.1	12 层及以下
山东	《关于加快太阳能光热系统推广应用的实施意见》、《关于高层建筑推广应用太阳能热水系统的实施意见》	2009 年，2014 年	2009 年 12 层，2014 年 12 层以上
山东济南	《关于高层建筑推广应用太阳能热水系统的实施意见》	2014.1.1	100 米以下
河北	《关于规模化开展太阳能热水系统建筑应用工作的通知》	2014.12.4	13 层以上
湖北武汉	《市城建委关于进一步加强可再生能源建筑规模应用和管理的通知》	2008.4.1	18 层
黑龙江	《黑龙江省建设厅关于在全省建筑工程中加快太阳能热水系统推广应用工作的通知》	2007.10.1	未规定
吉林	《关于加强太阳能热水系统推广应用和管理的通知》	2009.5.13	未规定
辽宁锦州	《关于进一步加强全市民用建筑太阳能热水系统应用管理工作的通知》	2012.4.16	18 层以下
浙江宁波	《宁波市民用建筑节能管理办法》	2015.3.1	12 层以下，12 层以上居住建筑的逆 6 层
宁夏	《宁夏回族自治区民用建筑太阳能热水系统应用管理办法》	2010.1.1	12 层以下
上海	《上海市建筑节能条例》	2010.9.17	6 层以下
天津	《天津市建筑节约能源条例》	2012.7.1	未规定
海南	《海南省太阳能热水系统建筑应用管理办法》	2007.1.1	12 层以下
青海	《青海省民用建筑工程推广应用太阳能热水系统的管理规定》	2009.11.1	未规定

在政府推动的强制执行政策中，对项目承担单位，在设计阶段要求新建和改建的低层（别墅）、多层、小高层住宅建筑，必须按《民用建筑太阳能热水系统应用技术规范》（GB 50364—2005）、《太阳能热水系统设计、安装及工程验收技术规范》（GB/T 18713—2002）进行太阳能热水系统与建筑一体化设计。在标准规范要

求太阳能热利用系统的太阳能保证率应符合设计文件的规定,当设计无明确规定时,应符合该标准中表 5-2 的规定。

不同地区太阳能热利用系统的太阳能保证率 f（%）　　表 5-2

太阳能资源区划	太阳能热水系统	太阳能资源区划	太阳能热水系统
资源极富区	$f \geqslant 60$	资源较富区	$f \geqslant 40$
资源丰富区	$f \geqslant 50$	资源一般区	$f \geqslant 30$

由此来看,从国家到地方层面既有财政补贴又有强制实施政策,对于太阳能行业而言,具有良好的政策环境。同时,太阳能热水技术也已经逐步发展成熟。在这样的条件下,太阳能热水市场应该能够非常蓬勃地发展。然而,从市场数据分析看,实际太阳能热水市场发展面临着非常明显的问题。从市场应用评价来看,许多用户认为集中太阳能热水系统水价高,甚至不如家用热水器省钱；物业管理人员也抱怨运行成本较高,难以持续运营；市场用户的评价差,开发商在增加太阳能热水系统方面也表现出消极态度,出现了一些系统建成后即成为摆设,或干脆租赁系统应对验收的现象；太阳能热水供应商面对市场下滑,不得不探索新的出路。

2016 年 4 月,海口市下发《关于取消我市 12 层以上住宅建筑最大化安装应用太阳能热水系统的通知》,取消海口市所有 12 层以上的住宅建筑最大化配建太阳能热水系统的强制性要求,主要原因在太阳能热水系统"使用效果和影响等方面效果不甚明显",取消强制性最大化配建太阳能热水系统,"有效为企业减轻负担"。同年,深圳市人大会议上,《深圳经济特区建筑节能条例》执法检查报告提出"一刀切"地要求所有新建民用建筑强制安装太阳能热水系统的做法值得反思。可见通过对实际工程的效果评估,政府开始对太阳能热水系统的推广应用进行反思了。

在政策大力支持的情况下,为什么会出现这样的情况呢？

分析政策支持内容和目标来看,主要有以下几方面的问题：

(1) 标准强调"太阳能保证率",忽视实际减少常规能源消耗量

根据前面 4.4 节分析,当前对于太阳能热水系统评价采用"太阳能保证率"为主要指标。那么怎样才能达到较高的保证率呢？因为保证率是太阳能得热与末端用热之比,所以对于一个给定的建筑项目,安装的太阳能集热器越多,保证率

越高。这样,只要安装了足够的太阳能集热器,无论其运行效果如何,都可以达到保证率要求,从而得到财政补贴。从案例调查和实证分析来看,设计太阳能保证率与实际运行效果有着较大的差异,许多项目常规能源消耗量大,运营成本较高,验收评价不能评价系统实际性能优劣,这使得在项目建设实施过程中存在明显的漏洞。

(2) 以发展集热器面积为发展目标,而不是将系统作为整体考虑

从发展太阳能热水的政策来看,国家层面政策明确提出了集热面积的发展目标,如在《可再生能源发展"十二五"规划》中提出到2015年,"太阳能热利用累计集热面积达到4亿m^2",实际上,集热器成本在一个太阳能集中式热水工程中比例不到50%,而系统实际运行效果如何,是否节能,在很大程度上取决于热水系统的形式和性能,而不仅仅由集热器规模决定。合理的系统形式与调控手段是一个太阳能系统能够产生有效节能效果的保证。而目前的各项政策支持和评价指标中,都不涉及系统形式和实际的运行效率,在大多数出问题的工程中都是由于系统形式和调控手段不合理所致。

(3) 利益相关方构成发生变化,受益方与投资方分离

比较太阳能热水发展第一、二阶段,在强制性政策实施前,市场上太阳能热水技术以分户式太阳能热水器为主,用户自己投资安装,也是实际节能省钱的受益方。执行强制政策,技术形式变成了集中太阳能热水系统,需要由开发商统一建设,在建设完成后,开发商交给物业管理方。这时,安装太阳能的目的就不再是为了使用户获得廉价和方便的生活热水,而是为了应对强条标准,使项目能够通过验收。这样一来,成本越低,系统构成越容易,就越能得到开发商选择。质量与性能已经不再是努力目标,低价成为市场竞争中胜负的焦点。本来这样的问题可以通过产品性能的最低门槛来约束,以保证基本性能,但如前所述,现有的技术评价标准又仅仅聚焦在集热器性能和集热器规模上,没有对集中式系统的形式、运行调控方式及最终的能耗性能做任何约束。这样一来,在相关政策的影响下这一太阳能热水的市场就完全成为拼成本、比低价的市场,实际的性能如何就不再有人过问。在这个市场上出现了典型的"劣币驱走良币"的现象。最终,高成本、低效能的运行效果使广大的最终用户对其失掉信任,整个太阳能市场出现下滑。

5.1.3 太阳能热水行业发展建议

生活热水供应是居民生活水平提高的一个重要标志。发达国家生活热水用能占到居住建筑用能的30%以上。我国要发展未来的低碳能源系统，必须大幅度提高可再生能源的比例。而太阳能热水是迄今为止最有效、最成熟的太阳能利用方式。尽管我国太阳能热水应用广泛，但至今在居住建筑中的实际应用率不到30%，也就是说还有巨大的市场潜力。但是开发太阳能热水利用绝不仅仅是为了扩大太阳能市场，而是为了替代常规能源，实现我国能源系统的转型。所以，通过太阳能热水系统实现节能，降低居住建筑生活热水的能耗，这才是发展太阳能热水系统最终的和最本质的目的。为此，对太阳能热水发展提出以下几方面的建议：

(1) 修订太阳能热水系统评价标准，基于实际效果进行项目评价

从实际项目和技术水平看，集中太阳能热水系统集热侧通过吸收太阳辐射，能够制备足够的生活热水供系统中的用户使用。然而，由于实际工程中系统大量散热损失，使得实际节能省钱的效果不理想，甚至更浪费。实际工程数据表明，用"太阳能保证率"作为评价依据，不能客观反映系统实际性能。示范工程推广过程中，由于对于系统的评价监管不够客观，使得项目实际效果得不到市场认可，各项补贴政策也没有取得预想的节能减排效果。因此，以实际效果为评价依据，尽快修订太阳能热水系统评价标准并实施，对于提升太阳能热水技术的市场认可十分重要，也是推动该行业发展的必要举措。

在4.4节中提出，建议按照每吨热水实际消耗的常规能源量对系统进行评价。对工程设计和运行过程中，充分考虑项目入住率、气候条件、不同地区冬夏季热水需求等因素，优化运行控制策略。通过标准或规范引导，从设计、施工到运行过程，提升太阳能热水系统性能，提高市场对系统的认可。

(2) 取消针对技术的补贴或强制性政策，制定以结果为导向的激励政策

从宏观政策制定的目标来看，鼓励太阳能热水技术是为了减少常规能源消耗，同时满足人们的用能需求。太阳能热水技术是众多可再生能源利用技术的一种，对于不同气候区、不同项目条件和不同用户而言，集中太阳能热水系统适宜性有差异。现有的工程发现，对于学校、工厂职工宿舍等，一些有集中时段大量热水需求的用户而言，集中太阳能热水系统有着明显的节能效果。然而，对于高层居民住宅

楼，由于用热时段和热水需求量的差异，需要优化系统运行策略减少循环散热损失，才能达到可见的节能效果。

以技术为补贴或者强制对象，政策监管需要承担相当多的对技术适宜性判断的责任，才能使得项目真正达到节能减排的效果。一方面，市场的逐利性，对技术或产品提出不断进步的要求，此时，政策难以随时跟随技术或产品进步的速度更新，因而，也就不能更为有效地鼓励技术进步；另一方面，由于评价指标不客观以及具体项目的监管难度，市场在政府补贴利益驱动下，很容易就会变成低价中标，出现"劣币驱逐良币"的现象，不利于技术进步。

设计以结果为导向的政策机制，将可以通过实际数据验证运行效果，使得政策补贴实现真正的节能减排目标；同时，避免市场参与者的短视行为，避免其以短期快速获得补贴为目标的发展模式，鼓励技术不断进步，市场参与者将不断创新技术，以获得更好的市场效益。

对太阳能热水系统应以实际每吨热水常规能源消耗量为考核依据，建立对实际效果进行评价的引导政策。

(3) 完善太阳能热水系统应用机制，提升各利益相关方积极性

从已实施的项目来看，住宅集中太阳能热水系统投资建设方和受益方分离，是现有强制政策未能激发市场自发性的重要原因。因而，在以结果为导向的政策激励下，应积极设计相关市场机制，使得建设投资能够得到相应的收益。

具体来看，由于安装住宅集中太阳能热水系统需要协调多个用户，占用公共屋顶资源，较难由各个用户自发组织安装。现有系统的投资方通常只负责建设，难以获得实际运营过程中可能的节能效益。如果采用"投资＋运营"的模式，将屋顶出租给太阳能热水系统运营企业，由其安装并运营太阳能热水系统，从出售热水的利润中得到回报，这样会鼓励企业越发重视系统的实际节能效果，通过节能实现经济效益。为鼓励这种模式推广，一方面，国家可以减免其税收，帮助其从银行获得贷款以及贴息等方面进行激励；另一方面，也可以强制要求屋顶出租给太阳能热水系统运营企业，提出相应的收费机制，促进运营方不断降低常规能源消耗以获得更大利润。

总结而言，太阳能热水技术是一种较好的将建筑用能需求与可再生能源利用结合起来的技术。在当前具有良好的技术基础和市场需求的情况下，探索并完善相应

的标准规范、政策和市场机制，是其推广应用的迫切需求。

5.2 城镇住宅照明与电器能效政策的效果与进展讨论

5.2.1 家电相关的能效政策的类型

根据国际能源署（IEA）的研究，家电等终端用能产品的能耗约占建筑总能耗的1/3。这一比例近年来还在不断上升：从2002~2012年，居民领域的家电能源消耗和非居民领域的家电能源消耗分别增长了24%和37%[1]。因此，世界各国都十分重视采取政策措施，提高家电、照明等终端用能产品的能效水平。

在这个领域，常见的能效政策包括以下六大类：

（1）强制性能效标准（MEPS）。能效标准强制淘汰市场上能效低的产品。美国等国的经验表明，能效标准是提高终端用能产品能效水平的最有效措施之一。第一批对生产商产生重大影响并显著降低了能源消耗的能效标准于1976年由美国加利福尼亚州政府颁布（该标准于1988年成为首批美国国家能效标准）。根据国际电器标准标识合作组织（CLASP）的统计，全世界已有61个国家和地区实施了能效标准。

（2）信息性的能效标识（Label）。能效标识通过提供产品能效信息，帮助消费者了解产品能效并做出合理购买的决定，包括强制性标识和自愿性标识。法国最早于1976年启动了强制性的能效标识项目。美国从1992年开始实施"能源之星"认证，成为美国消费者购买节能产品的决策依据。

（3）节能产品财税激励政策。通过公共财政等手段，为节能产品消费者和生产者提供补贴、奖励、税收优惠等财税政策，既实现节能减排目标，也可以扩大市场需求。

（4）节能产品采购政策。节能产品采购政策是鼓励政府、大宗采购商（如跨国公司等）等建立针对节能产品的强制或优先采购制度，带动节能产品的生产和消费。

---

[1] IEA，Energy efficiency market report 2015.

(5)节能产品推荐政策。发布能效"领跑者"产品目录、超高效产品目录等，提升高效产品及其生产商的形象，主动传播高效节能产品信息，引导消费者购买节能产品。

(6)低效产品的淘汰机制。发布高耗能产品淘汰目录，制定淘汰特定产品（如白炽灯）的行政法规等，可强制性淘汰高耗能、低能效的产品。

上述政策措施的共同目标是引导和推动制造商生产更节能的产品，促进消费者主动购买高能效产品，从而提高高效节能产品的市场份额，即实现所谓的高效市场转型。

5.2.2 中国终端产品主要能效政策

(1)强制性能效标准制度

我国于20世纪80年代中后期，发布实施了第一批家用电器能效标准。此后，能效标准研究工作稳步推进，产品范围由家用电器逐步扩展到照明电器、商用产品以及工业耗能设备，技术内容也适应科技发展的新形势与节能工作的新需求。截止到2015年底，我国的强制性能效标准已经颁布了64项，涉及家用耗能器具、照明器具、商用设备、工业设备以及电子信息产品五大类。

(2)强制性能效标识制度

2004年我国启动实施了能效标识制度，截至2016年底，共有35类产品纳入能效标识目录范围。能效标准和标识制度有效结合，不断适应中国经济社会发展的需求，发挥了政府和市场的积极作用，成为政府终端用能产品节能政策的核心内容。2005~2014年十年间，能效标识实施覆盖了家电领域近18亿台产品、照明领域近100亿支产品、办公领域超过2亿台产品、商用设备领域超过1000万台产品。

(3)自愿性节能产品认证制度

节能产品认证是依据国家相关的节能产品认证标准和技术要求，按照国际上通行的产品质量认证规定与程序，经节能产品认证机构确认并通过颁布认证证书和节能标志，证明某一产品符合相应标准和节能要求的活动。我国于1999年2月依据《节约能源法》发布了《中国节能产品认证管理办法》，建立了节能产品认证制度。目前，认证的具体工作由中国质量认证中心（英文缩写CQC）负责组织实施。节能产品认证是一项自愿性的节能措施，是否申请节能产品认证，何时申请，是用能产品生产者和销售者的自主权利，由其自愿选择。实际上，由于节能产品认证依据较高的节能指标要求，获得节能产品认证证书和准许使用节能产品认证标志，意味着该产品具有较好的能效性能，可使该产品信誉获得消费者的普遍认可。同时，政府节能采购、节能产品惠民工程、能效"领跑者"制度等，均要求节能产品认证作为准入门槛，因此生产者和销售者均有动力去申请节能产品认证。"十二五"时期，我国累计颁发节能产品认证证书超过5.6万张。

（4）政府节能采购

2004年，财政部会同国家发改委制定了《节能产品政府采购实施意见》（财库〔2004〕185号），要求采购人在政府采购招标文件中载明对产品的节能要求、合格产品的条件和节能产品优先采购的评审标准，制定了《节能产品政府采购清单》，正式建立节能产品政府优先采购制度，启动节能产品政府采购工作。2007年8月，为切实加强政府机构节能工作，发挥政府采购的政策导向作用，建立政府强制采购节能产品制度，在积极推进政府机构优先采购节能（包括节水）产品的基础上，国务院办公厅发布《关于建立政府强制采购节能产品制度的通知》（国办发〔2007〕51号），决定选择部分节能效果显著、性能比较成熟的产品，予以强制采购。目前，《节能产品政府采购清单》的产品范围从第一期目录9类（7类节能产品、2类节水产品）发展到2016年第二十期目录27类（21类38种类节能产品，6类节水产品），其中强制采购节能产品16种，节水产品2种。

（5）能效"领跑者"制度

在国务院《2014～2015年节能减排低碳发展行动方案》（国办发〔2014〕23号）中明确实施能效领跑者制度，定期公布能源利用效率最高的空调、冰箱等量大面广终端用能产品目录，单位产品能耗最低的乙烯、粗钢、电解铝、平板玻璃等高耗能产品生产企业名单，以及能源利用效率最高的机关、学校、医院等公共机构名单，对能效领跑者给予政策扶持，引导生产、购买、使用高效节能产品。适时将能效领跑者指标纳入强制性国家标准。2014年12月31日，《能效"领跑者"制度实施方案》由国家发展改革委等七部委联合发布。用能产品能效领跑者制度聚焦当前市场在售的高能效产品，通过定期发布能源利用效率最高的终端用能产品名录，以及能效指标，为同类产品树立能效标杆；对能效领跑者给予政策扶持，引领终端用能产品的生产企业以领跑者为目标，展开竞争去研发更为高效的节能产品，追逐、赶超领跑者，并成为新的领跑者，引导消费者和用户购买和使用能效领跑者。

(6) 节能产品惠民工程

2009年财政部、国家发展改革委发布《关于开展"节能产品惠民工程"的通知》（财建[2009]213号），正式启动了节能产品惠民工程。陆续启动了高效照明产品、高效节能空调、平板电视、电脑，以及电机、风机、水泵、汽车等产品的补贴推广工作，形成家电、汽车、工业产品3大类15个品种，数十万种型号的"节能产品惠民工程"推广体系，出台实施细则20多项，成为"稳增长、扩消费、促节能、惠民生"重要政策平台。随着市场环境的变化和政策目标的达成，2016年8月，财政令第83号《财政部关于公布废止和失效的财政规章和规范性文件目录（第十二批）的决定》，正式废止《关于开展"节能产品惠民工程"的通知》（财建[2009]213号）及系列实施细则，"节能产品惠民工程"政策正式退出。

5.2.3 中国终端产品能效提升情况

(1) 家用电冰箱

家用电冰箱行业经过十年发展，目前能效1、2级型号占比已高达98%。以占市场主流的冷藏冷冻箱为例，2008年10月《家用电冰箱耗电量限定值及能效等级》（GB 12021.2）能效标准进行了换版，2008版标准在2009年5月1日正式实施。在2009年初能效标识升级前后，1级节能产品占比经历了两轮潮汐式的上涨，如图5-3所示。在此过程中，冰箱备案平均能效水平不断提升，如图5-3所示。从2005年3月到2009年期间，冰箱市场完成了第一轮高效转变，1级产品型号占比最高达到77%，冰箱备案平均能效水平提高了约25%。2009年能效标识升级实施后，2012年在惠民工程的协同推动下，1级产品型号占比又快速上升，在惠民期间达到90%。惠民结束后，政策效应略有回退，产品平均能效水平略有下降。2015年9月《家用电冰箱耗电量限定值及能效等级》（GB 12021.2）能效标准进行了第三次修订，新版标准于2016年1月1日实施，预计产品的平均能效水平将进一步得到提升。

家用电冰箱产品2005年被纳入能效标识实施范围，总体能效水平提高了约27%，平均耗电量下降27%，同时十年来零售价格呈逐年下降趋势，并且冰箱容积越大，平均价格降幅也越大。2008~2014年7年间，容积300升以下冰箱的平均零售价格下降了 500 元左右，300 升以上冰箱的平均零售价格下降了 2000～3000 元。

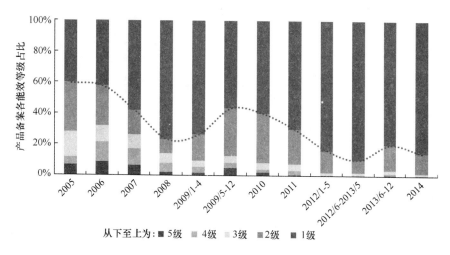

图 5-3　家用电冰箱历年能效结构转变情况

（2）房间空调器

房间空气调节器既是最早实施能效标识的产品，也是实施节能产品惠民工程时间最长的产品。定速和变频空调器能效标准的分时发布和修订，以及两次惠民政策的实施，极大地推动了两类产品能效指标的提升和节能产品（1、2 级）占比的变化。

房间空调器的能效标准发展历程如图 5-4 所示，其中定速空调器（图中的"房间空调器"）和变频空调器（图中的"转速可控性房间空调器"）分别采用了不同的能效标准和评价指标（定速空调器采用额定制冷能效比 EER；单冷型变频空调采用制冷季节能效比 $SEER$、热泵型采用全年能效比 APF）。

1）定速空调器

虽然行业内一直在讨论将两个标准统一为一个标准，但由于定速空调器一直在国内有较大的市场，如果采用统一的一套标准，采用节能能效比进行评价的话，定速空调器的能效竞争力显著不足，将导致定速空调器告别市场，因此，至今家用空调器仍采用两个能效标准。

对于定速型家用空调器而言，2014 年发布了《房间空气调节器能效限定值及能源效率等级》(GB 12021.3—2004)(2005 年 3 月 1 日实施)，以制冷能效比 EER 作为能效判定指标，其能效等级分为 5 级；2010 年修订为 GB 12021.3—2010

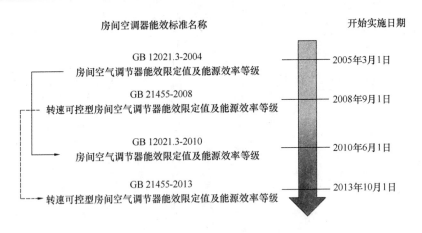

图 5-4 家用空调器能效标准的发展历程

(2010 年 6 月 1 日实施),将等级变更为 3 级。两个标准的指标如表 5-3、表 5-4 所示。

从表 5-3 和表 5-4 的数据可以看出,2010 版标准中淘汰 2004 版标准中的 4 级和 5 级产品,将原来的节能级(2 级)产品作为 2010 版中的能效限定值(入门级,3 级),原来的 1 级作为 2010 版的节能级(2 级),并提升了 1 级产品的制冷能效比 EER。

GB 12021.3—2004 中的能效指标　　　　　表 5-3

类型	额定制冷量（W）	能效等级				
		1	2	3	4	5
整体式		3.1	2.9	2.7	2.5	2.3
分体式	≤4500	3.4	3.2	3.0	2.8	2.6
	4500～7100	3.3	3.1	2.9	2.7	2.5
	7100～14000	3.2	3.0	2.8	2.6	2.4

GB 12021.3—2010 中的能效指标　　　　　表 5-4

类型	额定制冷量（W）	能效等级		
		1	2	3
整体式		3.3	3.1	2.9
分体式	≤4500	3.6	3.4	3.2
	4500～7100	3.5	3.3	3.1
	7100～14000	3.4	3.2	3.0

2) 变频空调器

随着变频技术的日益成熟和市场认可度逐渐提高,变频空调器(转速可控性房间空调器)的占比越来越高。故 2008 年发布了《转速可控型房间空气调节器能效限定值及能源效率等级》(GB 21455—2008)(2008 年 9 月 1 日实施),仅采用制冷季节能效比 SEER 作为评价指标;2013 年修订了 GB 21455—2013(2013 年 10 月 1 日实施),并用 SEER 作为评价单冷型变频空调器的能效指标评价指标,而热泵型则采用全年能效比 APF。

GB 21455—2008 中的能效指标(单冷、热泵型空调器)　　表 5-5

类型	额定制冷量(W)	制冷季节能效消耗效率 SEER(Wh/Wh)				
		1	2	3	4	5
分体式	≤4500	5.2	4.5	3.9	3.4	3.0
	4500~7100	4.7	4.1	3.6	3.2	2.9
	7100~14000	4.2	3.7	3.3	3	2.8

GB 21455—2013 中的能效指标(单冷型空调器)　　表 5-6

类型	额定制冷量(W)	制冷季节能效消耗效率 SEER(Wh/Wh)		
		1	2	3
分体式	≤4500	5.4	5.0	4.3
	4500~7100	5.1	4.4	3.9
	7100~14000	4.7	4.0	3.5

GB 21455—2013 中的能效指标(热泵型空调器)　　表 5-7

类型	额定制冷量(W)	全年能效消耗效率 APF(Wh/Wh)		
		1	2	3
分体式	≤4500	4.5	4.0	3.5
	4500~7100	4.0	3.5	3.3
	7100~14000	3.7	3.3	3.1

与定速空调器类似,变频 2008 版标准将能效等级划分为 5 级,2013 版划分为 3 级。如表 5-5 和表 5-6(单冷型)、表 5-7(热泵型)所示。

变频 2013 版标准淘汰了变频 2008 版的 5 级、4 级和 3 级低能效产品,大幅度提升了能效限定值，且对热泵型产品采用了 APF 评价全年运行能效比。

3）家用空调器能效等级变化趋势的原因分析

随着 2009 年 6 月至 2011 年 5 月以及 2012 年 6 月至 2013 年 5 月两轮惠民工程的实施，1、2 级节能产品的占比经历了两轮潮汐式的变化，如图 5-5 所示。

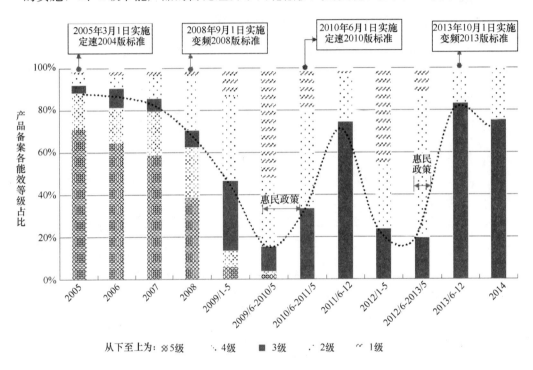

图 5-5　房间空调器历年能效等级变化情况

随着 2005 年开始实施《房间空调器节能限定值及能效等级》（GB 12021.3—2004）标准，企业改进技术，提高产品能效等级，因此 1、2 级定速空调器产量迅速增加；自 2008 年 9 月 1 日后，变频空调因 2 级能效相对容易实现，故定速与变频的 1、2 级产品产量迅速增加；随着 2009 年惠民政策的发布和对产品能效的高要求，全面推进了空调器能效等级的提升，推动了 1、2 级节能产品达到了第一个峰值（2010 年 5 月 1、2 级节能产品的占比达到 80% 以上）。

由于 2010 年 6 月开始实施 2010 版定速空调器能效标准，2004 版标准的 2 级以下产品被淘汰，故市场上的 1、2 级以上的产品份额显著降低（到 2011 年下半年呈现出最低值），相对而言能效比较低的 3 级产品成为市场上的主要产品。

紧接着出现第一次波峰（2011 年 6 月～12 月 1、2 级节能产品的占比下降到 20%

左右)的主要原因可能是《房间空调器节能限定值及能效等级》(GB 12021.3—2010)在 2010 年 6 月 1 日的实施,提高了 2 级、1 级能效的指标,原先在 GB 12021.3—2004 中评定为 2 级和 1 级能效的产品分别变成了 GB 12021.3—2010 中评定的 3 级和 2 级能效产品,导致在 2011 年 6 月～2011 年 12 月 1、2 级节能产品的占比下降的幅度较大。

随着第二轮惠民政策的发布和对能效能级的要求提高,激励了市场潜力,又一次推动了定速空调器和 2 级以上变频空调器的产量占比,到 2012 年 6 月～2013 年 5 月惠民政策实施过程中,其 1、2 级节能产品再一次出现高峰。

到 2013 年,变频空调器已逐渐成为市场的主流产品,其产量已超过 50%,故提高变频空调器能效指标,修订变频空调器能效标准已成为当务之急。由于 2013 年 10 月开始实施 2013 版变频空调器能效标准,大幅度提升了能效等级,故 1、2 级节能产品的占比又一次显著降低。

空调器能效标准的提升和国家惠民政策的实施,一次又一次地推动了定速和变频空调器产品及其市场结构的变化和整个行业空调器产品的整体提高,为我国建筑节能工作作出了重要贡献。

随着消费者消费取向的变化,空调行业逐渐由定频空调向变频空调转换。尽管空调器能效等级大幅度提高,但能效上升并未导致产品售价的提高,反而其零售价格逐年降低。以用户购买量最大的 1.5 匹空调为例,变频空调 2008～2015 年产品的平均零售价格下降了 598 元,定速空调器也下降了 343 元。

(3) 电动洗衣机

电动洗衣机能效标识于 2007 年 3 月 1 日开始实施,2013 年 10 月 1 日《电动洗衣机能效水效限定值及等级》(GB 12021.4)修订版能效标准正式实施,能效标识于 2013 年 10 月同时进行升级。如图 5-6 所示,从 2007～2013 年,1、2 级节能产品占比平稳增加,于 2012 年惠民工程期间达到峰值,约为 85%。惠民工程结束和能效标识升级实施后,1、2 级节能产品备案占比略有回落。以市场热点产品滚筒洗衣机为例,其耗电量和用水量大幅下降,且在标准标识升级实施的标志性时间点表现最为明显,如图 5-6 所示。因此,能效标准标识技术要求升级对洗衣机产品能效水平的提升起到了最重要的作用。总体来说,洗衣机能效标识实施以来,产品耗电量水平下降了约 41%,用水量水平下降了约 40%。市场结构优化效应明显。

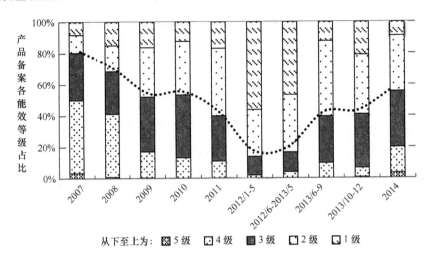

图 5-6 电动洗衣机历年能效结构转变情况

(4) 储水式电热水器

储水式电热水器能效标识于 2009 年 3 月 1 日实施。在能效标识的推动下，市场平稳规律和相对缓慢地向高效节能方向转变。在能效标识实施前三年，4、5 级能效产品备案型号占比快速下降，1、2 级能效产品占比稳步增加，如图 5-7 所示。从 2011 年开始，4、5 级能效已基本无产品型号备案，2014 年 1、2 级能效产品备案占比达到约 81%，其中能效 1 级型号占比约 27%。

总体看来，如图 5-7 所示，电热水器行业经过六年发展，整体能效水平提高了约 7%，热水输出率平均约为 66%，24h 固有能耗系数平均约为 0.69，整体达到能效 2 级水平。

(5) 自镇流荧光灯

自镇流荧光灯于 2008 年 6 月 1 日开始实施能效标识制度，2013 年 10 月 1 日《普通照明用自镇流荧光灯能效限定值及能效等级》(GB 19044) 修订版能效标准正式实施，能效标识同期进行了升级。目前能效 1 级型号占比约 2%，2 级型号占比约 58%，3 级型号占比约 40%，如图 5-8 所示，备案型号以能效 2 级为主。自镇流荧光灯能效标识制度经过 7 年发展，总体平均能效水平提高了约 4.5%。从 2008～2011 年自镇流荧光灯初始光效水平逐年提高。

中国是世界上最大的终端用能产品的制造基地和消费市场。截至 2014 年，备

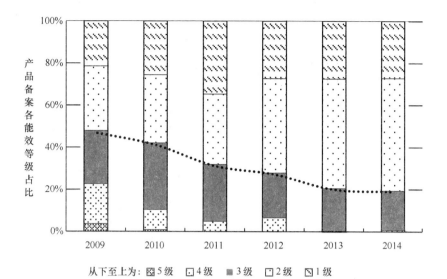

图 5-7　电热水器历年能效结构转变情况

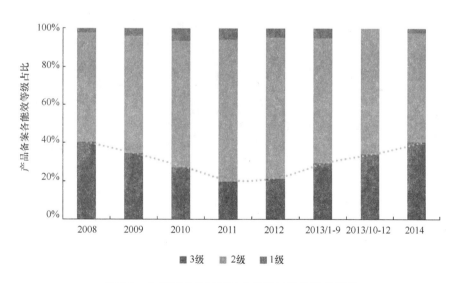

图 5-8　自镇流荧光灯历年市场能效结构转变情况

案家电企业约 4600 家，备案型号约 15 万个。随着终端政策措施的实施，家电行业能效水平进步显著。目前，家用电器类产品能效 1 级型号占比约为 37.13%，能效 2 级型号占比约为 38.04%，能效 3 级型号占比约为 21.84%，能效 4 级型号占比约为 2.23%，能效 5 级型号占比约为 0.76%，节能产品型号占比相对较高（约 75%）。

在能效标准标识制度的推动下日益丰富的高效节能产品（如中央空调、节能灯、电机等）市场，为我国实施建筑节能、绿色照明等节能改造工程、合同能源管理推广工程等节能重点工程提供了充足的产品选择，支撑了一系列节能政策的落地实施，全面促进了建筑等领域节能工作的开展。

能效标识制度的实施，累计带来了超过 4419 亿 kWh 的节电量❶，如图 5-9 所示。其中制冷空调领域所占份额最大，约 48%，如图 5-10 所示。

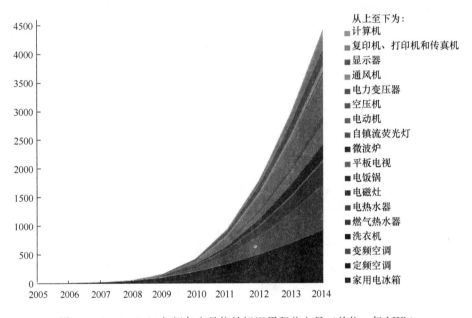

图 5-9　2005～2014 年间各产品能效标识累积节电量（单位：亿 kWh）

注：图中数据为自 2005 年以来累计节能量，并且包括电动机、通风机、空压机、变压器、空调机等用于工业生产、用于公共建筑与市政设施中的电器设备可能产生的节能量。所以图中给出数据远大于居住建筑中家电产品产生的节能量。

5.2.4　家电政策发展展望

经过 30 多年的发展，中国在家电领域节能政策取得了重要进步：在政策数

---

❶ 标准标识等终端产品节能政策措施的节能量计算通常是在政策实施一段时间后进行。其基本方法是通过比较目标产品政策情景（有政策实施或假定有政策实施）能耗与其基准情景（假设无政策措施发生时的情景）能耗之间的差值，来获得节能量。节能量=目标产品在某个时间段内基准情景下的总能耗—目标产品在某个时间段内有政策情景下的总能耗。计算过程中需要用到目标产品的平均能耗、销量、使用寿命、保有量等信息。

量上，已经达到了与美国等发达国家的水平；在政策体系的全面性、财政投入规模等方面，甚至超过美国、欧盟等发达国家。相关成果也得到了国际社会的广泛认可，一些发展中国家也十分希望学习借鉴中国的成功经验。尽管取得了重大进步，我们认为中国家电领域节能政策还存在以下亟需完善的方面：

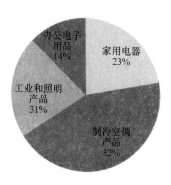

图 5-10　2005~2014 年间各领域能效标识累积节电量占比

（1）政策措施的协调性。家电领域的节能政策涉及节能、标准化、质检、工业、商务、财政、税务、公共机构等多个主管部门。由于政出多门，政策之间交叉重复、政策进度不协调等问题时有发生，重制定轻实施、宣传教育薄弱等问题也还普遍存在。

（2）发挥各方合力促进政策实施的有效机制。从国际经验来看，家电节能政策的制定和实施，不仅要发挥政府的作用，同时也要发挥地方、行业、社会等各方面的积极力量。以能效标准标识的监管为例，中国主要是通过政府的技术监督部门实施，普遍存在资源（经费、人力等）投入不足、技术能力薄弱等严重制约监管效果的问题。而在美国、欧盟的发达国家，监管主要是由同行竞争对手、行业协会、环保组织等实施的，政府主要发挥引导和裁判作用。这种模式不仅能够节约公共资源，也能提高监管效率。

（3）建立有助政策不断改进评估机制。政策评估是发达国家节能工作的重要组成部分。在美国和欧盟等发达国家和地区，几乎所有采用公共资金的节能政策都要开展评估（大多数是由独立的第三方进行，并且结果要公开），以确定政策的实际成效，提出政策完善的相关建议，促进政策的持续改进。而在我国，大多数节能政策缺乏科学、深入、量化的评估。以"节能产品惠民工程"为例，作为由中央财政投入、规模最大的节能产品补贴政策之一，却没有开展全面的政策评估，未能有效总结政策制定实施的经验教训以推动政策不断完善。

（4）节能评估体系还没有覆盖全部家电产品，尤其是一些高能耗产品。例如，现在广泛应用的饮水机由于热水盒普遍保温不良，散热严重，电加热器经常自动开启加热。实际的耗电量一般为加热饮用水所需要的热量的 2~3 倍。再如，现在开始实施的坐垫带加热器的马桶盖，24小时电耗超过1kWh，远高于电冰箱耗电。而这些产品的能耗评价指标缺失，是导致这一现象的主要原因。随着城镇化率的逐渐提升和生活水平的提高，终端产品能耗还将逐渐上升。通过采取有力的政策措施，提高终端产品能效，将成为未来一个时期中国节能工作的重点内容之一。

2015年4月，国务院办公厅发布《关于加强节能标准化工作的意见》，明确提出"到2020年，建成指标先进、符合国情的节能标准体系，80%以上的能效指标达到国际先进水平。"《中华人民共和国国民经济和社会发展第十三个五年规划纲要》提出：大力开发、推广节能技术和产品；健全节能标准体系，实现设备节能标准全覆盖；组织实施能效领跑者引领行动；统筹推行绿色标识。

"十三五"期间，终端领域能效提升的主要政策措施包括：

1) 完善终端产品能效提升的政策体系。进一步完善能效标准、标识等管理机制，优化组织管理和实施体系机制，进一步明确各相关方职责，提升实施效果。推行能效标识二维码，加强信息披露，增强能效标识信息可读性和公信力。加强能效标准、能效标识与能效"领跑者"制度的衔接配合，减少企业负担，降低制度执行成本。此外，终端用能产品作为生态环境影响大、消费需求旺、产业关联性强、社会关注度高、国际贸易量大的产品领域，"十三五"期间重点还将根据《国务院办公厅关于建立统一的绿色产品标准、认证、标识体系的意见》（国办发〔2016〕86号）要求，按照统一目录、统一标准、统一评价、统一标识的方针，将现有环保、节能、节水、循环、低碳、再生、有机等产品整合为绿色产品，到2020年，初步建立系统科学、开放融合、指标先进、权威统一的绿色产品标准、认证、标识体系，健全法律法规和配套政策，实现一类产品、一个标准、一个清单、一次认证、一个标识的体系整合目标。

2) 完善政策监管和评估体系。符合率水平目前还是中国终端产品能效政策措施实施过程的薄弱环节。下一步，持续开展市场专项检查。加强能效标识等政策措施的监管，强化地方监管、扩大监管范围、加大查处力度。鼓励行业自律社会监督，充分发挥市场主体间的相互监督。完善举报奖励制度，有效调动公众参与，形成"企业全面负责、群众参与监督、社会广泛支持"的工作格局。同时运用大数据等信息化手段加强产品检测数据核实，加强检测实验室管理，鼓励检测主体间开展数据比对，确保政策符合率的逐年提高。通过政府购买服务开展能效标准标识等重要家电节能政策的第三方评估，支撑相关节能政策的持续改进。

3）开展宣传推广。国际经验表明，很难通过强制性措施改变消费者的行为习惯。在这方面，宣传推广是最为有效的措施。未来应将宣传推广作为一项重点工作，长期开展、提高社会认知，营造有利于高效节能产品推广和技术进步的良好氛围，扩大政策措施的实施效果。特别是应重视新媒体的应用，加强与教育系统的合作，系统、长期开展宣传推广活动，提升社会认知度。

4）健全家电产品能耗标识体系，尤其补充饮水机、马桶盖等新出现的高能耗产品的能耗标识标准。通过标准的制定促进产品的改进和提效。

5）加强国际合作。中国是世界上最大的终端用能产品制造、出口和使用国。尽管我国生产企业已经能生产国际领先的高效制冷产品，但在进入国际市场的同时存在合规成本高、品牌知名度低、国际竞争力不足等问题。同时，我国产品能效政策措施发展迅速，在能效"领跑者"制度、能效标识二维码等方面取得了全球瞩目的创新成果，但推广力度不够，宣传渠道不畅，难以主导国际能效标准标识协调一致活动。未来，应积极参与终端用能产品能效标准协调一致，降低我国企业的检测认证等合规成本，提升我国产品品牌形象，提高国际竞争力，扩大我国产品在"一带一路"国家等重点区域的市场份额。同时，积极推广中国在终端产品能效政策措施领域的创新成果和实施经验，扩大宣传中国在终端产品领域节能减排工作的突出成绩，彰显中国在全球应对气候变化行动中的重要贡献。

5.3 长江流域居住建筑供热供冷系统方式的政策

5.3.1 长江流域居住建筑地源、水源热泵技术补贴政策叙述

近年来，各级政府非常重视可再生能源技术，并推行了一些支持可再生能源技术的优惠政策，其中突出表现的就是支持发展地水源热泵技术的优惠政策，主要包括直接补贴、行政优惠以及融资类奖励措施。其中大部分为直接补贴的方式，部分相关政策如表5-8所示。

部分地源热泵技术相关政策　　　　表 5-8

政策文件		内　　容
地源热泵技术相关的国家政策	《可再生能源发展"十二五"规划》	在黄淮海流域、汾河流域、渭河流域等冬季寒冷以及长江中下游、成渝等夏热冬冷地区，鼓励开展浅层地温能供暖和制冷
	《国家能源局、财政部、国土资源部、住房城乡建设部关于促进地热能开发利用的指导意见》	积极推广浅层地热能开发利用。在做好环境保护的前提下，促进浅层地热能的规模化应用。在资源条件适宜地区，优先发展再生水源热泵（含污水、工业废水等），积极发展土壤源、地表水源（含江、河、湖泊等）热泵，适度发展地下水源热泵，提高浅层地温能在城镇建筑用能中的比例
	《绿色建筑行动方案》（发展改革委、住房城乡建设部）	推进可再生能源建筑规模化应用。合理开发浅层地热能
地源热泵技术相关的地方政策	《宜昌水源地源热泵补贴标准》	土壤源热泵应用：50 元/m²；水源热泵应用：40 元/m²
	《长沙水源地源热泵项目补贴标准》	水源热泵项目按应用的建筑面积予以补助，补助标准为 30 元/m²
	《南京市可再生能源建筑应用程式示范专项资金管理办法》	规定应用土壤源热泵建筑：一般示范项目 50 元/m²，重点示范项目 70 元/m²；应用地表水源热泵建筑：一般示范项目 35 元/m²，重点示范项目 50 元/m²
	《重庆市可再生能源建筑应用示范工程专项补助资金管理暂行办法》	利用可再生能源热泵机组的空调，按机组额定制冷量每千瓦补贴人民币 800 元
	《宁波水地源热泵项目补贴标准》	对采用地表水源热泵技术的可再生能源建筑应用示范项目，按照每平方米负荷面积 80 元的标准予以补助

5.3.2　长江流域居住建筑地源、水源热泵技术补贴政策实施后评估

在全国各地的地源、水源热泵技术补贴政策推动下，我国地源热泵市场发展迅速。总体上来说，地源热泵应用面积从 2005 年 3000 万 m² 增长到 2015 年 3.92 亿 m²；从地区发展水平来说，如图 5-11 所示，目前我国的地水源热泵市场主要集中在华北、华东、华中地区。图 5-12 是截至 2015 年底，中国各省浅层地热能（即地源水源热泵系统）供暖/制冷面积情况，其中辽

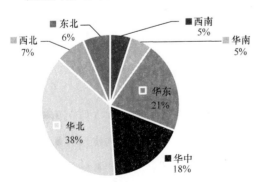

图 5-11　2015 年地水源热泵市场各区域占有率分布

宁、北京、山东、河南、河北、江苏等地区面积排名靠前，其中长江流域的浅层地热能供暖/制冷面积占全国采用地水源热泵总面积的25%。可见出台的各种优惠补贴政策起到了对于地水源热泵技术有利的推广作用。

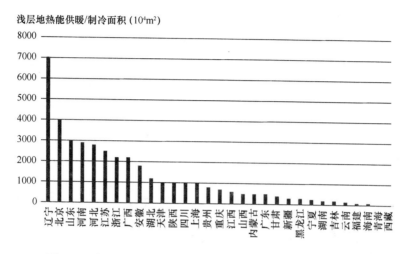

图 5-12　截至 2015 年底中国各省浅层地热能供暖/制冷面积图

地水源热泵系统的补贴政策实施后，从能耗角度来看，是否起到降低长江流域采暖空调能耗的作用呢？

根据第 4 章中长江流域居住建筑采用地源、水源热泵采暖空调的适宜性的讨论，在集中供冷供热的小区中，若末端不可调，造成居民"全时间全空间"的采暖空调模式，居民空调采暖消耗的冷热量大于传统的分体空调消耗的冷热量，造成系统电耗大于传统分体空调电耗；若末端可调，居民主动调节，在"部分空间部分时间"的采暖空调模式下，居民空调采暖消耗的冷热量与传统分体空调相当，但当系统运行不好时，造成系统电耗大于传统分体空调电耗。综合来看，热泵利用的浅层地热能的同时，消耗的电力大于或等于传统的分体空调的电耗，没有降低采暖与空调能耗，没有起到节能效果。

长江流域的住宅地水源热泵技术的优惠补贴政策体系包括以下几个主要的行为主体：居民、房地产开发商、系统运行管理方、地方政府主管部门。目前各个行为主体间的关系如图 5-13 所示，下面本文详细介绍他们在地水源热泵技术的优惠补贴政策体系中的自身利益及相互间的关系。

（1）居民

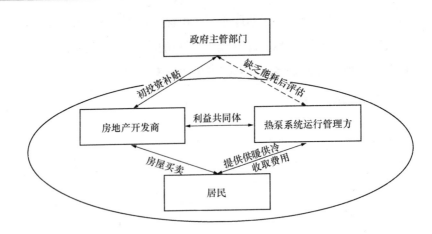

图 5-13 目前长江流域的住宅地水源热泵技术的优惠补贴政策体系行为主体关系图

从居民的角度来说，居民想提高自己的室内环境热舒适感，并降低自己的采暖空调费用。大部分居民并不知道小区系统的实际能耗是多少，往往居民会因为住宅小区的宣传，认为使用了可再生能源技术就是在节能。

在实施补贴政策后，对于住在地水源热泵集中采暖空调小区的居民，其在采暖空调的经济花费上增加了。地水源热泵采暖空调系统是小区集中系统，相比于分散空调，需要多支出运行人员的工资以及设备系统的维护折旧费用等其他费用。小区确定冷热价格的方式，是每年在供热季或供冷季结束后，进行支出的核算，然后确定冷热价格来平衡所有的支出。

图 5-14 是建筑节能研究中心在 2011～2016 年之间在长江流域调研的地水源热泵热泵空调的不同小区的电价与冷价情况，小区的冷价均高于住户仅负责运行电费情况下的冷价，即住户需要负责电费之外的费用支出。

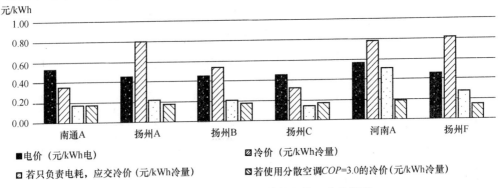

图 5-14 供冷季不同小区系统的电价、冷价情况

5.3 长江流域居住建筑供热供冷系统方式的政策

再对比使用分散空调的情况，居民需要支付的冷价等于电价除以 COP，假设分散空调 $COP=3.0$，即冷价=电价/3.0。目前的小区地水源热泵系统的收费冷价均高于使用分散空调的冷价，其中部分小区的冷价高于电价。

图 5-15 是供冷季不同小区系统运行费用占实际居民交的用冷费比例图，不同小区的供冷季系统运行费用占实际居民交的用冷费比例在 28%~65%。图 5-16 是扬州 F 小区供冷季系统费用支出比例图，设备折旧费是将热泵及水泵等冷站中的设备按照 20 年更新计算的费用，设备维修管理费用是指冷站中的设备以及居民末端的阀门等维修费用。实际居民交的用冷费中电费占 34.4%，人员工资支出占 24.9%，设备折旧费占 28.0%，这就是小区的冷热价格偏高的主要原因。

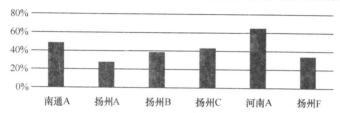

图 5-15 供冷季不同小区系统运行电费占实际居民交的用冷费比例

从以上讨论可知，在使用了地水源热泵系统后小区居民的空调费用相比于使用分散空调的费用支出是变多的。那么用户对于采暖空调费用的调高接受度如何呢？

图 5-17 是问卷调研江苏地区装有地水源热泵系统的小区居民对采暖费用的接受程度，在 47 份有效问卷中有 8% 的居民表示不能接受采暖费用，认为太贵了，这 8% 的居民一个冬季交的采暖费用为 2000~5000 元不等。而其他完全能接受或勉强接受的一个冬季的采暖费用在 500~3000 元之间，平均水平在 1500 元。可见居民为了提高室内热舒适水平，在一定范围内是可以接受采暖空调费用的提高。

（2）房地产开发商

从房地产开发商的利益来说，需要降低成本，通过采暖空调技术提高室内舒适感，以此来提高房价，获得更多

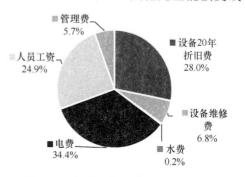

图 5-16 扬州 F 住宅小区供冷季系统费用支出比例图

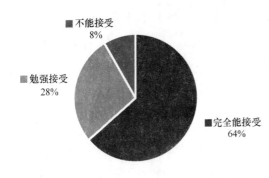

图 5-17　对采暖费的接受程度（47 份问卷）

利益。

对于地水源热泵的政策补贴措施旨在减轻节能建设项目开发商的投资压力，所以小区供冷供热系统的项目开发商是政策补贴的直接受益者。图 5-18 是扬州 2011 年后新建的住宅小区的地源热泵系统单位空调面积投资价格及占小区总初投资比例，系统的单位空调面积的造价在 200～400 元/m² 之间，地源热泵系统的初投资占小区整体建造总投资的比例在 2%～5%。按照《江苏省省级节能减排（建筑节能和建筑产业现代化）专项引导资金管理办法》中对于绿色建筑奖励项目，按一、二、三星级设计标识分别奖励 15 元/m²、25 元/m²、35 元/m²，则政策的补贴占地源热泵系统的初投资的 10% 左右。

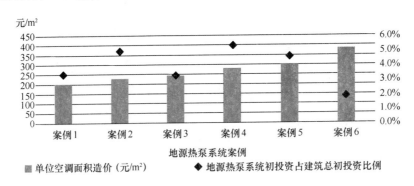

图 5-18　扬州住宅小区的地源热泵系统单位空调面积投资价格及占小区总初投资比例

对于项目开发商，地源热泵系统集中供热供冷的小区，相对于普通无地源热泵系统集中供热供冷的小区，不仅可以得到一部分政府的政策补贴，又可以对外宣传小区通过可再生能源技术提高了居民的室内舒适感，以此为卖点提高房价，所以越来越多的开发商愿意开发建造带有地源热泵系统集中供热供冷的小区。

（3）系统运行管理方式

在第 4 章长江流域居住建筑采用地源、水源热泵采暖空调的适宜性的讨论中提到，地水源热泵系统的运行管理水平会影响系统的能效，最终影响系统的能耗水平。所以小区的供冷供热系统的管理运行方对于最终的节能效果有很大的作用。

在调研中发现，长江流域装有地水源热泵系统的住宅小区，小区开发商与运行管理方有两种情况：第一种情况是小区开发商与运行管理方是同一个公司；第二种情况是小区开发商与运行管理方不是同一个公司，但两家公司是合作关系，运行管理方所在公司会入股该项目，即在长江流域的装有地水源热泵系统的住宅小区，开发商和运行管理方是一个共同利益体，在小区开发商盈利的同时，运行管理的公司也可以同时盈利，这是运行管理的公司盈利的方式。

在运行管理费用上，小区的系统运行管理方的原则是保证收支平衡，即为所有运行管理费用支出等于向小区居民收取的供冷供热费，并不通过提高冷热价格来盈利。

对于运行管理方，从盈利的角度来说，由于其与开发商是利益共同体，所以可以共享开发商卖房子的利润，并可以节省运行费用来减少成本。但是在调研中发现，小区运行管理方不通过减少运行费用来减少成本，而是通过平衡收支来确定冷热价格，将运行费用高的损失全部转移给居民。

（4）地方政府主管部门

地方政府主管部门的政策目的是降低长江流域的采暖空调能耗，是政策补贴体系的管理者和监督者，并不能参与到具体的市场运作中去，由于地水源热泵技术是可再生能源系统，认为只要增加可再生能源技术的项目应用就可以降低长江流域的采暖空调能耗，所以推行了对于地水源热泵技术的优惠补贴政策。但是缺乏对于系统建成之后的评估，所以不能保证这些地水源热泵系统的采暖空调能耗低于传统的分体空调能耗，最终无法有效保证降低长江流域的采暖空调能耗。

综合来看，在补贴政策实施后，小区开发商和运行管理方都获得盈利，地水源热泵系统数量增多。但是由于缺乏对于系统建成后的能耗评估，不能保证地水源热泵系统可以降低采暖空调能耗，并且实际调研后发现地水源热泵系统在能耗上并没有达到降低采暖空调能耗的作用。所以该项补贴政策实施后，没有节能的作用，并且还提高了居民的采暖空调花费。

所以目前的补贴政策是存在问题的，其问题出在仅根据采用了哪种技术，奖励某项技术这种只看用了什么技术，不看效果如何的方式：1）违背了"市场配置资源"的原则；2）容易被企业绑架，成为推销某种产品的工具；3）把一项技术是否节能的责任由政府担当起来了，而开发商与运行管理方却没了责任，"因为政府补贴，所以我采用"，开发商与运行管理方就不再论证其是否合适、是否节能，解脱了责任。这样，就完全不利于实现真正的节能，反而容易成为腐败的温床。所以应该改变对于居住建筑的地水源热泵系统的补贴。

5.3.3 长江流域居住建筑供热供冷系统方式的政策建议

补贴政策本身是由于节能技术的初投资高，所以需要补贴，应该根据实际效果奖励真正节能的项目。以下是对于长江流域居住建筑供热供冷系统方式政策的建议：

1）对于科研创新的首批项目，应该给予补贴，以使这样的新项目能够在工程上实验，这对创新极为重要，但应限制在"首台首套或首批"，属于示范性研究项目。在"十二五"期间已经完成了对于地水源热泵技术的科研创新首批项目的支持补贴。

2）在推广中，不应该依靠这种补贴制，因为它一定会使得市场使用这一技术是追求补贴而不是追求效果，这就会导致技术发展偏离以改善和提高性能为主导的方向。

3）从补贴原理上，是由于新的节能技术初投资高，所以要补贴。那么可以设定居住建筑用能的阶梯电价制（现在已经有了），并进一步拉大阶梯差，把第二阶梯电价提高一倍，第三阶梯提高两倍。由于多用了电所多缴的电费不应进入电力公司，而应进入"节能基金"，用其补贴实际上已经过证明产生节能效果的节能技术项目。这样，使用节能技术，如果真的产生节能效果，一方面可以从节省的电价中得到收益，另一方面还可以通过后补贴的方式返回部分初投资。

4）初投资增加部分可以采用银行贷款方式解决。保险公司对此承保，替代贷款担保（绿色金融）。这样保险公司需要深入审查所采用的技术方案能否真正实现节能，以避免资金风险。保险费用实际上是部分风险赔付费用和技术审查费用。在实际运行后，如果不高于《建筑能耗标准》中的数值，可以按照技术类型与统一核算出的初投资补贴量给予补贴，从而归还贷款。否则贷款将由保险公司赔偿。

5) 当然当分体空调和地水源热泵能耗相同时,还是可以为地水源热泵提供财政补贴。这是出于对技术进步和提高建筑服务水平的考虑,默认水源地源热泵的室内环境会好一些,但补贴前提是能耗不能增加。

总结来说,建议一个地源热泵项目的实施过程如图5-19所示:开发商提出方案,申报政府主管方,如果属于可以获得补贴的项目,则政府与开发商签订协议,明确当投入使用后用能量三年连续不高于《建筑能耗标准》中的数值,则分三年兑现补贴。如果初投资有困难,可申请银行贷款,由保险公司担保,将来再从政府补贴中还贷。但如果达不到实际的节能效果,就要由保险公司还贷。在这样的情况下,保险公司为避免资金风险会深入审查技术方案;开发商与运行管理方会提高运行管理技术水平,在阶梯电价上获益;政府的补贴真正用到降低能耗的项目上。最终从整体上提高长江流域居住建筑供热供冷系统方式的技术水平,降低长江流域居住建筑的采暖空调能耗。

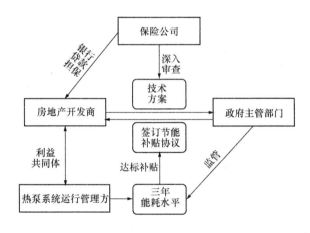

图 5-19　建议地源热泵项目的实施过程简图

5.4　被动房政策

5.4.1　我国被动房政策概述

被动房概念从德国引进后,在我国得到了政府的大力支持。从中央到地方,在节能低碳发展相关的政策规划中,"被动房"概念屡有提及。例如,中共中央国务院《关于进一步加强城市规划建设管理工作的若干意见》（2016年2月6日）中，提到了"发展被动式房屋等绿色节能建筑。"国家发展改革委员会和住房城乡建设部联合发布的《城市适应气候变化行动方案》（2016年2月4日）中，提出要"积极发展被动式超低能耗绿色建筑"。不少省市还出台了相应的补助和奖励政策。部分相关政策如表5-9所示。

与被动房相关的部分政策 表5-9

	政策文件	内容
被动房相关的国家政策	《关于进一步加强城市规划建设管理工作的若干意见》	支持和鼓励各地结合自然气候特点，推广应用地源热泵、水源热泵、太阳能发电等新能源技术，发展被动式房屋等绿色节能建筑
	《城市适应气候变化行动方案》	积极发展被动式超低能耗绿色建筑，通过采用高效高性能外墙保温系统和门窗，提高建筑气密性，鼓励屋顶花园、垂直绿化等方式增强建筑集水、隔热性能，保障高温热浪、低温冰雪极端气候条件下的室内环境质量
被动房相关的地方政策	《山东省建筑节能与绿色建筑发展"十三五"规划》	组织编制山东省被动式超低能耗建筑设计标准，建立被动式超低能耗建筑技术标准体系和评价标识制度，组建被动式超低能耗建筑创新联盟，开展被动式超低能耗建筑或近零能耗建筑试点示范，鼓励有条件的地区开展集中连片示范建设，建成一批基于整体解决方案的超低能耗或近零能耗示范工程
	《山东省省级建筑节能与绿色建筑发展专项资金管理办法》	被动式超低能耗绿色建筑示范按照增量成本（与新建节能建筑相比）的一定比例给予资金奖励
	《保定市提高居住建筑节能标准实施方案》	保定市中心城区对实施超低能耗被动式建筑的项目，其土地出让底价每亩下浮20万元，且在同等条件下出让土地优先竞得
	定州《提高住宅建筑节能标准发展被动式超低能耗绿色建筑的实施方案（试行）的通知》	① 对达到被动式超低能耗绿色建筑的按每平方米20元奖励，奖励总额不超过100万元，同时土地出让底价每亩下浮20万元； ② 被动式超低能耗绿色建筑可免于保障房配建，同时政府可优先购买其库存房用于保障性住房； ③ 城乡建设和财政部门将优先推荐申报国家级、省级示范项目，并申请国家、省级财政补贴

5.4.2 我国被动房政策实施效果预测

（1）对降低能耗的影响

国家及地方制定被动房相关政策的本意是通过推广被动房技术，提高我国建筑围护结构热工性能，减少建筑采暖制冷能耗，实现我国建筑领域用能量在现有基础上有效降低。

然而，"高保温高气密"的被动房主要适合于以采暖为主的地区（详见4.3节），在我国气候条件下，被动房技术主要适用于东北华北地区。在长江中下游及其以南地区建筑制冷需求大于采暖需求，该地区对于建筑围护结构的要求以通风、遮阳为主。推行"高保温高气密"的被动房技术会造成"过度保温"，不利于室内热量排出，增加制冷能耗，如表5-10所示）。

中国建筑能耗数据（2015）　　　　　　　　　　表5-10

		面积 （亿 m^2）	电耗 （亿 kWh）	总商品能耗 （亿 tce）
北方城镇住宅	集中供暖部分	219	4300	1.27
	其他部分			1.99
南方城镇住宅				

此外，我国居民用能具有"部分时间、部分空间"的特点。而被动房概念本身基于"全时间全空间"的使用模式，尤其是其新风系统需要保持全年连续运行。在我国全面推行"被动房"，有可能造成建筑领域能耗的上升。

2015年我国城镇住宅总面积约219亿 m^2，年总电耗约4300亿 kWh，总商品能耗约3亿 tce。假设全部按照被动房标准建设（每平方米一次能耗120kWh/a），一次能耗总量将达到26280亿 kWh/a，也相当于3亿吨标煤。由于中德电力制备过程不同，电的一次能耗系数有明显差异，如果中德被动房达到相同的电耗水平，该一次能耗总量还将超过3亿 tce。因此，全面推行被动房并不能满足我国建筑实际用能量降低的要求，违背被动房相关政策制定的初衷。

（2）对市场发展的影响

由于被动房政策中存在对于被动房项目的各种补助和奖励，因此关于被动房的认证将受到市场的追捧，拥有巨大的利益空间。市场对于"被动房"标签的关注度将会超过对其实际性能的关注。如何被认证成为"被动房"以获得奖励和补助将成为关注的焦点。

这样一来，被动房标准的制定就与商业利益相挂钩，使被动房标签化，进入商业运作模式。认证机构制定标准并培训从业人员，经过培训的从业人员参与开发商的建筑项目制定技术方案并负责向认证机构提交认证申请材料，认证机构收取认证费用对收到的认证申请材料进行审核并授予被动房标签，获得被动房标签的建筑项目得到政策奖励和补助（图 5-20）。

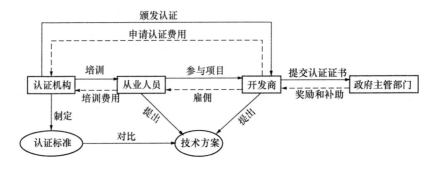

图 5-20　被动房认证流程与利益分配

从这个过程可以看出，奖励和补助与建成建筑实际的能耗水平无关，而是经过市场分配，流向了开发商和认证机构。换言之，政府为了改善建筑性能降低能耗出了钱，但并未使建筑的使用者得利，也没有实现建筑领域的能耗降低。建筑项目将以取得"被动房"标签获得奖励或补助为目标，从而出现"节能建筑不节能"的景象。显然，这是不利于我国建筑节能市场发展的。

（3）对社会公平性的影响

与推行"被动房"技术同时出台的是财政补贴政策。如果通过认证，取得被动房标签，可以得到直接的财政补贴或者从土地出让金、税收等处得到间接的财政补贴。这一补贴的原理是：因为被动房要增加基建投资，所以只有补偿一部分增加的投资，投资者才有动力去建设被动房。

为什么要采用被动房技术？因为它可以大幅度降低运行能耗。那么，从降低的运行成本中，就可以回收增加的初投资。如果回收期过长、每年的效益低于增加投资的贷款利息，那么只能说明这一技术在投资回报中不合理，不属于该推广的项目。能源与环境问题越来越成为今后社会经济持续发展的关键制约因素，因此能源价格的增长速度一定高于通货膨胀速度。按照现今价格水平预测的节能项目如果可以受益的话，未来收益率一定高于预期值。如果认为未来不可能收回投资的话，这项技术一定是不合理、不应该推广的。

还有一种论点认为被动房技术的运行成本可能不会大规模降低，但可以提高建筑的服务水平，提高室内舒适性。主要效益是改善室内环境而不能从运行节能中回收成本，所以应有补贴。这样一来受益者就是房屋的使用者。被动房的造价一般都高于一般同地域位置的商品房，购房者主要集中在社会上相对高收入的群体。那么为什么要用纳税人的钱去改善较高收入群体的居住状况，而不是面向低收入群体居住条件的改善呢？

对于属于研究示范性质的"首台首套"实验性被动房项目，可以完全从科研经费中支持，但这仅应该是为了首个尝试，绝不能是为了推广。使用者接受新技术的目的应该是从技术中收益，而不应该是为了获得补贴。任何以获取补贴为目的而接受和应用新技术的，都会使这项新技术在应用时走样变形。一旦补贴政策停止，这项技术也就会随之抛弃。

被动房的发展过程中如果财政补贴机制进入，就会有违于社会公平性，最终反而干扰和损害这一技术的正常推广。

5.4.3 对我国被动房政策的建议

（1）被动房政策应限定适用区域

由于我国气候条件多样，而被动房主要适用于以采暖为主的地区，因此，建议我国被动房政策的制定考虑区域性。在东北、华北地区，参考德国被动房标准，制定适应当地自然条件的被动房标准；在长江中下游及其以南地区强调通风和遮阳，不推行高保温高气密的被动房。

（2）节能政策实施宜罚不宜奖

从上文的分析可以看出，节能政策不宜对具体技术进行补助和奖励，否则容易带来一系列负面影响。因而，建议我国的建筑节能相关政策"以罚代奖"。即，政府根据我国实际国情，制定基本的建筑能耗指标限值，并以此作为强制标准。超过限制的用能加收惩罚性用能费。这实质上就是我国目前在居住建筑中推行的梯级电价、梯级气价制度。只是目前的级差还太小，对奖励节约用能、惩罚过度用能、鼓励采用节能技术的力度不大。并且征收到的超过用能标准的电费气费仍然进到了电力和燃气公司，而没有作为建筑节能基金，用来推广节能技术和支持节能改造。

（3）注重实际能耗水平

由于被动房的认证是基于设计方案和软件计算,其计算所得数值并不能代表实际运行时能耗水平。通过认证、获得"被动房"标签的项目有可能并不节能。对这些项目进行补助,会造成国家财政的浪费,也不利于建筑节能事业的发展。因此,在各项评估中,应以建筑的实际能耗为标准。对于新建项目无法提供实际能耗的,则应对其进行后评估,在项目完成后实际测试建筑的能耗水平,然后套用相关政策。

5.4.4 总结

综上可知,根据我国实际国情,我国的被动房政策应当限定适用的区域,在实际操作中以建筑实际能耗为准,以罚代奖,将针对具体技术的奖励改为针对高能耗建筑的处罚和对低收入群体的补助;同时完善市场监管机制,形成良性发展。

5.5 居民阶梯电价

5.5.1 阶梯电价政策的推广与实施

我国的居民梯级电价就是以降低实际能耗为导向的一项住宅建筑节能政策,通过分档电价来引导绿色生活方式和鼓励居民行为节能,同时能够在一定程度上促进社会用能公平。阶梯电价是"阶梯式递增电价"或"阶梯式累进电价"的简称,是指将现行单一形式的居民电价,改为按照用户消费的电量分段定价,用电价格随用电量增加呈阶梯状逐级递增的一种电价定价机制,示意图如图5-21所示。阶梯电价分为三个阶梯:第一阶梯为基础用电量,此阶梯内的用电量较少,电价较低,能够满足大多数居民的基础用电要求;第二阶梯用电量较高,对应第二档电价,能够满足多数居民合理范围内的用电需求;第三阶梯为最高档,用电量更高,用于满足特殊需要的用电需求,同时也对应最高的用电单价。

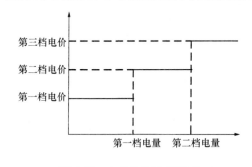

图 5-21 电价计费阶梯示意

(1) 政策发展

我国推行阶梯电价的工作自 2006 年就已开始,并且先后经历多个阶段:

酝酿阶段:我国于 2006 年在四川、浙江、福建三省试点居民门路式电价,并于 2008 年在全国范围内开始研究酝酿阶梯式电价。

意见征求阶段:2010 年 10 月 9 日,国家发展和改革委员会公布《关于居民生活用电实行阶梯电价的指导意见(征求意见稿)》指出:"近年来我国能源供应紧缺、环境压力加大等矛盾逐步凸显,煤炭等一次能源价格持续攀升,电力价格也随之上涨,但居民电价的调整幅度和频率均低于其他行业用电,居民生活用电价格一直处于较低水平。从而造成用电量越多的用户,享受的补贴越多;用电量越少的用户,享受的补贴越少,既没有体现公平负担的原则,也不能合理体现电能资源价值,不利于资源节约和环境保护。为了促进资源节约和环境友好型社会建设,引导居民合理用电、节约用电,有必要对居民生活用电实行阶梯电价。"《征求意见稿》就电量档次划分提供了两个选择方案,并向社会公开征求意见。

推行阶段:2011 年,国家发改委在各地展开调研,并于 11 月 29 日发布《关于居民生活用电实行阶梯电价的指导意见》,把居民每个月的用电分成三档,并增加了针对低收入家庭的免费档。2012 年 3 月 28 日,国家发改委表示将实施居民阶梯电价方案,并提出 80% 的居民家庭电价保持稳定。2012 年 5 月,各省份密集举行居民阶梯电价听证会,并普遍表示将在听证方案的基础上适当调高第一档电量标准。2012 年 7 月 1 日,全国各地陆续公布阶梯电价实施方案,截至 2012 年 8 月 7 日,除新疆和西藏不实施阶梯电价外,全国 29 个试行居民阶梯电价的省区市均对外公布执行方案。

调整阶段:在全面实施阶梯电价一年之后,国家发改委于 2013 年 12 月出台《关于完善居民阶梯电价制度的通知》,对相关制度规定进行了补充和完善。通知要求加大"一户一表"的改造推进力度,针对"一房多户"、"一户多人口"以及"出租房电费结算"等推行过程中遇到的问题进行了进一步要求。除此之外,通知要求全面推行居民用电的峰谷电价,尚未出台居民峰谷电价的地区要在 2015 年底之前出台。通知出台之后,各地根据自身实际情况对阶梯电价实施方案进行了调整和补充。

(2) 电量分档及定价方式

在电量分档定价方面，各省市的定价方案主要分为两大类。第一类是全年统一定价，各个月份的电量和电价标准都相同；第二类是将季节性的用电峰谷的调整需求考虑进阶梯电价之中，分季节制订分段电量和电价标准。各地详细的电价表见附录2，下面从首档电量、各档电价的加价幅度、分季节定价以及电费的结算方法四个方面简单综述各省市阶梯电价的分档和定价方法。

1) 首档电量

从电价阶梯划分的角度来看，由于气候和经济发展水平的差异，各省的首档电量差距明显，详见附录2，其中首档电量最高的上海与最低的青海省相比，差距达到了110度/(户·月)。首档电量较高的省市集中在我国东部，其中前6位均为东部沿海省市，分档电量在200度/(户·月)以上；首档电量较低省市集中在东北、西北以及西南，而我国中部省市的首档电量水平处于居中地位。

2) 加价幅度

就电价阶梯间的加价幅度而言，全国绝大多数省市的首档电价保持现行电价不变，第二、三档电价与首档相比，每kWh电力分别加价0.05元和0.3元。

3) 分季节定价

全国实行阶梯电价的29个省市中，有23个省市采取全年统一定价的方案，另有湖南、广东、广西、海南、贵州、云南6个省份采取分季节定价的方案。各省具体的季节划分方式有所不同，但都是考虑到随着季节变化，居民用电量由于空调采暖除湿等因素有较大波动，或电力供应侧受季节变化影响较大（如水电），为了适应不同的电力供需状况而制定，在电力供给充足的时期提高各档电量水平或降低电价。其中云南由于水电优势显著，电力供给受水电波动影响大，所以将全年分为丰水期和枯水期分别制定电价方案。

4) 电费结算方法

在电费结算方面，不同的省市也采用不同的结算方式，目前主要的结算方式有三种：

以年为周期进行结算，包括的省市如：北京、河北、山东、上海、河南、浙江、辽宁、天津、黑龙江、吉林、宁夏、浙江、福建等，这种结算方式以日历年（每年1月1日~12月31日）为周期执行居民阶梯电价，以北京为例：一户居民用户全年不超过2880kWh（240kWh×12个月）的电量，执行第一档电价标准；

全年在 2881kWh 至 4800kWh（400kWh×12 个月）之间的电量，执行第二档电价标准；全年超过 4800kWh 的电量，执行第三档电价标准。这种结算方式，对于抄表结算的用户，电力公司仍按照现行周期定期抄表，但以年为周期结算，减少了由于抄表时间不固定造成的电量价格的纠纷。

以季节为周期结算，上述提出根据季节或用电峰谷定价的省市如广东、海南、云南、广西等采取这种电价结算方式。

以月为周期结算，这种结算方式比较普遍，甘肃、重庆、山西、福建、四川等地均采取这种结算方式。

(3) 配套政策实施

除电量分段与电价的制定之外，各省根据自身的不同情况，也出台了相应具体的实施方案，其中对于城乡"低保户"、农村"五保户"的优惠政策，以及部分地区出台的针对多人口家庭的计费优惠政策受到了较为广泛的关注。除此之外，目前社会对于冬季供暖和夏季制冷集中用户和分散用户之间计价公平性问题的关注尚且较少，会在第 5.5.3 阶梯电价政策的完善与建议中具体讨论。

1) 困难家庭优惠政策

阶梯电价政策在促进节约用电的同时还起到促进社会公平的作用，困难家庭的优惠政策就是在阶梯电价推行的过程中，以促进社会公平为目的的配套政策之一。

国家发改委在指导意见中明确指出，各省、市、自治区应根据各地区发展实际对城乡"低保户"和农村"五保户"每月设置 10kWh 或 15kWh 的免费用电量。在此基础上，全国推行阶梯电价的 29 省市在具体的实施方案中均对此有明确的规定。

这项政策可以在一定程度上缓解困难户的经济压力，但仍有一定的优化空间，目前所有省市的现行的政策中均是以户为单位提供免费电量，但困难户在家庭人数上有差异，对于人口较多的家庭可以给予更高额度的免费电量，或者按照人数进行免费额度的分配。

2) "一户多人口"家庭的电费优惠政策

这项政策主要解决由于家庭之间人数不同所造成的计费公平性问题，对于多人口家庭而言，由于用电人数多，以户为单位计费时家庭总用电量往往会更大，导致人数较多的家庭用电量往往更容易达到二三阶梯的水平。

国家发改委在 2012 年的指导意见中提到，对于居民家庭人口数量差异等问题由各地根据当地实际情况，因地制宜研究处理办法。在此基础上，上海、天津等部分地区在实施方案中针对此问题进行了具体的规定。此后，国家发改委根据全国范围内的实施情况，在 2013 年《关于完善居民阶梯电价制度的通知》中再次提到要妥善解决"一户多人口"等实施中的具体问题。各地具体的实施方法有两种主要的形式，以 5 人或 7 人为界，给予多人口家庭更多的第一阶梯电量基数，或者对多人口家庭不实施阶梯电价，按照合表用户的电价标准进行计费。

这项政策区分了不同家庭的实际情况，有利于更有针对性地对居民用电进行引导和调节，确保了居民阶梯电价制度能够得到顺畅的执行。

5.5.2 阶梯电价政策的实施效果与居民反馈

阶梯电价政策自 2006 年部分省市试行，到 2012 年全国范围推行，对于引导居民合理用电、节能用电，起到了积极推行作用。2015 年清华大学针对全国城镇居民开展的问卷调查中也调查了居民对于阶级电价政策的反馈情况，2015 年，清华大学建筑节能研究中心对中国城镇家庭用能基本情况的调查中，对居民阶梯电价的实施情况以及反馈进行了调研，下面从居民反馈和实际电耗数据两个方面来分析阶梯电价政策的实施效果。

针对第一个问题"您家是否已经实施阶梯电价"，结果如图 5-22 所示：24% 的

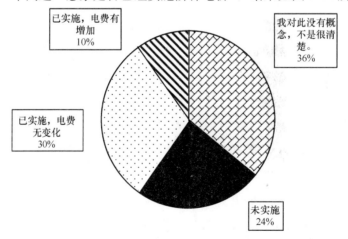

图 5-22 城镇居民反馈的梯级电价政策实施情况

（2015 年，样本量：9727）

注：包括全国除新疆西藏外的 29 个省市。

居民回答"没有开始实施",36%的居民回答"我对此没有概念,不是很清楚",这表明60%的城镇居民对于梯级电价政策并不了解,说明下阶段梯级电价政策的宣传教育工作还需进一步推广,来提升城镇居民对此政策的认知和意识;余下30%的居民回答"已实施,电费无变化",10%的居民回答"已实施,电费有增加",这也基本上符合梯级电价实施后保证约80%的居民电价不增加的设计原则。

从分地区的统计结果看,如图5-23所示,上海、内蒙古、贵州、江苏、河北、北京等地区居民反馈家中已实施阶梯电价的比例较高;海南、甘肃、宁夏、陕西等地,反馈家中已实施阶梯电价的居民数量占比较低,说明在这些地区应重点加强居民梯级电价的推广普及工作。

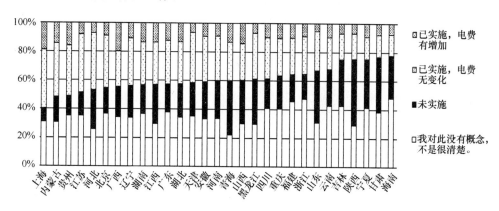

图 5-23 城镇居民反馈的梯级电价政策实施情况(分地区)

问卷同时还对居民的家庭年用电量进行了调研,选取北京、上海、黑龙江、江西、四川5个省市,对家庭年用电的反馈结果进行统计,并与各地阶梯电价分档方案进行对比,如图5-24所示,在实施了阶梯电价政策的不同地区,年用电量在第一档

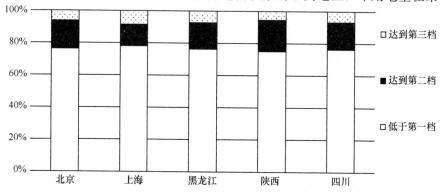

图 5-24 调查得到的城镇居民实际用电分布情况

范围内的家庭占绝大多数，接近80%，仅有20%左右的家庭达到第二档或第三档的用电水平。所以，阶梯电价政策的实施很好地起到了引导居民节约用电的作用。

对于实施梯级电价后对城镇居民生活方式与用能方式的影响，问卷设置了"阶梯电价的实施对您的生活是否有影响"这个问题，结果如图5-25所示，79%的居民回答"基本没有影响"，21%的居民回答"有一定影响"。从全国分地区来看，如图5-26所示，海南、广西、甘肃、西藏等地反馈"有一定影响"的比例高于其他地区。

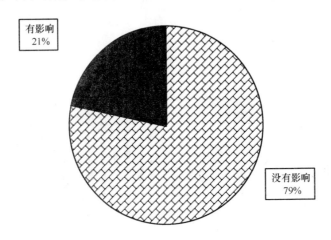

图5-25 梯级电价实施后对城镇居民生活的影响（2015年，样本量：9727）

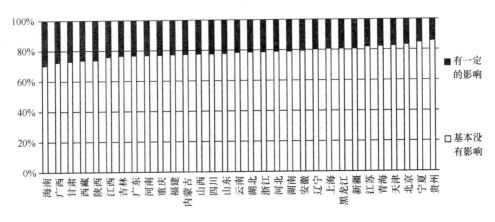

图5-26 梯级电价实施后对城镇居民生活的影响（各地情况）

对于生活习惯和用能方式受到阶梯电价影响的居民，问卷中调研了居民在生活中采取的节省用电的方式，如图5-27所示，可以看到，"更换节能灯"、"随手关灯"、"购买电器时尽量选择低能耗电器"、"购买电器时尽量不买高能耗非必需电

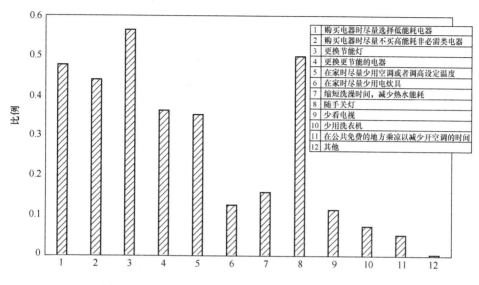

图 5-27 居民节电方式统计（2015 年，样本量：2425）

器"是居民最常选择的节能方式。

5.5.3 阶梯电价政策的完善与建议

住房城乡建设部 2016 年发布的《民用建筑能耗标准》（详见本书第 1 章 1.3 节相关内容）是从实际用能量的角度对建筑用能水平进行约束的标准，在此标准中也分气候区给出了居住建筑的综合电耗约束指标，如表 5-11 所示，这一指标的设计也正是基于各地的梯级电价第一阶梯耗电量。

各气候分区居住建筑综合电耗约束指标　　　　表 5-11

气候分区	综合电耗约束性指标值（kWh/a）	气候分区	综合电耗约束性指标值（kWh/a）
严寒地区	2200	夏热冬暖地区	2800
寒冷地区	2900	温和地区	2200
夏热冬冷地区	3100		

能耗标准中规定"住宅建筑的总耗电量是每户自身的耗电量和公共部分分摊的耗电量两部分的总和"，也就是说，在计算家庭综合电耗的时候，需要考虑由集中供冷或者夏热冬冷地区的小区集中供暖所产生的公共用电。然而在 29 省市现行的阶梯电价实施方案中，对于以小区集中供冷和集中供暖为代表的公共用电的约束问

题上，还缺乏考虑。

在这一方面，目前各地的实施方案主要分为两类：

(1) 多数省市如江苏、安徽、湖北、湖南等在实施方案中未对小区的公共用电收费标准进行明确的规定。

(2) 部分省市如上海、广东、河北、辽宁等，在实施方案中规定不将小区的公共配套设施用电纳入阶梯电价的覆盖范围内。例如上海阶梯电价实施方案中规定："居民住宅小区内执行居民电价的非居民客户范围由原有的电梯、水泵扩大到用于服务居民的自行车棚、地下车库、门卫室、景观照明、绿化用电、社区活动中心等配套设施用电。电价水平按照享受居民电价的非居民客户电价标准执行"，即小区的公共配套设施用电，采用略高于第一档电价但低于第二档电价的统一电价进行收费，而不采取阶梯式计费。

所以，从各地执行的实施方案上看，集中供冷供热系统的用电收费并没有被纳入到阶梯电价的收费体系之中，现有的政策并不能对这一类用户的用电行为进行有效的引导，并且存在较大的公平性问题，下面用案例来进一步说明。

这里以上海地区为例，假设一个年基础用电量（除夏季空调外）为 3000kWh 的家庭。大量实测数据表明，集中式中央空调系统的电耗远高于分体空调，这里取家庭的夏季空调电耗水平为 21.9kWh/(m^2·a)❶，对于一户 100m^2 的家庭折合年电耗 2190kWh，下面对比在该电耗水平下，该家庭使用分体空调与使用集中空调的年用电费用的差别，如表 5-12 所示。

住户案例计算对比　　　　　　　　表 5-12

	小区集中式空调系统	分体空调系统	电　价		
年总电耗	5190kWh		—		
家庭电耗	3000kWh	5190kWh	第一档 第二档 第三档	3120kWh 4800kWh —	0.617 元 0.677 元 0.977 元
公用分摊电耗	2190kWh	0kWh	0.641 元/kWh		
年总电费	3254.79 元	3443.43 元	—		

根据案例对比，用电量示意如图 5-28 所示，同一个住户，使用分体空调供冷，

---

❶ 李哲．中国住宅中人的用能行为与能耗关系的调查与研究[D]．清华大学，2012．

家庭的电价阶梯可以达到第二档甚至第三档,而使用高能耗的集中空调系统时,全部家庭电耗却能够按照维持在第一档电价的计费标准收费。在上述案例中,假设集中空调系统和分体空调耗电量相同时,家庭使用集中空调系统的电费反而要低于分体空调。

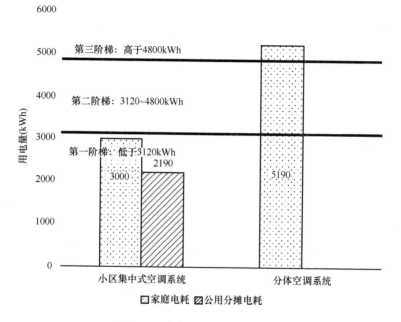

图 5-28 案例对比用电量示意图

这就意味着采用集中空调采暖系统的家庭要享受更多的政府电价优惠和补贴。集中空调系统、区域能源站等这些本不应提倡的高能耗用能方式,在现有的阶梯电价实施方案中得到了鼓励,这无疑与节能减排的精神背道而驰。

综合上述,梯级电价自2011年推广实施以来,全国平均约40%的居民反馈梯级电价政策已实施,接近80%的居民耗电位于第一档,21%表明生活方式受到影响,会采取如更换节能灯、随手关灯、尽量购买低能耗电器行为进行节能,这说明梯级电价对于提升居民节能意识,引导绿色生活方式和鼓励居民行为节能起到了积极的作用,但另一方面,部分地区如海南、甘肃、宁夏的居民认知程度还不高,在这些地区应该重点加强该政策的宣传教育。在梯级电价的具体实施上,还存在"集中供冷供热系统的用电收费并没有被纳入到阶梯电价的收费体系之中"的问题,导致集中空调系统、区域能源站等集中系统供应住宅用能的耗电量并未记入居民户内用量，无法对此类型高能耗用能方式收取高档位电价，这无疑有悖于梯级电价的设计初衷，也有违于社会用能公平性，因此居民阶梯电价政策针对服务城镇居民的集中供冷、供热系统用电的实施方法应进一步完善：建议小区居住建筑中央空调用电应摊入各户的用电额度中，同时长江流域区域供热区域供冷的居住建筑用热用冷量应根据能源站用能情况，得到单位冷热量的电耗和燃气消耗，再根据末端居民的实际用热用冷量，折合成电力、燃气，摊入各户用电用气指标。

第6章　新疆吐鲁番新型能源系统示范区案例

6.1　基本情况

吐鲁番新型能源系统示范区为吐鲁番新区，位于吐鲁番市区东部的戈壁滩上，距离老城区 5km，北依火焰山，东临土哈油田作业区，西北紧邻著名的葡萄沟景区，如图 6-1 所示。

图 6-1　吐鲁番新区地理位置

示范区建设始于 2008 年，并于 2010 年 5 月正式开工。规划到 2020 年，新区总人口 6 万人，总用地 881.3hm²，建设用地 762.7hm²，人均建设用地 127m²。新区将分三期建设。其中一期起步区规划建设约 7400 户，2.2 万人，总用地 143hm²，总建筑面积 75.4 万 m²，其中居住建筑为 68.6 万 m²，为保障性住宅群。表 6-1 所示为规划中各类户型占比。

一期住宅规划中各类户型占比　　　　　　　　　　表 6-1

户型（m²）	60	85	95	110	120	135
占比（%）	7	29	31	19	10	3

居住建筑规划设计光伏板装机容量 13.4MW，约为住宅用电容量的 1.3 倍。

目前，起步区内 80.94 万 m² 建筑已完成建设，其中住宅建筑 68.56 万 m²，实际建设 5797 户，公共建筑 12.38 万 m²。截至 2015 年年底，住房入住率为 47%。累计完成固定资产投资 27 亿元，其中住宅建筑的平均造价在 1400 元/m² 以下。

2014 年，新区正式获批作为国家能源局第一批创建的"新能源示范城市"之一，计划在 2015 年起步区使用可再生能源替代常规能源 0.32 万 tce，占起步区园区能源消费的 45.6%。

6.2 气象参数

吐鲁番地区属于暖温带干旱荒漠气候，具有夏季高温、冬季寒冷、多风、干燥的气候特点，气候分区属于寒冷（B）区。图 6-2 所示为该地区典型气象年的逐时干球温度，其 HDD18 为 67951K·h，CDD26 为 15350K·h。气温年较差、日较差较大。

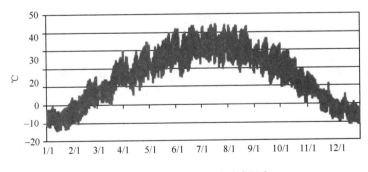

图 6-2　吐鲁番地区逐时干球温度

图 6-3 所示为该地区典型年的逐时太阳辐射量。近 30 年来，该地区平均的太阳能资源年总量为 1525kWh/m²，年日照时数为 2878h，年日照百分率为 69%，具有极为丰富的太阳能资源，但存在明显的年变化与日变化。其中，春夏两季的太阳

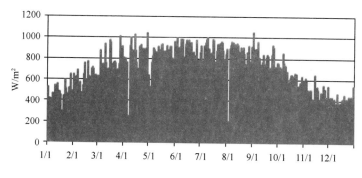

图 6-3 吐鲁番地区逐时太阳辐射量

能资源总量可以满足能源消耗,但冬季的太阳能资源仅为夏季的30%左右,需要城市电网补充。每日13时是太阳能最强的时刻,需要将剩余的太阳能发电量向城市电网输送,18时日落之后则需要电网供电。阴雨、沙尘、高温等天气也会对太阳能资源的利用产生影响。

吐鲁番盆地由于内外存在气压梯度,风能资源丰富。但在市区内平均风速较小,且静风频率较高。因此,相比较而言,太阳能资源更适宜在该地区大力发展。

6.3 设计理念与关键技术

示范区以充分利用太阳能等可再生资源为目标,技术路线为集成再创新,充分整合各个专业的研究成果,协同完成目标。这一特点在城市规划、建筑设计、能源系统构建等方面均有所展现。

对社区来说,用能主要包括居住建筑用能、公共建筑(如学校)用能以及社区内外的交通用能。居住建筑与公共建筑用能包括空调采暖、设备照明、生活热水、炊事。在进行住区能源系统设计时,从不同的用能需求出发,分别进行设计,以达到最佳的使用效果。

就这一案例来说,规划住宅建筑68.56万 m^2,7000户居民,考虑气候因素,则住户除采暖外的用电总量(包括分体空调、照明、家电、部分电炊事)约为750万kWh,采暖采用水源热泵,利用电力驱动,能耗约为30kWh/m^2,生活热水可以通过太阳能光热获得,不消耗常规能源,只有炊事可以有部分电力提供,部分仍需要燃气以适应居民的生活习惯。这样全社区居住建筑供暖、其他电器等全年共需要电力 2850 万 kWh，通过安装在屋顶的太阳能光伏大约每年可提供 1400 万 kWh 电力，基本满足需求的 50%。

由于太阳能发电与居民生活用电难以同步，所以利用电动自行车、电动公共汽车等带有蓄电装置以及专门设置的蓄电池组在微电网调控下缓解瞬态的供需矛盾。瞬间太阳能电力仍然用不完时，反送到外电网；需求电量大于太阳能发电时，再从外电网补充。

本项目主要通过三个方面以达到太阳能资源的最大程度使用：通过合理的规划布局与建筑设计以做到最有效的发电，通过微电网的智能化管理与气象预测和监测的结合保证全额上网和大电网安全，通过推动使用电动公交车与电动自行车的公交系统实现储值调峰。

6.3.1 规划布局与建筑设计

项目通过规划布局与光伏一体化的建筑设计以尽可能增大发电效率。

示范区的规划布局与当地的气象条件紧密结合，计算确定光电、光热太阳能板最佳朝向和倾角的最佳值，使其全年接收的太阳能总辐射量达到最大。基于住区容积率与太阳能利用的供需平衡关系的分析研究，采用低层高密度的建筑布局，建筑层数以 4~5 层为主，容积率为 0.87，使太阳能光电、光热得到最优化利用。

针对当地气候，建筑设计策略以遮阳、通风、保温为主。在满足室内采光的基础上，不设置大面积的外窗，并通过东西侧设置小窗、在南侧设置遮阳板的手段以减少夏季太阳辐射。遮阳角度为 60°，以有效遮挡夏季辐射的同时利用冬季辐射。建筑内部南北通透以形成穿堂风。

建筑屋顶设置了 80mm 厚挤塑聚苯保温板，传热系数为 $0.41W/(m^2 \cdot K)$。地面设置挤塑聚苯保温板和防潮层。外墙采用外保温形式，240mm 厚 KP1 空心砖外墙墙外贴 80mm 厚膨胀聚苯保温板，传热系数为 $0.46W/(m^2 \cdot K)$。外窗采用断桥铝合金三玻，传热系数为 $2.2/(m^2 \cdot K)$。传热系数取值都低于《新疆严寒和寒冷地区居住建筑节能设计标准实施细则》（以下简称《细则》），使得冬季供暖负荷不超过《细则》中的 $18.6W/m^2$。

建筑采用朝南的最佳建筑朝向，建筑屋顶采用坡屋顶形式，在坡屋顶上铺设太阳能光电板，太阳能光伏电板面积力求在坡屋面上最大限度的铺设。屋面坡度与计算出的吐鲁番地区 30°～35° 的太阳能板最佳倾斜度一致，并利用坡屋顶下的空间设置储藏间。为避免屋面上的太阳能板过热，在屋面板和太阳能光电板之间设置 10cm 的空气间层，利用通风将太阳能板下的热量带走。

太阳能光热产热实行满足用户自身需求的原则，不进行统一管理。热水价 12 元/t。住宅的太阳能集热板面积按照满足热水温度 65℃、住户人均日最高用水定额为 60L 的热水需求设置。太阳能生活热水系统为直接加热强制循环系统，用户侧立管设置热水循环管。供水管入户端设置智能卡式水表，用于各户热水计量。

光伏电板与集热板在建筑中的设置如图 6-4 所示。其中太阳能光伏电板与集热板的面积之比约为 3:1。

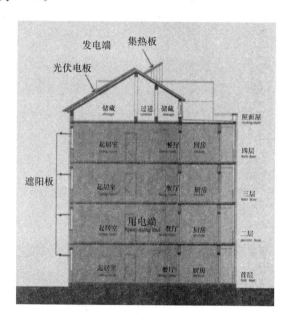

图 6-4　光伏电板与集热板在建筑中的设置

6.3.2　智能微电网系统

太阳能光电产电进行统一管理，实行用户计量、回归使用的原则。太阳能所发电量的使用策略为：1）利用太阳能资源产生的电能最大程度在社区内部使用；2）社区住宅优惠用电；3）住宅使用的余电用于社区绿色交通。住宅电价约为 0.59 元/kWh。

第 6 章 新疆吐鲁番新型能源系统示范区案例

针对光电的不稳定性，示范区建立智能微电网系统，与气象预报结合进行用电管理，以实现区内发电、耗电、市电的相对平衡。微电网与主网的关系如图 6-5 所示。

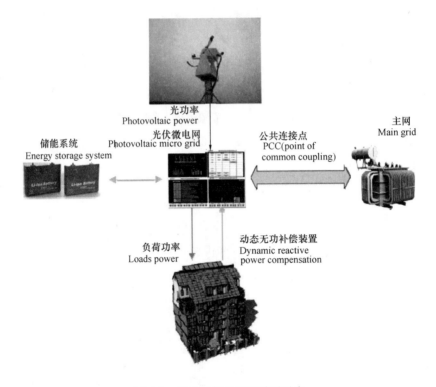

图 6-5 微电网与主网的关系示意

住宅屋顶太阳能光伏组件组成方阵后以直流接入屋顶逆变器室，逆变器输出 0.4kV 交流电压，接入用户配电箱就地消纳，盈余电力经用户配电箱汇流后接至 10kV 箱变升压至 10kV，10kV 箱变互相联接形成环路接入 10kV 开闭所。微电网通过开闭站与大电网相连接，经调度实现本地用户优先使用屋顶光伏发电，将剩余电量反馈给大电网，在光伏发电不足时由大电网进行补充。实行太阳能发电统一管理、用户计量、回归使用的原则。项目选用蓄电池储能系统作为储能方式，系统设计容量 1MWh，由 2 个 500kW/500kWh 储能单元构成，电池数量总计 1920 节。

针对太阳能发电功率密度低、可调度性差、调峰能力差等特点，项目结合气象预测与预报，利用未来 24h 逐 15min 短时太阳辐射和光伏发电功率预测系统，分析太阳能资源的供电能力，结合负荷功率预测系统的数据动态制定微电网运行方案,从而满足微网内用户对电能质量的要求,增强电网的安全性和稳定性。

由于光伏发电主要集中在白天,而住宅建筑的居住功能决定了建筑电能消耗的特性是白天电能消耗量小、晚上电能消耗量大。因此,在白天发电量大于负荷量时,将剩余的太阳能发电量向城市电网输送,而在日落之后,则由城市电网提供住区的正常用电。

6.3.3 绿色公交系统

项目以方便步行出行为出发点展开交通设计,并引导居民使用公交系统来减少机动车交通,以降低交通用能。

同时,为了减轻光伏发电系统对大电网的冲击,减少大电网的负担,引入绿色公交汽车充电系统和储能系统。电动公交车辆利用储能电池在运营间歇充电,有效消纳发电高峰期的电能,平衡上下网电量,发挥调峰蓄能作用;储能系统根据光伏发电功率和负荷功率的差值,调整充电量和放电量来减小对电网的有功冲击从而满足电网要求。当微电网形成孤岛时,该系统可提供应急电源。

公交充电柱采用"一车一柱"的建设模式。公交充电桩按一级负荷设计,单独设置变压器。

6.3.4 水源热泵系统

示范区采用地下水源热泵系统供热、供冷。吐鲁番示范区属于地下水资源丰富区,地下150m范围内岩土分布以砂卵砾石为主,粒径较大,含水层厚,出水量大,水温高。

新区总规划建筑热负荷75MW,可供暖面积205.5万m^2,需要抽水井40眼,回灌井不多于80眼。其中312国道以南区域:1眼抽水井对应2眼回灌井,最大单井抽水量140m^3/h,最大单井回灌量为70m^3/h;以北地区:2眼抽水井对应3眼回灌井,回灌井可以每8h切换一次,也可以通过设定水位切换。

设计井深130~160m,孔径650mm,管径325mm,井管壁厚6mm,滤水管长度50m,滤水管孔隙率25%左右。抽水井井距为100~200m,回灌井井距为50~100m。系统配备完善的地下水抽水及回灌量的监测手段,严格做到100%回灌地下水。

截至 2015 年年底，起步区内水源热泵 5 个机房的热泵机组已顺利实施运行，最大应用面积可达到 90 万 m²。最小一个热泵机房服务面积 14 万 m²，最大一个热泵机房服务面积 19 万 m²。每个热泵机房均设 3 台高效离心式热泵机组，可根据用户侧负荷变化，调节运行台数。每个热泵机房均配置有 70%、100% 设计流量的用户侧循环水泵，可根据用户侧流量变化，运行不同流量的循环泵。当用户侧流量进一步减少时，还可通过变频调速装置，调节水泵转速。

各热泵系统还配套设计有自动监测控制系统，可对热源井水位、水量、水质、水温等参数进行监测，并控制抽水泵运行台数。控制系统可根据用户侧负荷变化，自动调节热泵机组运行台数和循环水泵运行台数及转速。

机组设计制冷 COP 约 7，制热 COP 约 5.5。机组设计工况下的性能系数如表 6-2 所示：

机组设计工况性能参数　　表 6-2

种 类	供 热	制 冷
蒸发器进/出水温（℃）	18/8	16/10
冷凝器进/出水温（℃）	36/42	18/32

6.4 实际运行情况

一期起步区内，目前已安装光伏设备的住宅建筑有 293 栋，装机容量达 8.718MW；另有尚未安装设备的建筑 24 栋，预计可再装机 1.2MW。对于已安装并投入使用的光伏设备，2014、2015 年的全年发电量分别为 729.08 万 kWh、1018.28 万 kWh。

2015 年，已入住 2726 户，住宅面积约 32.35 万 m²。每户日均生活用电量约 2.86kWh，年用电量约 1044kWh（未包括空调与采暖的用电量，下同）。这一数值与我国全国平均不包含空调采暖使用的户用电量接近。居民用电总量约为 284.6 万 kWh，仅为发电量的 28%。

假设未来住户全部入住，则住宅居民用电总量可达到 605.15 万 kWh（不含空调采暖），约为总发电量的 47.8%，仍有 553.29 万 kWh 光电可供上网或其他用途。

居民生活热水由以楼栋为单位的太阳能热水器提供。据住户反映系统效果良好。

示范区建筑的实测耗热量为 24.17W/m²，冬季供热量为 63kWh/m²。建筑耗热量超过了 65％节能标准中的数值（18.6W/m²）。地源热泵机组系统 2014、2015 年的用电量分别为 1874 万 kWh、2168 万 kWh。表 6-3 所示为 2015 年住宅、公共建筑的空调与采暖用能情况。折合采暖季 COP 为 2.2。尽管建筑的耗热量高于该地区的其他建筑，但实际能耗按照我国的发电煤耗折合约为 10kgce/m²，低于这一地区供暖能耗平均值。

2015 年空调采暖用能情况　　　　　表 6-3

建筑类型	住宅建筑		公共建筑	
种类	采暖	制冷	采暖	制冷
用电量（万 kWh）	1305.37	606.00	122.60	133.82
应用面积（万 m²）	45	23	3.3	3.3
用电强度（kWh/m²）	29.0	26.3	37.2	40.6

新老城区间已开通 1 条跨区公交线，单程设站 25 个（含港湾式公交站 14 个）。已投入新能源气电混合动力公交 8 辆，天然气单燃料公交 5 辆，共计 13 辆公交车，以天然气为燃料运营，公交加气站目前已投入使用。占地面积约 7600m² 的电动公交充电站也已完成调试，具备投运条件。

绿化工程已完成总体绿化量的 60％，其中道路绿化累计完成 10.97 万 m²；庭院绿化 2015 年播种面积 5.4 万 m²，累计完成 42.35 万 m²，已建成小区的绿化覆盖率达 45％。完成月光湖公园东西两湖，用于园林绿化引水和晒水，保障绿化用水。

综合来看，2015 年，住宅建筑光伏电板发电 1018.28 万 kWh，折合约替代常规能源 0.32 万 tce。住宅内除空调采暖外用电 284.6 万 kWh，住宅与公共建筑水源热泵供暖用电 1307 万 kWh，供冷 606 万 kWh。住宅生活热水可完全由太阳能提供热量。加上公共建筑的照明设备等用能、建筑炊事用能、交通用能，估算太阳能光伏发电与太阳能光热提供的能源占社区总用能 40％。如果去掉水源热泵集中供冷，而改为分体空调，或者如果水源热泵在夏季根据末端启停状态计量收费的话，根据长江流域水源热泵集中空调的调查结果（见本书 4.5 节），可以使供冷能耗由

目前的 $26kWh/m^2$ 降低到 $3kWh/m^2$ 以下,这样,供冷用电可以降低到 100 万 kWh 以下,整个社区由太阳能光电和光热提供的能源可以占到社区总用能的 60%。

6.5 思考与展望

结合该示范区的建设与运行,引出以下几点思考:

(1) 地源热泵供暖与制冷

实现建筑的低碳和依靠可再生能源,采用高性能围护结构是基础。这个社区采用了较先进的围护结构系统,并注重施工质量,从而在吐鲁番这样的气候条件下,居住建筑冬季平均供暖耗热量约为 $12kgce/m^2$,从而使得实际采暖用电为 $29.0kWhe/m^2$。即使按照燃煤发电来折合,供暖能耗折合约为 $10kgce/m^2$,与该气候区的其他建筑相比,能耗明显低于平均水平。这也说明在地质条件合适的地区,水源热泵方式是一种节能的供暖方式。

反之,此项目的空调能耗为 $26.3kWh/m^2$,相比于一般的采用分体空调的居住建筑的 $2\sim 3kWh/m^2$ 的空调耗电,此项目的空调耗电几乎是目前平均电耗的 10 倍。这说明,基于建筑的冷热负荷与系统特性,采暖可以适当使用集中方式,供冷则适合分散系统。为了满足水源热泵的要求,在夏季空调采用了集中方式,就导致夏季空调能耗大增。所以,在进行设计时,应充分考虑住户在不同系统下行为模式的差别,以实际能耗为出发点进行系统设计。此部分的讨论详见本书 4.5 节。

(2) 住区的太阳能利用

按照生态文明理念出发,需要全面发展可再生能源、生物质能、核能等零碳能源,使这些零碳能源由以前的配角地位成为主导的能源形式。可再生能源的主要途径是太阳能、风能和水力发电,这些都是零碳、零污染、可持续的能源,然而具有很大的随机性。电力系统需要每个瞬间的供需平衡,而对于消费型大城市来说,电力终端消费主要是建筑、城市交通以及市政设施系统,这些消费都随城市的运行状态变化,很难根据风电光电的供应情况改变。随着太阳能、风能所产生的电力所占比例的增加,电力供需之间的平衡与协调的重要性就越来越突显。协调电力系统的供需矛盾,有效解决电力供应和需求的峰谷差,成为今后进一步发展风电、光电的关键。解决这一矛盾,需要多方面协调:发展多种蓄电技术和系统,包括发展充电式电动汽车；发展带有分布式蓄电的家庭直流微网；发展各种用电需求侧响应技术使用电终端能够根据电网供需状况调节用电情况；电力网的跨区域智能调节工程，依靠大区域间风力的变化来平衡供需关系。

如果到2050年，我国靠这些太阳能、风能等零碳能源所产生的电能可以达到总发电量的一半，我们就可以基本达到我国能源转型的需求，完成2K情境下的减排目标，把CO_2总量从目前的每年百亿吨降低到每年30亿～35亿t，从而实现低碳发展、绿色发展。到那个时候，建筑、交通这些围绕居民生活的用能占总能源的比例会比现在高得多。因此，如何在这些领域尽可能多地使用可再生能源，是需要着重考虑的问题。

这一案例是此方面的先进尝试，也为我国低碳能源结构调整工作做出成功示范。示范区以充分利用太阳能为目标，设计出一套完整的太阳能利用系统，通过尽可能多地发电、智能地管理用电等，在多个方面取得了突破。

2015年，该社区太阳能发电达到1018.28万kWh，约为住宅所有用电（住宅内用电与热泵系统）一半。

如果在这一地区不进行集中供冷，或者在应用集中系统时采用如4.5节介绍的实行按照末端启停状况计量的收费方式，那么按照目前分体空调的平均能耗计算，该地区的居住建筑能耗则包括水源热泵供暖和分体空调，电力合计约为40kWh/m^2。在2015年的入住率下，太阳能所发的电量可以达到住宅总用电的近80%！

当所有住户全部入住，以这一能耗计算，则住户用电总量约为2700万kWh，而太阳能发电可以达到1158.44万kWh，即采用光伏电池发电可以满足住户的约一半的用电需求。

如果可以进一步优化热泵与生活热水系统，建筑用能仍有降低的空间。此外，当新区达到一定规模后，可以展开利用垃圾等生物质能，进一步减少常规能源的使用，达到更好的效果。此外，对于示范区内太阳能不稳定的问题，可以通过进一步加大储能来解决，包括提升储能容量、发展新的储能形式等。这些工作都需要各个专业的相关人员通力合作。

在我国生态文明建设的大背景下，发展生态城镇是大势所趋。吐鲁番的新型能源系统示范区是这一工作的先行者，为后续工作的开展提供了极为宝贵的理论与实践经验。并且，项目的实际运行情况也表明这个项目的设计取得了很多方面的成功。这表明，我国未来城市的节能与低碳目标一定能够实现！通过后续工作的推进，包括系统优化、技术进步等，其运行效果还可以进一步完善。希望在未来，我国有更多的地方能够把生态文明建设真正融入城市的规划设计之中，落实创新、协调、绿色、开放、共享的发展理念，建设更多的生态城，推进新型城镇化，实现美丽中国！

附录

附录1 家庭用能案例

编号	家庭	用电分项		设备	设备类型	数量	能源种类	容量功率	待机功率(W)	使用方式	设备年能耗	分项年能耗
案例1	北京1	家庭基本信息		建筑面积(m^2)								
				人口构成								
				年总燃气耗(m^3)					31.24			
				年总电耗(kWh)					1406			
		空调	分体空调		格力	1	电	—			307kWh	307kWh
		采暖	集中供暖		—	—	—	—			—	—
		炊事	电饭煲		苏泊尔	1	电	1000W		—	9kWh	75kWh
			热水壶		—	1	电	—		—	60kWh	
			微波炉		—	1	电	—		—	6kWh	
		照明			—	—	电	—		—	100kWh	100kWh
		热水	热水器		—	1	燃气	—		—	—	—
		其他电器	冰箱		美菱	1	电	0.38kWh/24h/226L		—	251kWh	924kWh
			洗衣机		惠尔浦W15866SH	1	电	—		—	6kWh	
			电视		—	2	电	—		—	317kWh	
			电脑		—	1	电	—		—	32kWh	
			排风扇		—	1	电	—		—	48kWh	
			卧室风扇		—	1	电	—		—	8kWh	
			其他		—	—	电	—		—	262kWh	

续表

编号	用电分项	设备	设备类型	数量	能源种类	容量功率	待机功率（W）	使用方式	设备年能耗	分项年能耗
上海案例2	家庭基本信息	建筑面积（m²）					120			
		人口构成					1老+2中年+1幼儿			
		年总气耗（m³）					—			
		年总电耗（kWh）					3378			
	空调	分体空调	三菱空调	1	电	6000W	—	夏季热了开	580kWh	580kWh
		分体空调	三菱空调	3	电	3600W	—	—	—	
	采暖	分体空调	三菱空调	1	电	6000W	—	冬季冷了开	—	—
		分体空调	三菱空调	3	电	3600W	—	—	—	
	新风	户式新风系统	松下	1	电	217W//350（m³/h）	—	开空调就开	403kWh	599kWh
	净化	净化器	352净化器	1	电	148W//700（m³/h）	—	空气差时开	196kWh	
	炊事	电饭煲	—	1	电	—	—	每天2次	192kWh	408kWh
		电烤箱	—	1	电	—	—	每周1次	130kWh	
		微波炉	—	1	电	—	—	每天3次	41kWh	
		电压力锅	—	1	电	—	—	每周1次	26kWh	
		电磁炉	—	1	电	—	—	每月1次	19kWh	
		电炉								
		咖啡机								
		搅拌机								
		榨汁机								

附录1 家庭用能案例   273

续表

编号	家庭	用电分项	设备	设备类型	数量	能源种类	容量功率	待机功率（W）	使用方式	设备年能耗	分项年能耗
案例2	上海1	照明	节能灯、LED灯	—	46	电	—	—	—	218kWh	218kWh
		热水	热水器	燃气热水器	1	燃气	—	—	平均每人每周洗澡7次	—	73kWh
			小厨宝	—	1	电	—	—	—	73kWh	
		其他电器	冰箱	海尔冰箱	1	电	0.59（kWh/24h）/120L	—	主要冬季使用	215kWh	1500kWh
				海尔冷柜	1	电	0.9（kWh/24h）/122L	—	全年	246kWh	
			洗碗机	—	1	电	—	—	春夏秋	266kWh	
			洗衣机	松下洗衣机	1	电	1.13kWh/周期	—	平均每周10次	302kWh	
			干衣机	松下干衣机	1	电	700W/2kg	—	夏季不用，其余季节平均每周8次	106kWh	
			电视	—	2	电	—	—	每周10次	156kWh	
			电脑	笔记本电脑	3	电	—	—	—	209kWh	
			浴霸	—	2	电	—	—	冬季每周28次		
			饮水机	—		电					

编号	家庭	用电分项	设备	设备类型	数量	能源种类	容量功率	待机功率(W)	使用方式	设备年能耗	分项年能耗
案例3	上海2	家庭基本信息	建筑面积(m²)					145			
			人口构成					1老+2中年+1幼儿			
			年总气耗(m³)					1427			
			年总电耗(kWh)					3741			
		空调	户式中央空调	—	1	电	—	—	人在家就开	1442kWh	1442kWh
		采暖	燃气壁挂炉+地暖+散热器	—	1	燃气	—	—	冬天一直开	1127m³(燃气)	1127m³(燃气)
		新风净化	户式新风系统	松下+霍尼韦尔除尘	1	电	217W//400m³/h	—	冬天人在家开,夏天严重污染开	195.6kWh	249.6kWh
			净化器	夏普	1	电	56W//375m³/h	—	污染时开	54kWh	
		炊事	电饭煲	352	—	电	147W//700m³/h	—	每天2次	96kWh	155kWh
			电烤箱	—	—	—	—	—	每月3次	39kWh	
			微波炉	—	—	电	—	—	每天2次	20kWh	
		照明	节能灯、LED灯	LED灯	60	电	—	—	—	153kWh	153kWh

续表

编号	家庭	用电分项	设备	设备类型	数量	能源种类	容量功率	待机功率（W）	使用方式	设备年能耗	分项年能耗
案例3	上海2	热水	热水器	燃气热水器	1	燃气	—	—	平均每人每天洗澡一次	300m³（燃气）	73kWh＋300m³（燃气）
			小厨宝	—	1	电	—	—	—	73kWh	
		其他电器	冰箱	BOSH冰箱	1	电	1.37kWh/24h//600L	—	主要冬季使用	500kWh	1669kWh
			洗碗机	西门子洗碗机	1	电	2400W	—	全年使用	160kWh	
			洗衣机	BOSH洗衣机	1	电	0.5kWh/周期	—	每周3次	286kWh	
			洗衣机	大宇壁挂式洗衣机	1	电	—	—	平避每周10次		
			干衣机	BOSH干衣机	1	电	3kWh/次	—	除夏季，平均每周3次	351kWh	
			电视	—	1	电	—	—	—	106kWh	
			电脑	笔记本电脑	3	电	—	—	—	163kWh	
			浴霸	—	1	电	—	—	—	103kWh	
			饮水机	祈福管线机	1	电	—	—	—	—	

续表

编号	用电分项	设备	设备类型	数量	能源种类	容量功率	待机功率(W)	使用方式	设备年能耗	分项年能耗
美国北卡罗莱纳州1案例4	家庭基本信息	建筑面积(m²)					182			
		人口构成					2老年，退休			
		年总气耗(m³)					1880			
		年总电耗(kWh)					7595			
	空调	户式中央空调	—	1	电	—	—	26℃全时间全空间	1687kWh	1687kWh
	采暖	—	—	—	燃气	—	—	18℃全时间全空间	1682m³(燃气)	1682m³(燃气)
	炊事	电饭煲	—	—	电	—	—	—	—	—
		电烤箱	—	—	电	—	—	—	—	
		微波炉	—	—	电	—	—	—	—	
		电炉	—	—	电	—	—	—	—	723kWh
		咖啡机	—	—	电	—	—	—	—	
		搅拌机	—	—	电	—	—	—	—	
		榨汁机	—	—	—	—	—	—	—	
	热水	热水器	—	1	燃气	—	—	—	193m³(燃气)	193m³(燃气)

续表

编号	家庭	用电分项	设备	设备类型	数量	能源种类	容量功率	待机功率(W)	使用方式	设备年能耗	分项年能耗
案例4	美国北卡罗莱纳州1	电视电脑	电视	电视	2	电	—	—	—	—	1526kWh
				大屏LCD电视	1	电	—	—	—	—	
			电脑	笔记本电脑	2	电	—	—	—	—	
		大型电器	冰箱		1	电	—	—	—	—	1176kWh
			洗碗机		1	电	—	—	—	—	
			灯具		—	电	—	—	—	—	
		照明及其他	洗衣机		1	电	—	—	—	—	
			干衣机		1	电	—	—	—	—	
			DVD		2	电	—	—	—	—	
			立体声音响		1	电	—	—	—	—	2483m³(燃气)
			便携式加热器		2	电	—	—	—	—	

278 附录

续表

编号	用电分项		设备	设备类型	数量	能源种类	容量功率	待机功率（W）	使用方式	设备年能耗	分项年能耗
案例5	家庭基本信息		建筑面积（m²）					228			
			人口构成					2中年			
			年总气耗（m³）					3052			
			年总电耗（kWh）					19388			
美国北卡罗莱纳州2	空调		户式中央空调	—	1	电	—	—	23℃全时间全空间，5月末～10月初	7752kWh	7752kWh
	采暖		—	—	1	燃气	—	—	20℃全时间全空间	—	—
	新风净化		户式新风系统	—	1	电	—	—		—	
	炊事		电饭煲			电	—	—		—	984kWh
			电烤箱			电	—	—		—	
			微波炉			电	—	—		—	
			电炉			电	—	—		—	
			咖啡机			电	—	—		—	
			搅拌机			电	—	—		—	
			榨汁机			电	—	—		—	

续表

编号	家庭	用电分项	设备	设备类型	数量	能源种类	容量功率	待机功率(W)	使用方式	设备年能耗	分项年能耗
案例5	美国北卡罗莱纳州2	热水	热水器	—	1	—	—	—	—	—	—
		电视电脑	电视	大屏LCD电视	1	电	—	—	—	—	3291kWh
			电脑	工作站台式机服务器	6	电	总0.9kW	—	—	—	
		大型电器	冰箱	—	2	电	622L	—	—	1480kWh	1990kWh
			洗碗机	—	1	电	—	—	—	510kWh	
		照明及其他	灯具	—	1	电	—	—	—	—	5371kWh
			洗衣机	—	1	电	—	—	—	—	
			干衣机	—	1	电	—	—	—	—	
			DVD	—	2	电	—	—	—	—	
			立体声音响	—	1	电	—	—	—	—	
			便携式加热器	—	2	电	—	—	—	—	

续表

编号	用电分项	设备	数量	能源种类	容量功率	待机功率(W)	使用方式	设备年能耗	分项年能耗
日本仙台 案例6	家庭基本信息	建筑面积(m²)			153				
		人口构成			1在外工作+1家庭主妇+1初中生+1小学生				
		年总气耗(m³)			—				
		年总电耗(kWh)			23041				
	空调	分体空调	—	—	—	—	—	—	8120kWh
	采暖	蓄热暖气	—	—	—	—	—	—	—
	新风净化	换气系统	—	—	—	—	—	—	—
	炊事	微波炉		电	980	0	几乎每日	301kWh	1526kWh
		电饭锅		电	225	0	几乎每日		
		电力灶台		电	1065	0	每日		
		抽油烟机		电	45	0	每日		
	热水	电热水瓶		电	985	20.29	每日	9149kWh	9149kWh
		深夜电力热水器							
	照明及其他	灯具		电	300~1000	0	几乎每日	—	4246kWh
		马桶盖		电	194	0.29.24	每日	398kWh	
		冰箱		电	225	0	每日	883kWh	
		吸尘器		电	25		每隔一日	732kWh	
		电视机		电		1.6	每日	47kWh	
		洗衣机		电				33kWh	
		电脑							
		其他							

附录2 各省市居民阶梯电价实施方案

全国部分省市梯级电价实施方案（全年统一定价） 表1

电量单位：度/（户·月），电价单位：元/度

省份	第一档电量	第一档电价	第二档电量	第二档电价	第三档电量	第三档电价
上海	0~260	0.617	261~400	0.677	400以上	0.977
北京	0~240	0.4883	241~400	0.5383	400以上	0.7881
江苏	0~230	0.5283	231~400	0.5783	400以上	0.8783
浙江	0~230	0.538	231~400	0.588	400以上	0.838
天津	0~220	0.49	221~400	0.54	400以上	0.79
山东	0~210	0.5469	211~400	0.5969	400以上	0.8469
福建	0~200	0.4983	201~400	0.5483	400以上	0.7983
重庆	0~200	0.52	201~400	0.57	400以上	0.82
安徽	0~180	0.5653	181~350	0.6153	350以上	0.8653
江西	0~180	0.6	181~260	0.65	260以上	0.9
河南	0~180	0.56	181~260	0.61	260以上	0.86
湖北	0~180	0.573	181~400	0.523	400以上	0.873
四川	0~180	0.5224	181~280	0.6224	280以上	0.8224
陕西	0~180	0.4983	181~350	0.5483	350以上	0.7983
河北	0~180	0.47	181~280	0.52	280以上	0.77
辽宁	0~180	0.5	181~280	0.55	280以上	0.8
蒙东（内蒙古）	0~170	0.5	171~260	0.55	260以上	0.8
蒙西（内蒙古）	0~170	0.43	171~260	0.48	260以上	0.73
黑龙江	0~170	0.51	171~260	0.56	260以上	0.81
吉林	0~170	0.525	171~260	0.575	260以上	0.825
宁夏	0~170	0.4486	171~260	0.4986	260以上	0.7486
山西	0~170	0.477	171~260	0.527	260以上	0.777
甘肃	0~160	0.51	161~240	0.56	240以上	0.81
青海	0~150	0.3771	151~230	0.4271	400以上	0.6771

全国部分省市梯级电价实施方案（分季节定价） 表2

电量单位：度/（户·月），电价单位：元/度

省份	季节	第一档电量	第一档电价	第二档电量	第二档电价	第三档电量	第三档电价
湖南	冬夏	0～180	0.588	181～450	0.638	451以上	0.888
	春秋	0～180	0.588	181～450	0.638	350以上	0.888
广东	夏季	0～260	0.61	261～600	0.66	600以上	0.91
	非夏季	0～200	0.61	201～400	0.66	400以上	0.91
广西	高峰	0～190	0.5283	191～290	0.5783	290以上	0.8283
	非高峰	0～150	0.5283	151～250	0.5783	250以上	0.8283
海南	夏季	0～220	0.6083	221～360	0.6583	360以上	0.9083
	非夏季	0～160	0.6083	161～290	0.6583	290以上	0.9083
贵州	夏季	0～170	0.4556	171～310	0.5056	310以上	0.7556
	非夏季	0～210	0.4556	211～380	0.5056	380以上	0.7556
云南	丰水期	0.45 元/千瓦时					
	枯水期	0～170	0.45	171～260	0.5	260以上	0.75

注：广东省夏季为5～10月，非夏季为11月～次年4月；海南省夏季为4～10月，非夏季为11月～次年3月；贵州省夏季为4～11月，非夏季为12月～次年3月；湖南省冬夏季为6～8月、12月～次年2月，春秋季为3～5月、9～11月；广西壮族自治区的用电高峰为1～2月、6～9月，低谷时段为3～5月、10～12月；云南省丰水期为5～11月，枯水期实为12月～次年4月。

附录3 地理分区概念的讨论与区分

中国国土辽阔，地区之间受社会、经济、气候以及行业等诸多因素的影响，具有不同方面差异性，因而也存在着不同的地理分区方式。

本书中主要涉及"建筑气候分区"以及"流域分区"，根据这两种分区方式，分别将全国划分为三个区域，形成三组相对应的概念，分别为：严寒及寒冷地区与长江流域以北地区、夏热冬冷地区与长江流域地区、夏热冬暖及温和地区与长江流域以南地区。

其中严寒及寒冷地区、夏热冬冷地区、夏热冬暖地区的概念，来源于《中国建筑气候区划图》，这种划分方式主要用于建筑的热工设计，与各地气候条件密切相关。

长江流域地区、长江流域以北地区、长江流域以南地区的概念，来源于《中国流域分区图》，属于经济社会概念。

为了促进读者的理解，本书在不同的章节分别涉及上述两种分区方式，为了更好地辨清概念，在此针对"建筑气候分区"以及"流域分区"对上述三组概念的差别进行辨析，以供前文引用参考。

（1）夏热冬冷地区与长江流域地区

夏热冬冷地区指包括山东、河南、陕西部分不属于集中供热的地区和上海、安徽、江苏、浙江、江西、湖南、湖北、四川、重庆，以及福建部分需要采暖的地区。

长江流域地区主要包括江苏、安徽、上海、江西、湖北、湖南、四川、重庆、贵州地区，本书中根据各地气候的实际情况进行微调，其中贵州省大部分地区由于气候更加接近温和地区，将其划归到长江流域以南地区，并将浙江省划归到长江流域地区。因此，本书中所涉及的长江流域地区主要包括江苏、安徽、上海、江西、湖北、湖南、四川、重庆、浙江9省市。

（2）严寒及寒冷地区与长江流域以北地区

严寒及寒冷地区主要包括黑龙江、吉林、辽宁、内蒙古、河北、北京、天津、山西、陕西、山东、甘肃、宁夏、青海、西藏、新疆的大部地区，以及四川西部和河南北部的部分地区。

长江流域以北地区为长江流域地区北部的各流区所覆盖区域，主要包括黑龙江、吉林、辽宁、内蒙古、河北、北京、天津、山西、陕西、山东、河南、甘肃、宁夏、青海、新疆16省市。除西藏例外之外，与严寒及寒冷地区基本对应。

（3）夏热冬暖及温和地区与长江流域以南地区

夏热冬暖及温和地区主要包括广东、广西、福建、海南、云南、贵州的大部分地区。

长江流域以南地区是将长江以南所有省市刨除上述长江流域地区已涉及的省市，划归到长江以南地区，与夏热冬暖及温和地区涉及省市基本吻合。